ISBN 978-0-656-66478-8
PIBN 10341637

Die

dynamoelektrische Maschine.

Eine

physikalische Beschreibung

für den

technischen Gebrauch

von

Dr. O. Frölich.

Mit 64 in den Text gedruckten Holzschnitten.

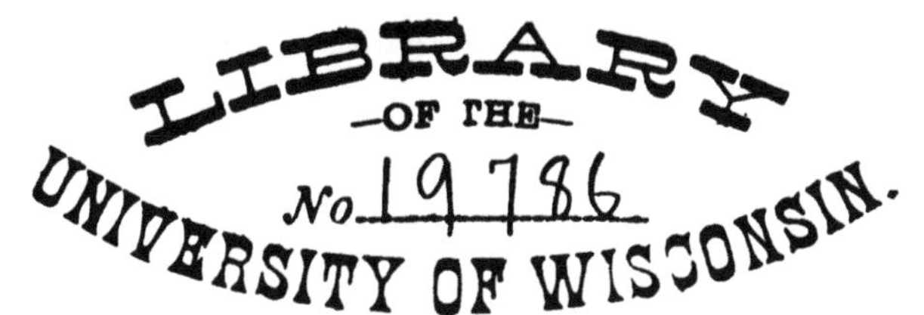

Berlin.
Verlag von Julius Springer.
1886.

Wilhelm Gronau's Buchdruckerei in Berlin.

Vorwort.

Die Beweggründe, welche mich zur Abfassung der vorliegenden Schrift veranlassten, waren sehr verschiedener Natur. Einerseits war ich freudig überrascht darüber, dass sämmtliche wichtigeren Erscheinungen an den Dynamomaschinen, eine nach der anderen, sich mit Erfolg auf dem von mir betretenen Wege behandeln liessen, und fühlte das Bedürfniss, meine Aufsätze zusammenzufassen und in Einklang zu bringen; andererseits empfand ich seit längerer Zeit Unbehagen über die Art, wie zum Theil meine Arbeiten behandelt wurden, namentlich im Auslande; und endlich drängte es mich, einen nachdrücklichen Versuch zu machen, die Empirie, die bei den Dynamomaschinen in der elektrotechnischen Praxis herrscht, auf das ihr gebührende Maass zurückzuführen und an Stelle derselben überall, wo es begründet ist, einfache Rechnungen zu setzen.

Von meiner Behauptung, dass nun alle wichtigeren Erscheinungen der Dynamomaschinen erklärt und in einfache Formen gebracht seien, ersuche ich den Leser, sich durch Lektüre dieser Schrift zu überzeugen.

In Bezug auf die Beurtheilung meiner Aufsätze durch Andere widerstrebt es mir, ins Einzelne zu gehen; dagegen möchte ich mir erlauben, meiner Ansicht über die Arbeiten Anderer hier Ausdruck zu geben.

Einer der Ersten, welche über Dynamomaschinen geschrieben haben, ist Dr. Hopkinson; seine Arbeiten werden in neuerer Zeit öfter als von grundlegender Bedeutung dargestellt. Diese Ansicht scheint mir nicht gerechtfertigt; denn Herrn Hopkinson's Schriften über Dynamomaschinen sind durchaus qualitativen Charakters, quantitative Betrachtungen irgend welcher Form kommen in denselben kaum vor, und eine Ergründung des Gegenstandes ohne quantitative Betrachtungen ist doch nicht denkbar.

In Frankreich wird gewöhnlich Herr M. Deprez als der Begründer der Theorie der Dynamomaschinen hingestellt, namentlich wegen seiner Aufstellung der Curve: la caractèristique und der damit zusammenhängenden Arbeiten. Diese Curve ist bekanntlich vor Deprez von Hopkinson und mir benutzt und von Deprez unrichtig angegeben worden; ausserdem scheint nun auch in Frankreich die Meinung sich Geltung zu verschaffen, dass Herrn Deprez's Arbeiten vielfach ein falscher Glanz beiwohne; jedenfalls muss ich die Behauptung aufstellen, dass viele Sätze von Deprez nicht richtig, oder nur halb richtig sind.

Ueberhaupt lässt sich eine wirkliche, die wichtigsten Erscheinungen umfassende Theorie der Dynamomaschine auf Grund dieser Curve und der von Deprez benutzten graphischen Darstellungen nicht entwickeln. Sie eignet sich namentlich, um bei einer Maschine mit directer Wickelung eine Anzahl von Fragen in einfacher, anschaulicher Weise zu erledigen, aber nicht einmal hiebei alle Fragen; bei den anderen Schaltungen versagt diese Methode, ebenso bei der Frage der Bewickelung und anderen.

Die vollkommenste Theorie hat Herr Clausius geliefert. Dieselbe ist beinahe vollständig aus allgemeinen Principien abgeleitet; nur für den Magnetismus wird dieselbe Formel benutzt, welche meiner Darstellung zu Grunde liegt und welche als Erfahrungsgesetz zu betrachten ist. Obschon sie mit Beobachtungen noch nicht verglichen wurde, ist nicht daran zu zweifeln, dass sie mit der Wirklichkeit in einem weiteren Gebiete übereinstimmt, als meine abgekürzte Behandlung, welche nur Uebereinstimmung in dem gewöhnlichen Wirkungsbereich der Maschinen beansprucht.

Der grosse Uebelstand jedoch, der dieser Theorie entgegensteht, liegt in der Schwierigkeit, dieselbe auf die Nebenschluss- und die gemischten Wickelungen und überhaupt auf die complicirteren Erscheinungen anzuwenden; diese Schwierigkeit lässt sich, wenn man nicht auf die Einfachheit der Darstellung verzichtet, kaum anders überwinden, als indem man die Darstellung in gewissem Sinne abkürzt, wie es eben in meiner Behandlung geschieht.

In jüngster Zeit ist durch Veröffentlichung eines Briefes von Professor Perry aus Japan vom Jahre 1878 nachgewiesen worden, dass Herr Perry sich bereits damals der von mir benutzten Formel für den Magnetismus privatim bedient hat; derselbe Brief liefert aber auch den Beweis, dass Herr Perry nicht bemerkt hat, wie sich diese Formel benutzen lässt, um die Grundformel der Theorie, nämlich die Abhängigkeit der Stromstärke von Geschwindigkeit und Widerstand, zu finden.

Ich hoffe, dass die vorstehenden Bemerkungen über die Arbeiten Anderer genügen, um mein Bestreben zu rechtfertigen, meine theoretische Behandlung der Dynamomaschinen im Zusammenhang und in einheitlicher Durcharbeitung vorzuführen.

Gleichzeitig wird mit dieser Veröffentlichung der Zweck verfolgt, die praktischen Elektrotechniker in der Behandlung der Dynamomaschinen auf eine andere Bahn zu leiten; und ich nehme mir die Freiheit, die Herren Vorsteher der elektrotechnischen Institute an den technischen Hochschulen deutscher Zunge in dieser Beziehung um ihre Mitwirkung zu bitten.

Der praktische Elektrotechniker arbeitet bis jetzt beinahe ganz ohne Theorie; ich habe sogar den Eindruck, dass derselbe die Dynamomaschine beinahe wie ein lebendes Wesen betrachtet, bei dem sich überhaupt nichts berechnen lasse, und welches nur auf dem Wege des Versuchs behandelt werden könne. Dem ist wirklich nicht so; eine grosse Zahl der täglichen Geschäfte des Technikers lassen sich kürzer und einfacher durch kleine Rechnungen erledigen. Es wäre sehr erfreulich, wenn die hierfür zugänglichen Techniker sich durch Lektüre dieser Schrift hiervon überzeugen wollten; vielleicht leihen mir die Lehrer der technischen Jugend in dieser Beziehung ihren Beistand.

Der Inhalt der nachstehenden Schrift unterscheidet sich insofern von demjenigen anderer Schriften, die denselben Gegenstand behandeln, als in derselben sowohl auf die Geschichte der Erfindung der Dynamomaschinen als auf die Beschreibung der einzelnen Constructionen verzichtet ist; es wird nur behandelt, was allen Dynamomaschinen gemeinsam ist und dem jetzigen Standpunkt dieses Zweiges der Technik entspricht. Den Hauptinhalt bilden meine bereits veröffentlichten Aufsätze; indessen ist auch manches Neue zugefügt.

Die mitgetheilten Beobachtungen gehören zum grössten Theil der Firma Siemens & Halske an und geben ein Bild der Thätigkeit dieser Firma auch auf diesem Gebiete; dieselben sind theils aus Absicht, theils aus Nothwendigkeit, nicht mit grösserer Genauigkeit angestellt, als sich im Drang der täglichen Geschäfte und mit theilweise ungeübten Beobachtern erzielen lässt; dies beweist zugleich, dass unsere theoretische Behandlung für den praktischen Elektrotechniker passt.

Diejenigen Techniker, welche das Rechnen nicht lieben, möchte ich bitten, sich durch die vielen Formeln in dieser Schrift nicht abschrecken zu lassen; die rechnerischen Operationen sind meist die denkbar einfachsten und die Anschaulichkeit durchweg eine so grosse, dass auch solche Leser sich durch den Inhalt nicht abgestossen fühlen werden.

Berlin, Dezember 1885.

Dr. O. Frölich.

Inhaltsverzeichniss.

Uebersicht.

Unter der Bezeichnung „dynamoelektrische Maschine“ oder abgekürzt „Dynamomaschine“ verstehen wir, wie bisher üblich, eine stromerzeugende, auf Magnetinduction beruhende Maschine, welche keine permanenten Magnete, sondern nur Elektromagnete besitzt und in welcher der Magnetismus erst durch die Thätigkeit der Maschine selbst entsteht.

Es ist richtig, dass durch diese Definition die sog. Magnetmaschinen, d. h. Maschinen mit permanenten Magneten, als nicht unter die Bezeichnung „Dynamomaschine“ fallend bezeichnet werden, obschon diese Maschinen in der Technik immer noch eine gewisse Rolle spielen und wohl öfter auch als eine Art der Dynamomaschine betrachtet werden. Aus diesem Grunde wohl ist der Vorschlag gemacht worden, den Begriff der Dynamomaschinen auf alle Maschinen auszudehnen, in welchen durch mechanische Arbeit Elektrizität erzeugt wird.

Durch diese Erweiterung würde man jedoch eine Ungerechtigkeit gegen die Entwicklungsgeschichte der Maschinen begehen; denn der ganze Aufschwung der modernen Elektrotechnik rührt von der Erfindung der dynamoelektrischen Maschine im engeren Sinne, d. h. einer Maschine mit selbsterregenden Magneten, her. Wir ziehen desshalb die engere, aber historisch richtige Fassung des in Rede stehenden Begriffes vor.

In der vorliegenden Schrift suchen wir Alles zusammenzustellen, was bei dem jetzigen Standpunkt der Technik der Dynamomaschinen zu dem Gebrauch derselben in elektrischer Beziehung als wissenswerth erscheint, und zwar befolgen wir hierbei den folgenden Gang.

Zunächst wird die Dynamomaschine als Stromerzeuger betrachtet. Dieses Kapitel enthält zunächst eine eingehendere Besprechung der elektrischen Eigenschaften der Dynamomaschine; alsdann werden die einzelnen Maschinenarten (nach der Wickelung oder Schaltung) besonders in ihren elektrischen Eigenschaften, beim Gebrauch als Stromerzeuger, geschildert.

Das Gegenbild dieser ersten Betrachtung bildet die darauf folgende der Dynamomaschine als Motor, in welcher ebenfalls nach den allgemeinen Erörterungen die einzelnen Maschinenarten behandelt werden.

Hieran schliessen sich Kapitel über die Wickelung, in welchem die Wahl der Drahtquerschnitte und die beste Wickelung besprochen wird, ferner über den Znsammenhang zwischen Dimensionen und Leistungsfähigkeit und über die Selbsterregung; den Schluss des allgemeinen Theils bilden Bemerkungen über die elektrischen Messungen an Maschinen.

Die in dem allgemeinen Theil erhaltenen Resultate werden alsdann übertragen auf die Anwendungen der Dynamomaschinen, das elektrische Licht, die Elektrolyse und die elektrische Kraftübertragung, wobei die letztere, als die in elektrischer Beziehung complicirteste, am eingehendsten behandelt wird. —

Bei unserer ganzen Betrachtung setzen wir voraus, dass der Leser im Allgemeinen die Dynamomaschinen kenne; bevor wir jedoch ins Einzelne eintreten, wollen wir, der Bezeichnungen wegen, die Theile der Dynamomaschine benennen und ihre Functionen beschreiben.

Die Dynamomaschine besteht aus einem festen und einem drehbaren Theil; beide bestehen aus Eisenkörpern, welche mit Kupferdraht bewickelt sind; den ersteren nennt man die Schenkel, den letzteren den Anker.

Diese Bezeichnung ist von dem Elektromagnet entnommen, welcher ja lange vor Erfindung der Maschinen bekannt und technisch angewendet war; hatte der Elektromagnet Hufeisenform, so nannte man Schenkel die beiden parallel stehenden, mit Draht bewickelten Theile, Anker dagegen das die Polflächen verbindende, von denselben angezogene Eisenstück. Bei der Erfindung der ersten magnetelektrischen Maschinen wurden die Anker von Stahlmagneten bewickelt, mit Kommutator versehen und in Drehung versetzt; bei der Erfindung der Dynamomaschine wurden die Stahlmagnete durch Elektromagnete mit Selbsterregung ersetzt. Die Bezeichnungen: Anker und Schenkel begründen sich also durch die historische Entwickelung; ausserdem geniessen sie in unserer Sprache beinahe allgemeine Anwendung.

Die Functionen der Schenkel bestehen stets in der Erzeugung des Magnetismus in der Maschine, dessen Vorhandensein ja eine nothwendige Bedingung des Functionirens der Maschine bildet; der Anker erzeugt, wenn die Maschine als Stromerzeuger gebraucht wird, durch seine Drehung vor den magnetischen Polflächen den elektrischen Strom; wird die Maschine als elektrischer Motor benutzt, und schickt man zu diesem Zwecke einen Strom durch dieselbe, so setzt sich der Anker in Bewegung in Folge der zwischen den Magnetflächen und den Strömen in den Ankerdrähten auftretenden Zugkraft.

Als Pole der Maschine bezeichnen wir stets die Endklemmen derselben, an welche die nach Aussen führenden Leitungen angelegt werden.

Die innere Schaltung des Ankers, sowie alle während der Drehung auftretenden, inneren Vorgänge im Anker sind nicht Gegenstand unserer Betrachtung; wir beschränken uns auf die Behandlung gleichsam der Mittel dieser Vorgänge, weil nur diese bei dem praktischen Gebrauch der Maschinen ins Spiel treten.

Wir verzichten ausserdem auf die Darstellung der Eigenthümlichkeiten der verschiedenen Construktionen und auf diejenige der historischen Entwickelung: wir suchen nur Dasjenige auf, was allen Construktionen gemein ist und zwar bei dem heutigen Stand der Technik, ohne Rücksicht auf die Art der Entwickelung.

Die Dynamomaschine als Stromerzeuger.

A. Allgemeines.

Uebersicht und Zusammenhang sämmtlicher Eigenschaften.

Die Merkmale der Dynamomaschine sind theils mechanischer, theils elektrischer Natur.

Die mechanischen sind: Die Geschwindigkeit (Tourenzahl) des Ankers, die an der Riemscheibe wirkende Zugkraft (Unterschied der Riemenspannungen), und das Product dieser beiden Grössen: die mechanische Arbeit.

Die elektrischen Momente sind: die in dem rotirenden Anker erzeugte elektromotorische Kraft, die an den Polen auftretende Potentialdifferenz: die Polspannung, die in den verschiedenen Theilen des Stromkreises herrschenden Stromstärken, diejenige im Anker, diejenige in den Schenkeln oder in den verschiedenen Theilen der Schenkel und diejenige im äusseren Kreis, ferner die elektrischen Arbeitsgrössen, nämlich die gesammte erzeugte elektrische Arbeit (elektromotorische Kraft $\times$ Ankerstrom) und die Polarbeit (Polspannung $\times$ äusserer Strom).

Die Dynamomaschine kann auf zwei verschiedene Arten angewendet werden: entweder wird durch dieselbe mechanische Arbeit in elektrische umgesetzt, oder umgekehrt elektrische Arbeit in mechanische; der erstere Fall tritt ein, wenn die Dynamomaschine als Stromerzeuger benutzt wird, der letztere bei der elektrischen Kraftübertragung.

Um die elektrischen Eigenschaften der Dynamomaschine kennen zu lernen, behandeln wir den Fall, in welchem die Dynamomaschine als Stromerzeuger dient, in welchem also die elektrischen Momente als Folgen, die mechanischen Momente als Ursachen auftreten. In ähnlicher Weise werden wir später die mechanischen Eigenschaften ableiten durch Behandlung des Falles, wenn die Dynamomaschine durch Elektrizität in Bewegung gesetzt wird, wenn also die mechanischen Momente sich als Folgen der elektrischen Momente ergeben.

Diese Art der Behandlung entspricht unmittelbar der Art, wie sich die Fragen nach den Eigenschaften der Dynamomaschine in Wirklichkeit aufwerfen. Die Frage nach den elektrischen Grössen wird gestellt, wenn in den wirklichen Fällen das Mechanische gegeben, das Elektrische gesucht ist; umgekehrt frägt man nach den mechanischen Grössen, wenn in Wirklichkeit das Elektrische gegeben und das Mechanische gesucht ist.

Die Arten der Schaltung.

Im Stromkreis einer stromerzeugenden Dynamomaschine sind 3 Theile zu unterscheiden: der Anker (*a*), welcher den Strom erzeugt, die Schenkel (*s*), welche den Magnetismus hervorbringen, und der äussere Kreis (*u*), in welchem elektrische Arbeit geleistet wird.

Fig. 1.

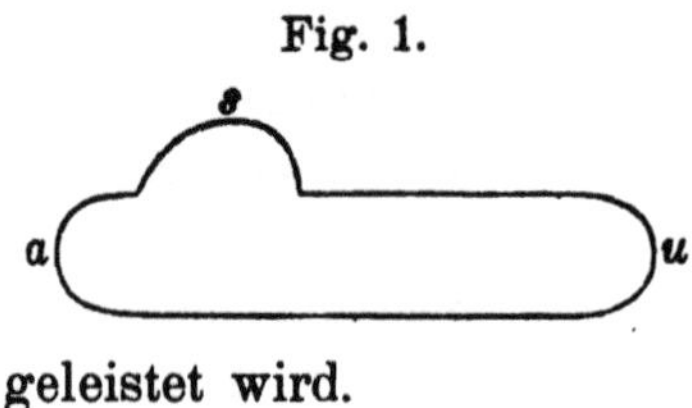

Werden die Schenkel mit einer einzigen Wickelung versehen, so sind zwei verschiedene Schaltungen möglich:

1. Die direkte Schaltung, bei welcher Anker, Schenkel und äusserer Kreis hinter einander geschaltet sind (s. Fig. 1.).

2. Die Nebenschussschaltung ,bei welcher Anker, Schenkel und äusserer Kreis zwischen zwei Punkten, den Polen der Maschine, parallel geschaltet sind, bei welcher also die Schenkel im Nebenschluss zu Anker und äusserem Kreis liegen (s. Fig. 2.).

Fig. 2.

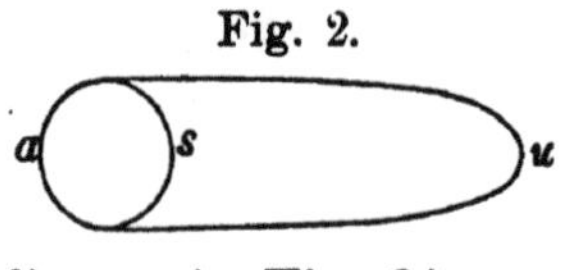

Die Schenkelwickelungen bei direkter und bei Nebenschlussschaltung unterscheiden sich vor Allem durch die Dicke des Drahtes und die Anzahl der Windungen. Da bei directer Schaltung die Schenkelwickelung den vollen Strom aus dem Anker erhält, so muss der Querschnitt des Drahtes in dem vollen Strom entsprechender Grösse gewählt werden; es genügen aber verhältnissmässig wenige Windungen, um den nöthigen Magnetismus zu erzeugen. Bei Nebenschlussschaltung dagegen darf die Schenkelwickelung nur einen kleinen Theil des Ankerstroms erhalten, damit der äussere Strom nicht zu sehr geschwächt wird; es muss daher ihr Widerstand hoch, der Drahtquerschnitt gering sein; man bedarf aber vieler Windungen, um genügenden Magnetismus zu erzeugen.

Man kann nun noch die Schenkel mit mehreren Wickelungen oder einer sog. gemischten Wickelung versehen, und zwar bieten sich hier zwei Möglichkeiten:

Fig. g.

3. die gemischte Wickelung (Nebenschluss parallel zum Anker) (s. Fig. 3).

4. die gemischte Wickelung (Neberschluss parallel zum äusseren Kreis) (s. Fig. 4.)

Fig. 4.

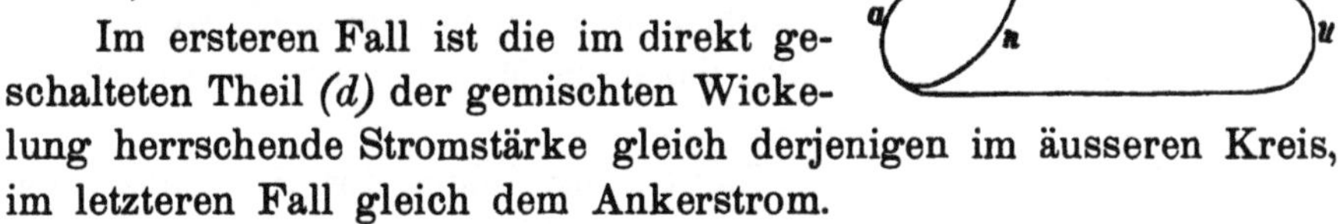

Im ersteren Fall ist die im direkt geschalteten Theil *(d)* der gemischten Wickelung herrschende Stromstärke gleich derjenigen im äusseren Kreis, im letzteren Fall gleich dem Ankerstrom.

Andere Möglichkeiten der Wickelung und Schaltung giebt es nicht, wenigstens nicht bei einer einfachen Dynamomaschine, welche wir hier stets allein behandeln.

Der Magnetismus der Dynamomaschine.

Der Magnetismus ist derjenige Punkt, der bei der Fassung der Theorie der Dynamomaschine Schwierigkeiten bereitet.

Wie der Magnetismus in einem Elektromagnet, mit oder ohne Anker, sich mit der die Windungen durchfliessenden Stromstärke verändert, ist ziemlich bekannt, zwar nicht theoretisch, aber experimentell; man hat für bestimmte Formen der Elektromagnete empirische Formeln abgeleitet, welche das Verhalten des Magnetismus mit einer für die Praxis genügenden Genauigkeit darstellen und welche sich auf die Schenkel der Dynamomaschinen übertragen lassen.

Allein die magnetischen Verhältnisse in der Dynamomaschine compliciren sich namentlich durch die Einwirkung der Ankerströme, welche auf die Vertheilung des Magnetismus im Anker bedeutend einwirken. Diesen Einfluss theoretisch zu untersuchen wäre kaum ausführbar und würde ausserdem die Theorie der Dynamomaschine von der individuellen Form der Eisenkonstruktion abhängig machen. Hier können daher ebenfalls nur Versuche zum Ziel führen.

Eine fernere Schwierigkeit bietet die Definition des Magnetismus der Dynamomaschine.

Streng genommen, müsste man denselben als die Anzahl der Kraftlinien definiren, welche die Ankerdrähte während der Drehung durchschneiden; experimentell liesse sich der Werth des so definirten Magnetismus dadurch ermitteln, dass man einen Draht von der Form einer Ankerwindung durch das magnetische Feld führte und die bei einer ganzen Drehung inducirte (absolute) Summe von Stromimpulsen als Maass des Magnetismus betrachtete; hierbei müsste jedoch der Anker von einem ebenso starken Strom durchflossen werden, wie beim Gebrauch als Stromerzeuger.

Dann würde aber der Einfluss der Commutatorstellung als Schwierigkeit auftreten. Verstellt man die Commutatorbürsten, so ändert sich auch die Vertheilung des Magnetismus im Anker, weil die Ankerströme sich ändern, aber jedenfalls noch weit mehr die elektromotorische Kraft, also dasjenige Moment, welches praktisch wichtiger ist, als der Magnetismus.

Die Grundlage unserer Darstellung bildet der Satz, dass die elektromotorische Kraft bei gleichbleibendem Magnetismus proportional der Geschwindigkeit sei.

Aus theoretischen Betrachtungen (M. Lévy) folgt allerdings, dass dieser Satz nicht ganz richtig sei, sondern dass vielmehr dem der Geschwindigkeit proportionalen Glied noch ein zweites zuzufügen sei, welches das Quadrat der Geschwindigkeit enthalte. Dass dieses zweite Glied in Wirklichkeit existire, ist noch nicht mit Schärfe bewiesen worden; dass dagegen der obige, einfache Satz für alle praktischen Anwendungen genau genug sei, ist sicher.

Den obigen Satz benutzen wir nun, um den Magnetismus zu definiren; wenn E die elektromotorische Kraft, M der Magnetismus, v die Geschwindigkeit, so setzen wir nach jenem Satz:

$$E = f\,M\,v, \qquad \qquad 1)$$

wo f ein Factor, dessen Definition gleich folgt. Hieraus ergiebt sich

$$M = \frac{E}{fv},$$

und wir definiren hiernach den Magnetismus M als das Verhältniss der elektromotorischen Kraft zur Geschwindigkeit, dividirt durch einen konstanten Faktor f.

Wie unten weiter ausgeführt wird, führen wir für den Magnetismus als Einheitsmaass das Maximum des Magnetismus ein, so dass im Maximum $M = 1$. Hieraus ergiebt sich für den Faktor f die folgende Definition:

Der Faktor f ist gleich dem Verhältniss der elektromotorischen Kraft zur Geschwindigkeit, wenn der Magnetismus im Maximum ist.

Dadurch, dass wir im Wesentlichen den Magnetismus als das Verhältniss der elektromotorischen Kraft zur Geschwindigkeit definiren, setzen wir ihn in unmittelbare Beziehung zu der elektromotorischen Kraft, ohne Zwischenglied, welches sich wahrscheinlich als nöthig erweisen würde, wenn man den Magnetismus als Summe der durchschnittenen Kraftlinien definiren würde. Wenn man die letztere Definition annimmt, so würde man die elektromotorische Kraft aus dem Magnetismus erst erhalten, wenn man eine von der Stellung des Kommutators abhängige Korrektion anbringt.

Durch unsere Definition des Magnetismus wird allerdings der Faktor f abhängig von der Kommutatorstellung und es ergiebt sich hieraus die Vorschrift, dass alle Versuche, welche zu Bestimmungen nach unserer Theorie dienen sollen, bei derselben Stellung des Commutators vorgenommen werden müssen.

Aber gerade diese Bedingung, welche in theoretischer Beziehung als eine Beschränkung erscheint, ist für die Anstellung der Versuche eine Erleichterung. Welche Stellung des Commutators hierbei gewählt wird, ist gleichgültig; in Wirklichkeit wird man natürlich diejenige Stellung wählen, die für die beim technischen Gebrauch der Maschine vorkommenden Verhältnisse passt.

Die Curve des Magnetismus.

Das Hauptmerkmal des Magnetismus liegt in seinem Verhalten gegenüber der Stromstärke; dasselbe lässt sich experimentell ermitteln, indem man, bei konstanter Geschwindigkeit, die Stromstärke möglichst variirt und die zugehörigen elektromotorischen Kräfte bestimmt; denn nach unserer Definition sind Magnetismus und elektromotorische Kraft, bei gleicher Geschwindigkeit, einander proportional.

Stellt man solche Versuche bei einer direkt gewickelten Maschine an, bei welcher der Strom in Anker und Schenkeln gleich stark ist, und trägt den Magnetismus als Ordinate, die Stromstärke als Abscissen auf, so erhält man bei allen verschiedenen Constructionen der Dynamomaschine eine Curve von der Form M (s. Fig. 5), d. h. eine Curve, die Anfangs steil aufsteigt, immer geringere Neigung annimmt, ein Maximum erreicht und dann langsam gegen die Abscissenaxe hin abfällt. Wir nennen diese Curve des Magnetismus diejenige mit Ankerstrom.

Stellt man dagegen die Versuche in der Weise an, dass man den Strom einer zweiten Maschine durch die Schenkelwindungen schickt und den Anker mit grossem Widerstand schliesst, so dass der Ankerstrom ganz gering ist, so erhält man eine Curve von der Form M_0 oder die Curve des Magnetismus ohne Ankerstrom (s. Fig. 5); dieselbe steigt Anfangs etwas steiler an, als die Curve mit Ankerstrom, die Abweichung beider Kurven von einander

Fig. 5.

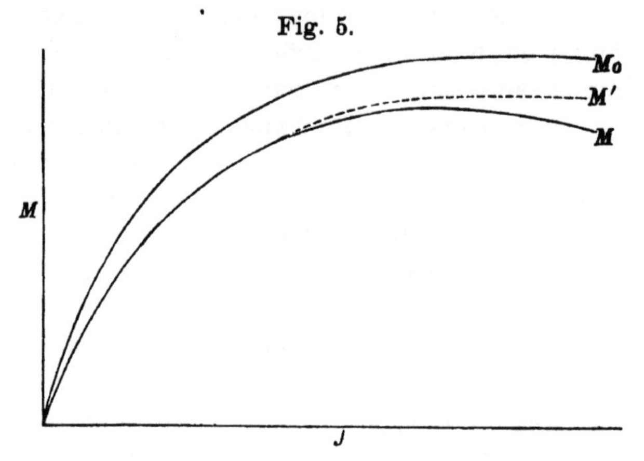

wächst immer mehr und die Curve ohne Ankerstrom besitzt ein Maximum erst im Unendlichen, indem sie asymptotisch einer horizontalen Geraden sich nähert.

Aus der Vergleichung beider Curven ergiebt sich deutlich die Einwirkung des Ankerstroms; dieselbe geht dahin, den Magnetismus zu schwächen, und zwar umsomehr, je stärker der Strom ist; natürlich muss dieser Einfluss auch um so stärker sein, je mehr Drahtgewicht die Ankerwickelung besitzt.

Bei allen Dynamomaschinen, deren Magnetismuscurve bekannt ist, hat sich die Form *M* ergeben; die einzelnen unterscheiden sich jedoch bedeutend durch das Verhalten der Curve hinter dem Maximum. Je schneller die Curve hinter dem Maximum sinkt, um so schwächer ist die magnetische Wirkung der Schenkel im Verhältniss zu den entgegengesetzt wirkenden Ankerströmen. Bei der Brush-Maschine soll der Abfall der Curve im letzten Theile so stark sein (s. Sylv. Thompson, Dyn. el. Machinery, pag. 287), dass der Magnetismus bereits bei praktisch noch erreichbaren Strömen beinahe auf Null zurücksinkt.

Für eine Maschine mit Nebenschlussschaltung gilt das Gesagte nicht unmittelbar, weil bei derselben Ankerstrom und Schenkelstrom nur in der Art zusammenhängen, dass der Ankerstrom grösser sein muss, als der Schenkelstrom oder wenigstens gleich, während der Unterschied beider Ströme von dem äusseren Widerstande abhängt. Stellt man bei einer solchen Maschine Versuche bei gleicher Geschwindigkeit und verschiedenen äusseren Widerständen an, so ändert sich der Magnetismus nur wenig, da der Schenkelstrom nur von der Polspannung abhängt und diese, wie später sich zeigen wird, sich bei verschiedenen äusseren Widerständen nicht bedeutend ändert. Um also das ganze Bereich des Magnetismus zu erhalten, müssen Versuche bei verschiedener Geschwindigkeit angestellt werden, worüber später.

Die Curve des Magnetismus wurde zuerst von Hopkinson in etwas anderer Form benutzt, nämlich als Abhängigkeit der elektromotorischen Kraft von der Stromstärke, bei constanter Geschwindigkeit, dann vom Verfasser in der vorliegenden Form und endlich von M. Deprez in der Hopkinson'schen Form, wobei Deprez jedoch den Einfluss der Ankerströme übersah; die Hopkinson'sche Form wurde von Deprez „la caractéristique" genannt.

Die Abhängigkeit des Magnetismus von der Stromstärke.

Wenn die Curve des Magnetismus für eine Maschine bekannt ist, so ist es allerdings möglich, ohne Rechnung, durch blosse graphische Construktionen eine Reihe praktischer Fragen zu beantworten; viele andere Fragen aber lassen sich auf diesem Wege nicht lösen, und vor Allem gewinnt man auf diese Weise nicht die eigentliche Einsicht in die Natur der Vorgänge. Diese Curve charakterisirt, wie der Name schon sagt, direkt nur die Wirkung des magnetisirenden Theiles, der Schenkel; die Wirkung des stromerzeugenden Theiles, des Ankers, und die Leistung der Maschine überhaupt, ist in dieser Curve nur mittelbar enthalten.

Hierzu kommt, dass, wie wir gleich zeigen werden, die Curve des Magnetismus für alle Maschinen dieselbe ist und das einzige Individuelle daran der Maassstab ist, in welchem die Abscissen aufgetragen werden.

Eine vollständige Theorie der Dynamomaschinen, aus welcher sich alle beliebigen Fragen beantworten lassen, lässt sich nur auf analytischem Wege aufstellen, und als Grundlage derselben muss eine (empirische) Formel gesucht werden, welche die Abhängigkeit des Magnetismus von der Stromstärke darstellt.

Eine solche Formel muss vor Allem die aus den Beobachtungen sich ergebende Curve mit genügender Genauigkeit darstellen, wenigstens in dem Theile, der in Wirklichkeit gebraucht wird; sie darf ferner kein Moment enthalten, das der Natur der Dynamomaschine zuwiderläuft; und sie muss endlich sich zu den rechnerischen Operationen eignen.

Wollte man die wirkliche Curve M (s. Fig. 5) durch eine Formel darstellen, so würde dieselbe complicirt ausfallen und die ganze, auf derselben aufgebaute Theorie so verwickelt werden, dass sie sich kaum praktisch verwerthen liesse. Wir substituiren daher der Curve M die Curve M' (punktirt, s. Fig. 5), welche mit der Kurve M bis beinahe zu deren Maximum übereinstimmt, dann aber abweicht und ihr Maximum im Unendlichen hat.

Diese Curve wird dargestellt durch die Formel

$$M = \frac{J}{a + bJ}, \quad \ldots \ldots \ldots \quad 2)$$

wo J die Stromstärke, a und b constante Factoren.

Dieselbe genügt nicht nur den oben gestellten Anforderungen, sondern eignet sich für den vorliegenden Zweck namentlich deshalb vorzüglich, weil die aus derselben abgeleitete Theorie eine merkwürdig einfache und durchsichtige Form annimmt.

Die wirkliche Curve des Magnetismus kann man für die Anschauung in 3 Theile zerlegen: in das anfängliche, beinahe geradlinige Aufsteigen, in das Knie oder die Gegend, in welcher die Hauptbiegung nach rechts stattfindet, und endlich in den letzten Theil, in welchem die Curve nach Ueberschreitung eines Maximums langsam abfällt.

Wie wir später sehen werden, befinden sich die in Wirklichkeit vorkommenden Werthe des Magnetismus stets in der Gegend des Knie's, selten vorher, beinahe nie nachher; eine Uebereinstimmung der Formel mit der wirklichen Curve bis hinter das Knie ist daher ausreichend. Bei neueren Maschinen, welche sich durch bedeutende Eisenmassen und wenig Draht auf dem Anker auszeichnen, kann man vielleicht Formel und wirkliche Curve beinahe durchweg zum Zusammenfallen bringen, da bei diesen wahrscheinlich kein endliches Maximum mehr stattfindet.

Diese letztere Bemerkung ist nicht ohne Wichtigkeit. In neuerer Zeit gehen die meisten Constructeure darauf aus, die Drahtmasse des Ankers möglichst zu verringern; wenn der Einfluss des Ankerstroms auf den Magnetismus sehr klein wird, so geht die wirkliche Magnetismuscurve in unsere theoretische über, und man sieht daraus, dass die Construction der theoretischen Curve zustrebt.

Maass des Magnetismus; die Ankerconstante.

Wir haben im Vorigen 3 Constanten benutzt, f, a und b; wie leicht zu zeigen ist, lässt sich eine derselben unterdrücken und gleichsam in die anderen aufnehmen, es fragt sich jedoch, welche.

Wir benutzen diesen Umstand, um ein allgemeines Maass des Magnetismus einzuführen, welche diese Grösse unmittelbar anschaulich macht; wir setzen nämlich das Maximum des Magnetismus (in der Formel) gleich Eins. Das Maximum findet für $J = \infty$ statt und es ist $M_{(max.)} = \frac{1}{b}$; wir setzen also $b = 1$.

Auf diese Weise werden sämmtliche, in Wirklichkeit vorkommende Werthe des Magnetismus unmittelbar in Theilen (z. B. Prozenten) des in dem betr. Fall überhaupt möglichen Maximums des Magnetismus ausgedrückt. Es ist dies nicht nur von Werth für den Lernenden, der ja immer nach Anschaulichkeit sucht, sondern auch für den Constructeur; denn die Bestimmung des Werthes des Magnetismus, bei welchem eine Maschine arbeitet, enthält auf diese Weise unmittelbar ein Urtheil darüber, ob und wie sich dieser Werth zweckmässiger Weise verändern lässt.

Ein weiterer, wichtigerer Vortheil dieser Maassbestimmung des Magnetismus liegt darin, dass die Constante f eine ganz bestimmte, einfache Bedeutung erhält, nämlich diejenige einer Ankerconstanten.

Wenn man einen Strom von sehr grosser Stärke in die Schenkelwindungen schickt, so wird der Magnetismus in Wirklichkeit gleich Eins, d. h. gleich dem Maximum; die elektromotorische Kraft ist alsdann nicht mehr von der Funktion der Schenkel abhängig, sondern nur noch vom Anker. Man hat aber alsdann

$$E = f v;$$

also kann f nur eine vom Anker abhängige Constante sein.

Hieraus ergibt sich für die Ankerconstante f folgende Definition: sie ist gleich der elektromotorischen Kraft, welche bei dem Magnetismus 1 und der Geschwindigkeit 1 auftritt, oder: sie ist gleich dem Verhältniss der elektromotorischen Kraft zur Geschwindigkeit, wenn der Magnetismus gleich Eins ist.

Es fragt sich nun weiter, welche Bedeutung die Constante a hat. Ohne an dieser Stelle den experimentellen Beweis zu führen, bemerken wir, dass es sich aus den Beobachtungen ergibt, dass a umgekehrt proportional der Anzahl m_s der Schenkelwindungen ist.

Setzen wir daher $a = \frac{1}{\mu\, m}$, $b = 1$, so wird, wenn J_s der Strom in den Schenkeln,

$$M = \frac{J_s}{\frac{1}{\mu\, m} + J_s} \text{ oder}$$

$$M = \frac{\mu\, m\, J_s}{1 + \mu\, m J_s}; \qquad \ldots\ldots\ldots \quad 3)$$

dies ist die Grundformel unserer Theorie.

Der Magnetismus der Windungen.

Die Bedeutung der Constanten μ ist unmittelbar zu erkennen: wenn nur eine einzige Windung auf den Schenkeln liegt, so ist der Magnetismus auch bei bedeutender Stromstärke klein und man kann setzen:

$$M = \mu\, J_s;$$

es ist also μ der Magnetismus, der von einer einzigen Windung bei der Stromstärke Eins in der Maschine erzeugt wird.

Die Formel 3 zeigt, dass die Grössen μ, m, J_s nur im Product vorkommen; dieses Product ist also eigentlich die Variable, deren Function der Magnetismus ist; wir wollen es das Argument des Magnetismus nennen.

Dasselbe hat eine einfache physikalische Bedeutung. Bekanntlich lässt sich nach dem sog. Ampère'schen Satz jeder Complex von Windungen, die vom elektrischen Strom durchlaufen werden, in seinen Wirkungen nach Aussen ersetzen durch ein System von Flächen, welche mit Magnetismus belegt sind; ordnet man diese Flächen für die Schenkelwindungen einer Dynamomaschine so an, dass nur zwei Flächen auftreten, eine mit nördlichem und eine zweite mit südlichem Magnetismus belegte, so ist das Product $\mu m J_s$ proportional der magnetischen Belegung jener

Fig. 6.

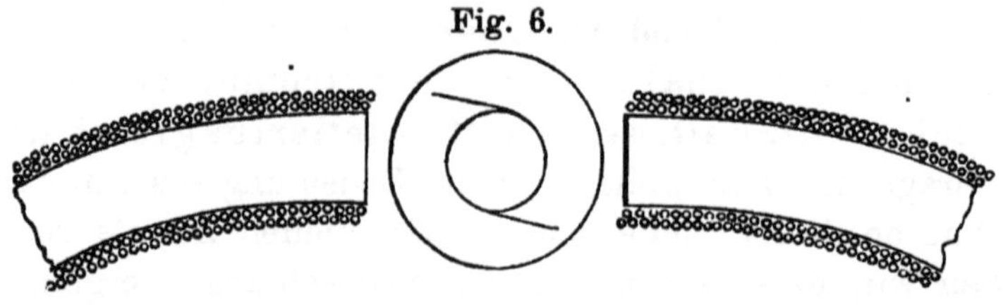

Flächen; wir nennen deshalb das Product $\mu m J_s$ den Magnetismus der Schenkelwindungen.

Wir können desshalb auch sagen: *Der Magnetismus der Dynamomaschine ist eine Function des Magnetismus der Schenkelwindungen.*

Führen wir nun diese Ersetzung der Schenkelwindungen durch magnetische Flächen in möglichst einfacher Weise aus.

Bei jeder Dynamomaschine haben die Schenkelwindungen die Aufgabe, auf zwei einander gegenüber stehenden Flächen entgegen-

Fig. 7.

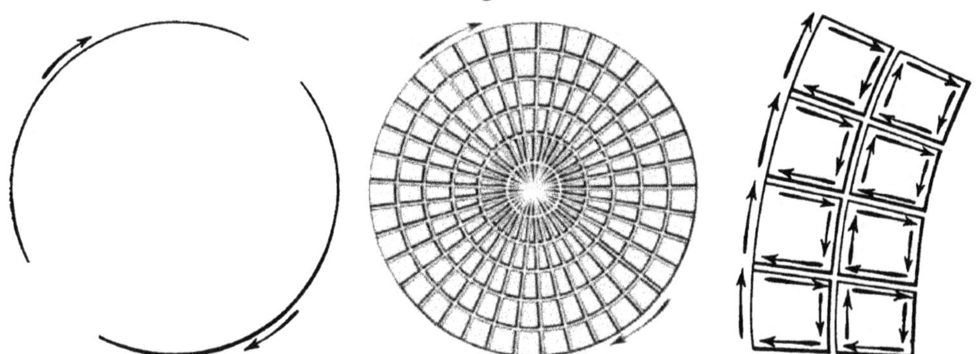

gesetzten Magnetismus zu erzeugen. Nehmen wir an, diess geschehe auf die einfache, in Fig. 6 angedeutete Weise, nämlich so, dass der Elektromagnet eine lange, irgendwie gebogene, bis zu den Endflächen durchweg bewickelte Stange bilde, deren Endflächen einander parallel gegenüberstehen.

Nach dem sog. *Ampère*'schen Satz darf ein Kreisstrom ersetzt werden, durch eine von lauter sehr kleinen, an einander grenzenden Kreisströmen erfüllte Fläche, (s. Fig. 7), deren Begrenzungslinie mit der Linie des Kreisstroms übereinstimmt; ferner hat bekanntlich *Ampère* den Begriff des Solenoides eingeführt, d. h. einer sehr dünnen, beliebig gekrümmten, vom Strom durchflossenen Spirale, (s. Fig. 8).

Fig. 8.

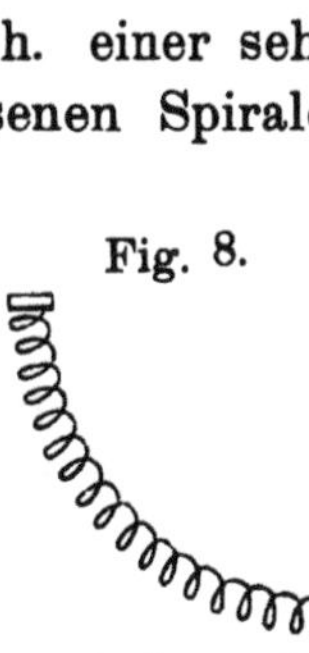

Ersetzen wir nun jeden Kreisstrom der obigen Schenkelwickelung (indem wir zunächst eine Lage der Wickelung betrachten) durch eine von kleinen Kreisströmen erfüllte Fläche, so wird der ganze Innenraum der Schenkelwindungen von solchen Strömchen erfüllt und zwar so, dass über und unter jedem Strömchen in der Richtung der Mittellinie oder Achse des Schenkelkörpers eine Reihe gleicher Strömchen liegen. Jede dieser Reihen von kleinen Kreisströmen kann man betrachten als eine unendlich dünne Spirale, d. h. als ein Solenoid; wir können also eine Lage der Schenkelwickelung ersetzen durch einen Complex von Solenoiden, welche den Innenraum der Wickelung ausfüllen.

Wiederholt man dieselbe Operation mit den übrigen Lagen, so vermehrt sich offenbar nur die Anzahl der Solenoide in demselben Maasse, wie die Anzahl der Lagen.

Nun hat Ampère bewiesen, dass sich jedes Solenoid in seiner Wirkung nach Aussen ersetzen lasse durch zwei mit Magnetismus belegte kleine Flächen, welche sich an den Endpunkten des Solenoids befinden, von denen die eine, an dem einen Ende, nördlichen, die andere, am anderen Ende, südlichen Magnetismus besitzt s. Fig. 8, wo der nördliche Magnetismus durch ein schraffirtes, der südliche durch ein leeres Rechteckchen angedeutet ist. Liegen die positiven Endflächen mehrerer Solenoide in derselben Ebene neben einander und ebenso die negativen Endflächen, (s. Fig. 9), so setzen sich auf jeder Seite sämmtliche gleichnamigen magnetischen Flächen zu einer einzigen, mit Magnetismus belegten Fläche zusammen, und der ganze Complex von Solenoiden lässt sich ersetzen durch diese beiden magnetischen Flächen.

Wir können also auf diese Weise die Solenoide, in welche die eine Lage der Schenkelwickelung zerlegt wurde, durch magnetische Flächen ersetzen, und erhalten schliesslich zwei mit Magnetismus

Fig. 9.

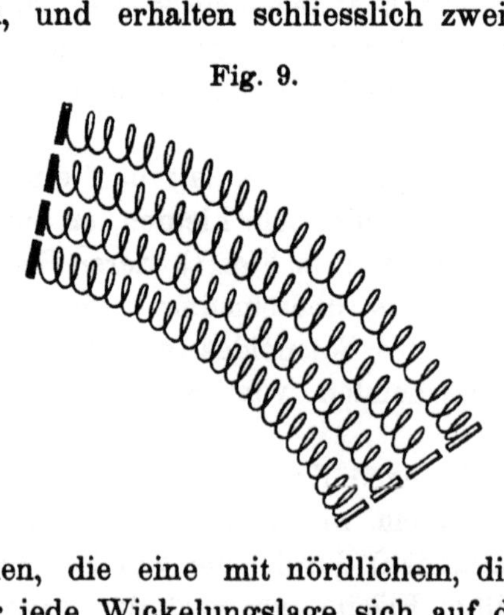

belegte Endflächen, die eine mit nördlichem, die andere mit südlichem; da ferner jede Wickelungslage sich auf diese Weise durch magnetische Flächen ersetzen lässt, ist die Wirkung der ganzen Schenkelwickelung dieselbe, wie diejenige von zwei magnetischen Belegungen der betreffenden Endflächen; wir dürfen uns also die Wickelung wegdenken und statt derselben jene magnetischen Flächen annehmen.

Diese Darstellung zeigt unmittelbar, welcher Art die magnetische Vertheilung im Innern des Schenkeleisens sein muss; denn die magnetisirende Wirkung der beiden magnetischen Endflächen auf den Eisenkörper der Schenkel ist dieselbe, wie diejenige eines Magnets, dessen Polflächen an die Endflächen des Schenkeleisens gelegt werden. Ueber dieselbe kann allerdings auch ohne diese Darstellung kein Zweifel herrschen.

Mehr Nutzen gewährt die Benutzung des Ampère'schen Satzes für die Betrachtung der magnetischen Wirkung, welche die Ströme in den Ankerwindungen ausüben; hier müssen wir jedoch die beiden Hauptformen der Dynamomaschinen, diejenigen von Pacinotti-Gramme und von v. Hefner-Alteneck, gesondert betrachten.

Die Wickelung des Pacinotti-Gramme'schen Rings kann man, wie dies bereits Pacinotti gethan hat, auffassen als aus zwei halbkreisförmigen Solenoiden bestehend, die mit den gleichnamigen Polen auf einander stossen. Es geht dies sofort aus Fig. 10 her-

Fig. 10.

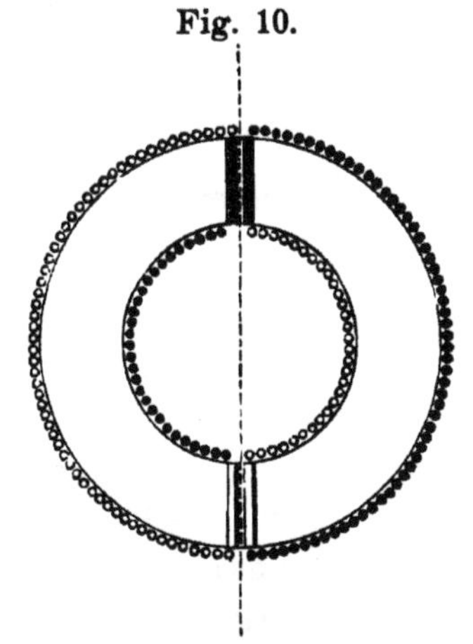

vor, in welcher die Drahtquerschnitte der einen Stromrichtung ausgefüllt, diejenigen der anderen Stromrichtung leer gezeichnet sind. Ersetzt man die Solenoide durch die betreffenden magnetischen Endflächen, so erhält man die in derselben Figur angedeutete magnetische Anordnung, nach welcher die magnetischen Belegungen auf Ringquerschnitten liegen.

Sucht man die magnetische Vertheilung, welche diese magnetischen Flächen im Inneren des Ringes erzeugen, so stösst man auf die Schwierigkeit, dass auf denselben Ringquerschnitten, welche mit Magnetismus belegt sind, sich auch Eisenmoleküle befinden, welche durch jene Belegungen magnetisch erregt werden.

Um diese Schwierigkeit zu umgehen, denken wir uns den Eisenring an jenen Stellen zerschnitten, die beiden von einander getrennten Querschnitte jedoch in ganz geringer Entfernung von einander; die magnetische Vertheilung wird hierdurch nicht wesentlich verändert.

Bei dem v. Hefner'schen Maschinenanker ist ein solcher Schnitt nicht nöthig; dagegen lässt sich die Ersetzung durch Solenoide nicht so unmittelbar ausführen.

In Fig. 11 sind die Drahtquerschnitte mit den beiden verschiedenen Stromrichtungen wieder voll bez. leer gezeichnet. In

Fig. 11.

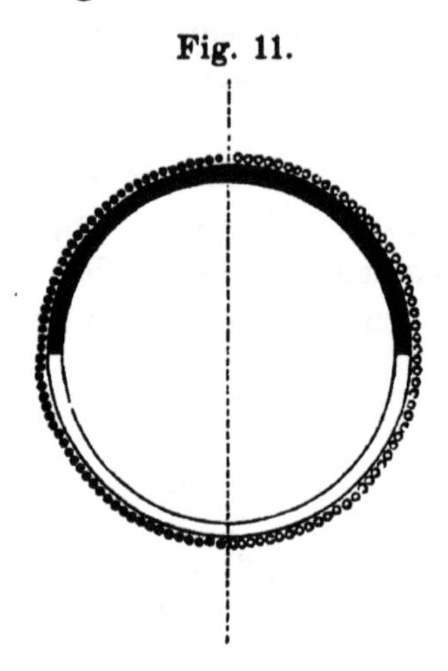

Wirklichkeit sind die diametral gegenüberliegenden Drähte mit einander verbunden; für den vorliegenden Zweck jedoch denken wir uns jeden Draht mit dem in gleicher Höhe auf der anderen Hälfte liegenden Draht verbunden. Betrachtet man je zwei so verbundene Drähte als einen Stromkreis und ersetzt dieselben durch eine von kleinen Kreisströmen erfüllte ebene Fläche, so kann man die in der Richtung der Mittellinie unter einander liegenden Kreisströme wieder zu Solenoiden vereinigen und diese alsdann durch magnetische Endflächen ersetzen.

Auf diese Weise erhält man die in Fig. 11 angegebene magnetische Anordnung, d. h. zwei entgegengesetzt magnetische, halbe Cylindermäntel.

Wir sind nun im Stande, bei beiden Maschinentypen die Wickelungen, sowohl auf den Schenkeln, als auf dem Anker wegzudenken und statt derselben magnetische Flächen anzunehmen; Fig. 12 zeigt diese Anordnung für die Gramme'sche, Fig. 13 diejenige für die v. Hefner'sche Maschine.

Die punktirte, durch den Mittelpunkt des Ankers gehende

Linie bedeutet die Verbindungslinie der Stellen, an welchen die Bürsten anliegen und der Strom commutirt wird.

Die magnetische Vertheilung auf den Schenkeln hat weniger für sich, als in ihrer Wirkung auf den Anker Interesse, die letztere

Fig. 12. Fig. 13.

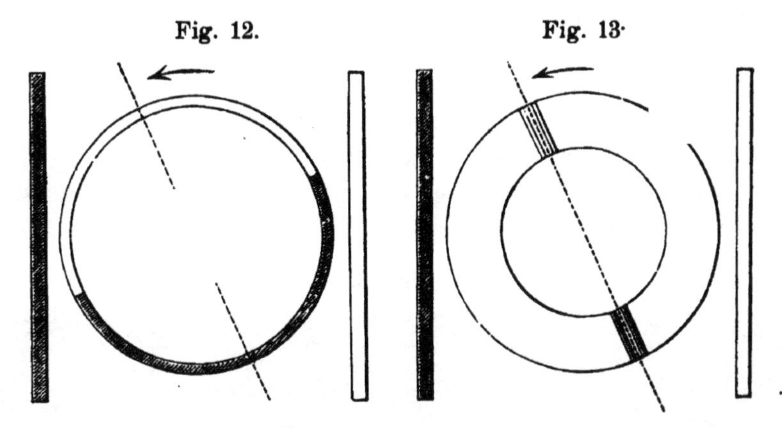

wird aber in dieser Darstellung leicht anschaulich. Man sieht, dass bei beiden Maschinen, die die Ankerströme ersetzenden Magnetismen die magnetische Axe aus der den Schenkelmagnetismen entsprechenden Lage verdrängen und eine Drehung derselben hervorbringen.

Worauf es uns hier aber ankommt, ist das Resultat, dass sich die Schenkelwindungen ersetzen lassen durch magnetische Belegungen, deren Magnetismus proportional dem Schenkelstrom J_s und der Anzahl der Schenkelwindungen m_s ist; wir erhalten dadurch die Berechtigung, die Grösse $\mu\, m_s\, J_s$, das Argument des Magnetismus M, den Magnetismus der Schenkelwindungen zu nennen.

Die vorstehende Darstellung zeigt deutlich das Verhältniss zwischen dem Magnetismus der Schenkelwindungen und dem Magnetismus der Maschine. Der erstere ist proportional dem Strom, kann also unendlich gross werden, der letztere kann nur ein Maximum erreichen; der erstere wächst gleichmässig mit dem Strom, der letztere Anfangs zwar auch, später immer weniger und zuletzt gar nicht mehr.

Der Magnetismus der Ankerwindungen ist formell in unserer Formel nicht berücksichtigt, denn sowohl die Windungszahl m_s, als die Stromstärke J_s beziehen sich auf die Schenkelwindungen; jedoch in der Bestimmung der Constanten μ, welche durch Versuche, nicht theoretisch, erfolgen muss, macht sich praktisch der Einfluss der Ankerströme etwas geltend. Dies geht auch aus der Betrachtung der Curven (s. Fig. 5) hervor; denn die durch die Formel dargestellte Curve M_0 weicht von der Curve M', die der blossen Schenkelwirkung entspricht, ab.

Bei allen Maschinen der verschiedenen Systeme, bei welchen die Gültigkeit unserer Formel untersucht wurde, hat sich eine genügende Uebereinstimmung mit derselben herausgestellt. Es folgt hieraus, dass die **Curve des Magnetismus bei allen Maschinen dieselbe ist,** wenn der Magnetismus in dem angegebenen Maasse als Ordinate, und als Abscisse der Magnetismus der Schenkelwindungen $\mu\, m_s . J_s$ aufgetragen wird; es handelt sich also bei der Bestimmung dieser Curve nur um die Auffindung des richtigen Abscissenmaassstabes oder der Constanten $\mu\, m_s$.

Fig. 14.

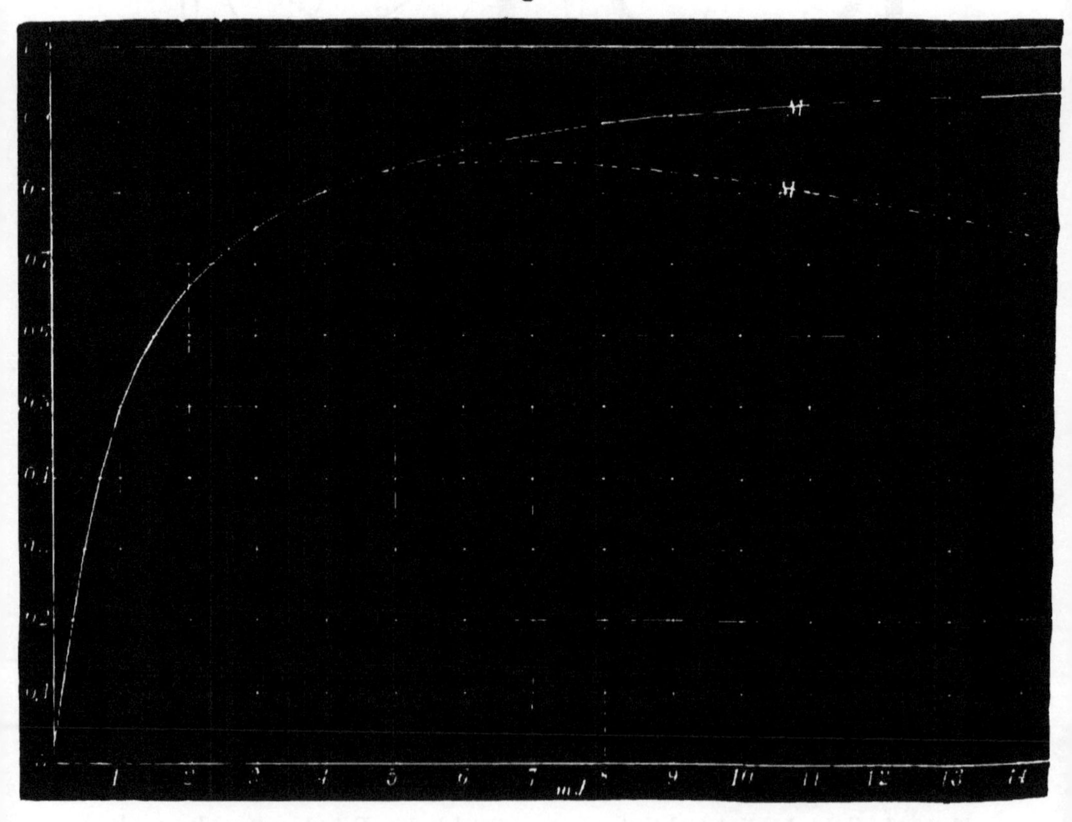

Alle sog. Charakteristiken (nach Deprez' Bezeichnung) lassen sich daher auf eine und dieselbe Curve zurückführen durch richtige Wahl der Maassstäbe der Coordinaten; und die Aufstellung dieser Curven hat nur soweit Interesse, als es sich um die Bestimmung dieser Maassstäbe handelt.

Das Maximum des Magnetismus ist in Maschinen verschiedener Construction und verschiedener Grösse verschieden und namentlich von der Dicke des Ankereisens abhängig; wir setzen nur jeweilen das Maximum, welches der für die betreffende Maschine abgeleiteten Formel entspricht, gleich Eins.

Fig. 14 zeigt die Curve des Magnetismus (M), wie sie sich nach Formel 3 berechnet, in genauer Darstellung, den Magnetismus (Ordinate) in Theilen des Maximums, als Abscissen direct die Werthe des Arguments $\mu m J$ (in der Figur mit $m J$ bezeichnet.)

Die Curve M' zeigt den wirklichen Verlauf des Magnetismus.

Die Selbsterregung oder das Angehen; das dynamoelektrische Gleichgewicht.

Wir werden in einem späteren Capitel die Selbsterregung der Dynamomaschine eingehender behandeln, geben jedoch bereits an dieser Stelle eine übersichtliche Beschreibung dieses wichtigen und eigenthümlichen Vorganges bei einer Maschine mit directer Wickelung, da dessen Verständniss eine Vorbedingung der Einsicht in die Vorgänge der Dynamomaschine bildet.

Die Selbsterregung der Dynamomaschine ist nur möglich, wenn remanenter Magnetismus in der Maschine vorhanden ist, und es ist interessant zu bemerken, wie die Eigenschaft des Eisens, stets etwas Magnetismus zu behalten, welche bei allen magnetischen Versuchen und bei allen übrigen technischen Anwendungen ein Hinderniss bildet, bei der Dynamomaschine gerade die Vorbedingung ihrer Wirkung ist, also den grössten Nutzen gewährt.

Bei der Strombildung während der Selbsterregung treten hauptsächlich zwei Momente auf: die in Folge der Drehung des Ankers in dessen Bewickelung durch den Magnetismus der Maschine inducirte elektromotorische Kraft und diejenige, welche durch das Wachsen des Magnetismus in der Maschine inducirt wird.

Für das Zustandekommen der Selbsterregung ist von Wichtigkeit die Art, wie Schenkel- und Ankerwickelung mit einander verbunden sind, und die Drehungsrichtung; die Verbindung von Anker und Schenkel sowohl als die Drehungsrichtung müssen so angeordnet werden, dass *der im Anker inducirte Strom den Magnetismus zu verstärken sucht*; nur dann findet ein Ansteigen des Magnetismus und eine Selbsterregung der Maschine statt.

Wenn die Bedingung für das Selbsterregen erfüllt ist, so wachsen Magnetismus und Strom vom Beginn der Drehung an. Ueber die

Art dieses Ansteigens, welche wir später eingehender behandeln, bemerken wir hier nur, dass sie abhängig ist von dem Zusammenhang zwischen Magnetismus und Stromstärke und ferner von den durch das Steigen des Magnetismus hervorgerufenen Inductionsströmen.

Die letzteren wirken stets dem im Anker inducirten Strom entgegen und verlangsamen daher das Ansteigen von Strom und Magnetismus. Wären diese Ströme gar nicht vorhanden, so würde das Ansteigen unendlich rasch, in unmerklich kleiner Zeit, erfolgen, Strom und Magnetismus würden mit Einem Ruck auf die entsprechende Maximalhöhe springen; das Vorhandensein jener Ströme, welches übrigens eine Naturnothwendigkeit ist, bedingt ein Anwachsen von Strom und Magnetismus in endlichen, messbaren Zeiträumen; theoretisch kann sogar, wegen dieser Ströme, der Gleichgewichtszustand erst nach unendlich langer Zeit eintreten.

Schliesslich stellt sich, bei constanter Geschwindigkeit, ein Gleichgewichtszustand für Strom und Magnetismus her, welchen wir das dynamoelektrische Gleichgewicht nennen.

Auf diesen Zustand können die eben erwähnten, von Veränderungen des Magnetismus herrührenden Inductionsströme keinen Einfluss haben, weil sie nicht mehr auftreten, sobald der Magnetismus constant geworden ist. Dieses Gleichgewicht ist vielmehr dadurch bestimmt, dass die im Anker durch den Magnetismus der Maschine inducirte elektromotorische Kraft die einzige sei, dass also die durch Veränderung des Magnetismus entstehenden elektromotorischen Kräfte fortfallen.

Der Strom, welcher, bei einem Gesammtwiderstand W, von einem Magnetismus M im Anker erregt wird, ist nach unserer Bezeichnung

$$\frac{fvM}{W};$$

für den Strom, der nöthig ist, um den Magnetismus M zu erhalten, hat man

$$M = \frac{\mu m J}{1 + \mu m J}, \text{woraus}$$

$$J = \frac{1}{\mu m} \frac{M}{1-M}.$$

Während der Selbsterregung ist der letztere Strom der in jedem Augenblick herrschende; er ist kleiner als der Strom $\frac{fvM}{W}$, weil von dem letzteren noch die durch Veränderung des Magnetismus entstehenden Ströme in Abzug kommen; im Gleichgewicht sind beide Ströme gleich; wir erhalten daher:

$$\left.\begin{aligned} J &= \frac{fvM}{W} = \frac{1}{\mu m}\,\frac{M}{1-M}, \\ \text{oder } M &= \frac{JW}{fv} = \frac{\mu m J}{1+\mu m J} \end{aligned}\right\} \quad \ldots\ldots \quad 4)$$

als **Gleichungen des dynamoelektrischen Gleichgewichts.**

Aus diesen Formeln ergibt sich, dass die Abhängigkeit des Magnetismus von der Stromstärke den grössten Einfluss auf das dynamoelektrische Gleichgewicht ausübt.

Wäre der **Magnetismus proportional der Stromstärke:**

$$M = cJ,$$

so müsste im Gleichgewicht sein:

$$cJ = \frac{W}{fv} J;$$

Diese Gleichung wird aber (wenn man von dem Ausnahmefall $c = \frac{W}{fv}$ absieht), nur bei einer **unendlich grossen Stromstärke** erfüllt.

Je mehr der Magnetismus von der Proportionalität mit der Stromstärke abweicht, je niedriger sein Maximum ist, desto kleiner sind Strom und Magnetismus, die im Gleichgewicht eintreten, wenn Widerstand W und Geschwindigkeit v gegeben sind. Denn schreibt man:

$$M = \frac{J}{a + bJ},$$

wo $\frac{1}{b}$ der Maximalwerth des Magnetismus, und setzt in obige Gleichgewichtsgleichungen ein, so kommt

$$\frac{JW}{fv} = \frac{J}{a + bJ}, \text{ woraus}$$

$$J = \frac{1}{b}\left(\frac{fv}{W} - a\right); \text{ ferner}$$

$$M = \frac{JW}{fv} = \frac{1}{b}\left(1 - a\,\frac{W}{fv}\right).$$

Strom und Magnetismus im Gleichgewicht sind also proportional dem bei der Construction der Maschine überhaupt möglichen Maximum $\left(\frac{1}{b}\right)$ des Magnetismus.

Der Widerstand des Ankers.

Bevor wir zur Betrachtung der einzelnen Formen der Dynamomaschine übergehen, haben wir einer Erscheinung zu erwähnen, welche bei allen Maschinen vorkommt und die Verhältnisse complicirt, nämlich die Veränderung des Widerstands des Ankers. Diese Erscheinung wurde entdeckt von Cabanellas (Comptes Rendus, T. 90, No. 23, 7. Juin, 1880) und erklärt von Joubert (Comptes Rendus, T. 95, No. 10, 5. Mars, 1883).

Misst man den Widerstand eines Ankers in Ruhe und in Bewegung — wobei vorausgesetzt wird, dass der Einfluss der bei der Drehung erzeugten Ströme durch die Methode der Messung eliminirt sei — so findet man stets den Widerstand bei Bewegung grösser als in der Ruhe; stellt man eine Reihe von Messungen bei verschiedenen Geschwindigkeiten an, so zeigt sich, dass die Zunahme des Widerstandes ungefähr proportional der Geschwindigkeit ist, und ferner, dass diese Zunahme mit der Anzahl der Windungen wächst.

Nach jener Erklärung sind es die bei der Aenderung der Stromrichtung in den Ankerwindungen auftretenden Vorgänge, welche den Widerstand scheinbar verändern. Geht eine Windung, d. h. die zwischen zwei aufeinanderfolgenden Commutatorstücken liegende Wickelung, an einer Bürste vorbei von dem einen magnetischen Feld in das andere über, so kehrt sich dabei die Stromrichtung in derselben um; und zwar wird zunächst der anfänglich herrschende Strom vernichtet, indem die Bürste die beiden Commutatorstücke kurz schliesst, und nach Aufhebung des Kurzschlusses wird die Windung von dem in der anderen Ankerhälfte herrschenden Strom erfüllt.

Jeder dieser Vorgänge, sowohl die Vernichtung des einen Stromes, als die Herstellung des anderen kostet eine gewisse Arbeit, welche aus dem Arbeitsvorrath oder der Energie des in den übrigen Windungen kreisenden Stromes entnommen wird; und zwar ist diese Arbeit proportional der Selbstinduction der Windung oder der Induction, welche die einzelnen Theile der Windung auf einander und auf das umgebende Eisen ausüben. Die Selbstinduction ist eine widerstehende Kraft, welche jeder elektrischen oder magnetischen Veränderung entgegenwirkt und zu deren Ueberwindung eine gewisse Arbeit aufgewendet werden muss, wie z. B. bei der Ueberwindung des Luftwiderstandes.

Die Quelle, aus welcher dieser Arbeitsverbrauch bestritten wird, ist die durch Drehung des Ankers erzeugte elektrische Arbeit; von der letzteren geht daher beim Durchgang durch den Anker nicht nur die Stromwärme des Ankers, d. h. das Product: $J_a^2 a$ (J_a Ankerstrom, a Widerstand des Ankers), sondern auch die zur Umkehrung des Stromes nöthige Arbeit verloren.

Die letztere ist nun nach Betrachtungen, deren Begründung uns hier zu weit führen würde, proportional dem Quadrat des Stromes J_a und der Geschwindigkeit v, also gleich $c J_a^2 v$, wo c ein Coefficient. Der gesammte Arbeitsverlust im Anker ist also

$$a J_a^2 + c v J_a^2 = J_a^2 (a + c v);$$

aus diesem Ausdruck ist ersichtlich, dass der durch Stromumkehr entstehende Arbeitsverlust gerade so auftritt, wie wenn er durch Vergrösserung des Ankerwiderstandes entstanden wäre, und ferner, dass hiernach jene scheinbare Widerstandszunahme proportional der Geschwindigkeit und der Selbstinduction der Windungen erfolgen müsste. Diese Folgerung stimmt auch im Wesentlichen mit Beobachtungen von Ayrton und Perry (Journal of the Soc. of Tel. Eng. 1883, pag. 318).

Ueber die Grösse dieser Aenderung gibt uns die soeben angeführte, nachstehend wiedergegebene Beobachtungsreihe Aufschluss.

v	a
0	1.768
670	1.800
825	1.810
1050	1.900
1300	1.920
1490	1.995
1770	2.060
2230	2.200

Diese Beobachtungen sind an einem mit feinem Draht bewickelten Gramme'schen Ring bei einem constanten Strom von 0.00488 Ampère, bei Abwesenheit alles äusseren Eisens, angestellt; sie zeigen eine Zunahme von etwa 24% bis zu der höchsten Geschwindigkeit von 2230 T. p. M.

Es ist jedoch zu bemerken, dass bei diesen Versuchen die

Geschwindigkeit diejenigen Grenzen weit überschritten hat, in welchen sie sich bei praktischem Gebrauch bewegt, und ferner dass der Ankerwiderstand in Wirklichkeit stets nur einen kleinen Theil des Gesammtwiderstandes des Stromkreises ausmacht, dass also eine Correction des Ankerwiderstandes, wenn sie auch erheblich ist, auf die Wirkungsweise der Maschine keinen bedeutenden Einfluss ausüben kann.

Bei genauen Untersuchungen muss eigentlich jene Correction experimentell bestimmt und überall in Rechnung gebracht werden; für praktische Versuche jedoch genügt es, für den Ankerwiderstand den einer mittleren Geschwindigkeit entsprechenden Werth einzuführen. Ist die Anzahl der Windungen nur gering, der Drahtquerschnitt also gross, so kann jene Correction für praktische Zwecke auch weggelassen werden.

Die Anker- und Schenkelgrössen.

Die wichtigste Eigenschaft der von uns für den Magnetismus angenommenen Formel besteht darin, dass mit Hülfe derselben die Formeln für die elektrischen Grössen die denkbar einfachste Gestalt erhalten.

Als die wichtigsten Formeln in der Theorie der Dynamomaschinen sind diejenigen zu verstehen, durch welche die gesuchten elektrischen Grössen in Abhängigkeit gesetzt werden von denjenigen Grössen, welche in der Regel als gegeben anzusehen sind. Diese letzteren, welche wir die äusseren Bedingungen nennen möchten, sind die Geschwindigkeit und der Widerstand des Stromkreises; denn einerseits ist der Motor, welcher die Dynamomaschine treibt, beinahe stets so eingerichtet, dass die Geschwindigkeit möglichst constant erhalten wird; andrerseits sind beinahe alle Anwendungen derart, dass der äussere Widerstand und daher auch der Gesammtwiderstand im Wesentlichen als constant anzusehen ist, so namentlich bei Bogenlicht, Glühlicht, Elektrolyse und Kraftübertragung.

Stellt man nun mit Hülfe unserer Formel für den Magnetismus die Formeln auf, welche die Abhängigkeit der elektrischen Grössen von Geschwindigkeit und Widerstand zeigen, so ergiebt sich, dass sich dieselben durch ausserordentliche Einfachheit auszeichnen. Noch wichtiger aber ist deren Eigenschaft, dass jedes Glied in jenen Formeln eine einfache physikalische Bedeutung besitzt und dass die verschiedenen Glieder den verschiedenen Theilen der Dynamomaschine entsprechen; und zwar gibt es hierauf bezügliche allgemeine Sätze, die wir im Folgenden beweisen wollen.

Wir bezeichnen im Folgenden als einfache elektrische Grössen: die elektromotorische Kraft, die Polspannung, und die in den verschiedenen Theilen der Maschine herrschenden Stromstärken, im Gegensatz zu den elektrischen Arbeitsgrössen, welche in Producten der einfachen elektrischen Grössen bestehen.

Wir nehmen nun den Fall einer beliebigen gemischten, d. h. aus directer und aus Nebenschlusswickelung zusammengesetzten Wickelung an.

Die Grundformel ist die folgende:

$$J_a = \frac{f M v}{W},$$

wo J_a der Ankerstrom, f eine Ankerconstante, M der Magnetismus, v die Geschwindigkeit, W der Widerstand des Stromkreises.

In dieser Formel hängt der Magnetismus M zwar nicht unmittelbar von dem Ankerstrom J_a ab, sondern von dem im Nebenschluss herrschenden Strom J_n und von dem in der directen Wickelung herrschenden Strom ab, welcher entweder gleich dem Ankerstrom J_a oder dem äusseren Strom J ist. Nun sind aber die Ströme J_n und J stets Theile des Stromes J_a und demselben proportional; denn es ist stets

$$J_a = J + J_n,$$

und J und J_n unterscheiden sich nur durch einen Factor von J_a.

Also hängt der Magnetismus M mittelbar von dem Ankerstrom ab und zwar in der Weise, dass

$$M = \frac{p J_a}{1 + p J_a},$$

wo p von sämmtlichen im Stromkreis enthaltenen Widerständen, mit Ausnahme des Ankerwiderstandes a, abhängt.

Setzt man diesen Ausdruck für M in die Formel für J_a ein, so kommt:

$$J_a = \frac{f v}{W} \frac{p J_a}{1 + p J_a}, \text{ woraus}$$

$$1 + p J_a = p \frac{f v}{W} \text{ und}$$

$$J_a = \frac{f v}{W} - \frac{1}{p} \quad \ldots\ldots\ldots\ldots \quad 5)$$

Die Bedeutung der beiden Grössen, deren Differenz gleich J_a ist, ergibt sich aus folgender Betrachtung: Ist der Magnetismus $= 1$ — denkt man sich z. B. soviel permanente Magnete zugefügt, dass der Magnetismus sein Maximum erreicht — so ist der im Anker erzeugte Strom

$$\bar{J}_a = \frac{fv}{W};$$

ist dagegen der Ankerstrom derart, dass bei den obwaltenden Widerstandsverhältnissen der Magnetismus $= \frac{1}{2}$ wird und bezeichnen wir denselben mit $(J_a)_{\frac{1}{2}}$, so muss

$$p\,(J_a)_{\frac{1}{2}} = 1, \text{ also } (J_a)_{\frac{1}{2}} = \frac{1}{p}$$

sein. Es ist also allgemein

$$J_a = J_a - (J_a)_{\frac{1}{2}}, \quad \ldots\ldots\ldots \quad 6)$$

wo die Bedeutung der einzelnen Glieder soeben auseinandergesetzt ist.

Die übrigen einfachen elektrischen Grössen nun sind sämmtlich dem Ankerstrom J_a proportional; die Factoren, durch welche sich dieselben vom Ankerstrom unterscheiden, hängen nur von den Widerständen ab, aus denen der Stromkreis zusammengesetzt ist. Die Bedeutung der Einzelgrössen, deren Differenz die betreffende elektrische Grösse bildet, überträgt sich daher von dem Ankerstrom auf die übrigen einfachen elektrischen Grössen und man hat den Satz:

Jede einfache elektrische Grösse (die verschiedenen Stromstärken, die elektromotorische Kraft, die Polspannung) ist gleich der Differenz zweier Grössen derselben Beschaffenheit, von denen die erste der Erregung beim Magnetismus *1*, die zweite der Erzeugung des Magnetismus $\frac{1}{2}$ entspricht.

Wir bemerken nun des Weiteren in Formel 5, dass die Constante des ersten Gliedes, f, nur vom Anker, diejenige des zweiten Gliedes, p, nur von den Schenkeln abhängt.

Die Constante f, welche wir Ankerconstante nennen, ist gleich dem Strom, der im Anker erregt wird, wenn der Magnetismus *1* herrscht, die Geschwindigkeit $= 1$ und der Widerstand $= 1$ sind; dieselbe kennzeichnet also die Fähigkeit des Ankers, Strom zu erzeugen.

Die Constante p hängt, ausser von den verschiedenen Widerständen, von der Zahl der Windungen auf den Schenkeln und der

Magnetisirungsfähigkeit des Eisengestells der Schenkel ab, kennzeichnet also die Magnetisirung der Schenkel.

Wenn man also absieht von den Widerständen, welche in beiden Gliedern der Formel 5 vorkommen, so findet man, dass der Ankerstrom einer beliebigen Dynamomaschine gleich ist der Differenz zweier Grössen, ebenfalls Stromstärken, von denen die erste nur vom Anker, die zweite nur von den Schenkeln abhängt.

Dieser Satz gilt aber auch für alle anderen einfachen elektrischen Grössen; denn dieselben sind sämmtlich proportional dem Ankerstrom und unterscheiden sich von demselben nur durch Factoren, welche aus den verschiedenen Widerständen zusammengesetzt sind.

Wir haben also ferner den allgemeinen Satz: *Jede einfache elektrische Grösse ist gleich der Differenz zweier Grössen derselben Beschaffenheit, von denen die erste nur von dem Anker, die zweite nur von den Schenkeln abhängt.*

Diese beiden Sätze, welche eigentlich nur in verschiedenen Betrachtungen eines einzigen Satzes bestehen, sind namentlich wichtig wegen der unmittelbaren Einsicht, welche sie in die Vorgänge der Maschine gewähren. Durch dieselben wird der ideale Zustand der Maschine, welcher der höchstmöglichen magnetischen Erregung und der höchsten Kraftäusserung des Ankers entspricht, gleichsam losgelöst, und der wirkliche Zustand der Maschine dadurch dargestellt, dass von jenem idealen Zustand ein von der magnetisirenden Kraft der Schenkel abhängiges Glied in Abzug gebracht wird. Diese Sätze gewähren ausserdem die praktischen Vortheile, das jedes einzelne der beiden Glieder für sich abgeleitet werden kann — was bei den etwas complicirteren Formeln der gemischten Wickelung nicht ohne Bedeutung ist — namentlich aber, dass die Bestimmung der Constanten der Maschine, wie wir sehen werden, in äusserst einfacher Weise sich vollzieht und die Trennung der Anker- und Schenkelconstanten in den Formeln bereits enthalten ist.

Wir dürfen jedoch nicht vergessen, dass diese Sätze mit der Natur unserer für den Magnetismus angenommenen Formel innig zusammenhängen und dass dieselbe für eine andere Formel nicht gelten. Da unserer Magnetismusformel der Charakter eines Naturgesetzes nicht beigelegt werden kann, darf dies auch für die obigen Sätze nicht geschehen; umsomehr überrascht der glückliche Umstand, dass die Anwendung eines blossen Interpolationsgesetzes eine so einfache und klare Behandlung des Gegenstandes ermöglicht, ohne dass die Uebereinstimmung der Darstellung mit der Wirklichkeit Schaden erleidet.

B. Die Magnetmaschine.

Unter einer Magnetmaschine verstehen wir eine solche, deren Schenkel aus permanenten Magneten gebildet sind und deren Anker im Stande ist, continuirlich constante Ströme zu erzeugen, also dieselbe Construction besitzen kann, wie der Anker einer Dynamomaschine.

Im technischen Gebrauch ist die Magnetmaschine bereits entschieden von der Dynamomaschine verdrängt, weil die permanenten Magnete verhältnissmässig kostspielig und von schwacher Wirkung sind. Wir behandeln hier kurz ihre wichtigsten Eigenschaften auch mehr desshalb, um die Dynamomaschine zu derselben in Vergleich zu setzen.

Die Magnetmaschine zeigt dieselben elektrischen Eigenschaften und Wirkungen, wie eine Batterie, nur mit dem Unterschied, dass ihre elektromotorische Kraft proportional der Geschwindigkeit ist und demzufolge sich in weitem Bereich variiren lässt. Während man bei der Batterie die elektromotorische Kraft nur durch Vermehrung der Elemente vermehren kann, also nicht ohne gleichzeitige Vermehrung des inneren Widerstandes, bleibt bei der Magnetmaschine der letztere stets constant.

Formeln.

Wir bezeichnen mit:

f die Ankerconstante, M den (constanten) Magnetismus, v die Geschwindigkeit (Tourenzahl per Minute), E die elektromotorische Kraft (in Volt), P die Polspannung (in Volt), J die Stromstärke (in Ampère), a den Widerstand des Ankers (in Ohm), u den äusseren Widerstand (in Ohm), W den Gesammtwiderstand des Stromkreises (in Ohm).

Die Formeln für die einfachen elektrischen Grössen sind:

$$E = fMv \quad \ldots \ldots \quad 7)$$

$$P = fMv \frac{u}{W} = fMv \frac{u}{a + u} \quad \ldots \ldots \quad 8)$$

$$J = \frac{fMv}{W}; \quad \ldots \ldots \quad 9)$$

diejenigen für die elektrischen Arbeitsgrössen:

$$EJ = J^2 W = \frac{f^2 M^2 v^2}{W} \quad \ldots \ldots \ldots \ldots \quad 10)$$

$$PJ = J^2 u = f^2 M^2 v^2 \; \frac{u}{W^2}; \quad \ldots \ldots \ldots \quad 11)$$

für W hat man: $W = a + u$.

Als elektrischen Nutzeffect (N_e) bezeichnen wir das Verhältniss der an den Polen auftretenden Arbeit oder der Polarbeit (PJ) zu der gesammten elektrischen Arbeit (EJ); man hat für denselben

$$N_e = \frac{PJ}{EJ} = \frac{P}{E} = \frac{u}{W} \quad \ldots \ldots \ldots \quad 12)$$

oder: der elektrische Nutzeffect ist gleich dem Verhältniss des äusseren Widerstandes zum Gesammtwiderstand.

Das Verhalten der Magnetmaschine.

Um das Verhalten einer elektrischen Maschine naturgemäss zu beschreiben, müssen wir von denjenigen Momenten ausgehen, welche in der Regel als gegeben anzusehen sind, d. h. von denjenigen, deren Aenderung der Experimentirende in seiner Gewalt hat. Wie wir bereits S. 26 gesehen haben, sind dies die Geschwindigkeit und der äussere Widerstand, oder die äusseren Bedingungen.

Um zu übersehen, welche Folgen die Aenderung dieser beiden Momente hat, trennt man am besten die Aufgabe in zwei Theile,

Fig. 15.

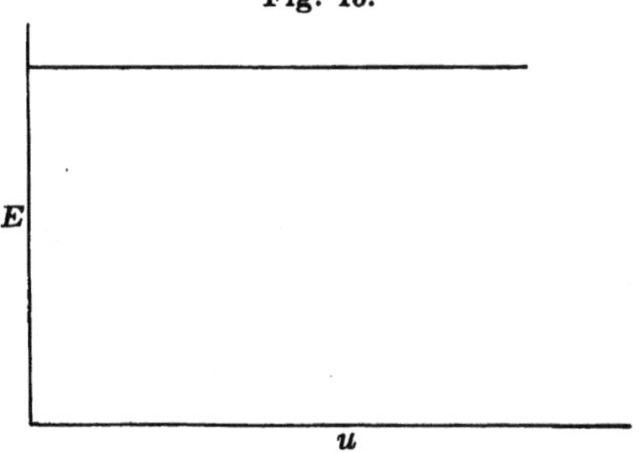

indem man erst die Aenderung des einen, dann diejenige des anderen Momentes betrachtet. Wir suchen daher das Verhalten einer elektrischen Maschine dadurch zu charakterisiren, dass wir zunächst die Geschwindigkeit und dann den äusseren Widerstand, also auch den Widerstand des Stromkreises constant setzen und das Verhalten der Maschine in diesen Fällen untersuchen.

Wenn die Geschwindigkeit constant, der Widerstand variabel ist, so ist die elektromotorische Kraft constant (s. Fig. 15).

Die Polspannung beginnt mit dem Werth Null bei kurzem Schluss ($u = o$) und endigt mit dem Werth der elektromotori-

Fig. 16.

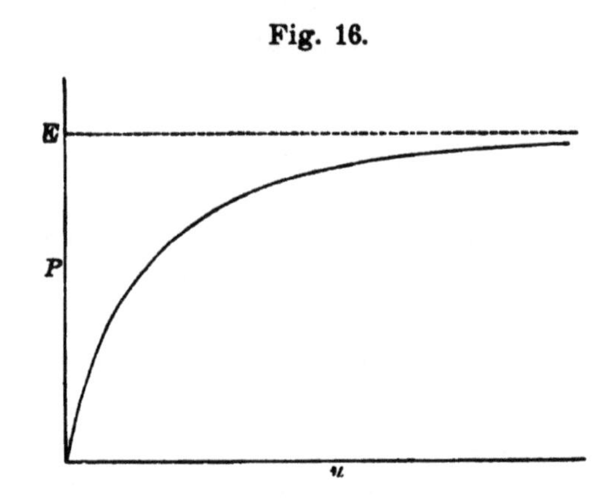

schen Kraft (fMv) bei offenem äusserem Kreis ($u = \infty$) s. Fig. 16). Ihre Abhängigkeit vom äusseren Widerstand $\left(\frac{u}{a + u}\right)$ ist eine ähnliche, wie diejenige des Magnetismus der Dynamomaschine von der Stromstärke $\left(\frac{\mu m J}{1 + \mu m J}\right)$; die Curve der Polspannung ist daher auch derjenigen des Magnetismus ähnlich.

Die Stromstärke bildet eine gleichseitige Hyperbel (s. Fig. 17), wenn man den Gesammtwiderstand $W = a + u$ als Abscisse aufträgt; die der Abscisse u entsprechende Curve erhält man, wenn man den Ankerwiderstand a auf der Abscissenaxe aufträgt und in dem dadurch bestimmten Punkt eine neue Ordinatenaxe errichtet; Der grösste Werth der Stromstärke findet bei kurzem Schluss, der geringste (Null) bei offenem äusserem Kreis statt; der Strom verschwindet jedoch erst, wenn der äussere Kreis geöffnet wird.

Wenn der äussere Widerstand, also auch der Gesammtwiderstand constant, die Geschwindigkeit variabel ist, so sind sämmtliche einfachen elektrischen Grössen direct proportional der Geschwindigkeit, werden also durch gerade Linien dargestellt, welche durch den Anfangspunkt gehen.

Fig. 17.

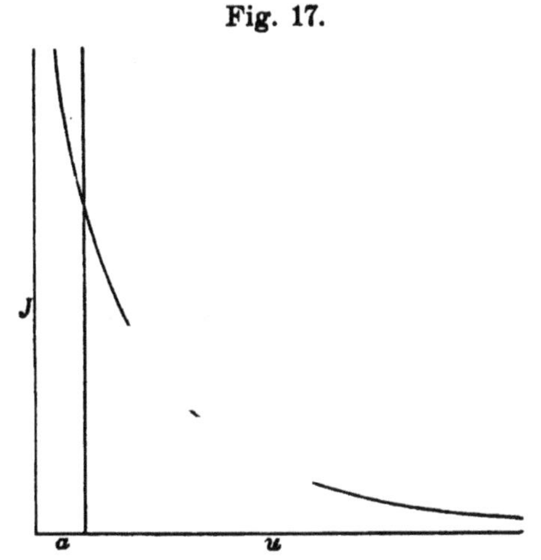

Die elektrischen Arbeitsgrössen (EJ, PJ) sind in diesem Fall direct proportional dem Quadrat der Geschwindigkeit.

C. Die Maschine mit directer Wickelung.

Die Stromcurve.

Wir haben bereits oben gesehen, dass als diejenigen Momente, von denen die elektrischen Grössen gewöhnlich abhängen und welche als die natürlichen Variabeln auftreten, die Geschwindigkeit und der Widerstand, oder die äusseren Bedingungen zu betrachten sind.

Der Umstand, dass es zwei Grundvariabeln sind, von denen alle anderen Grössen abhängen, erschwert und complicirt die Betrachtung; es erhellt namentlich daraus, dass sich das für die Anschauung so wichtige und beliebte Zeichnen von Curven hier, wenigstens im Allgemeinen, nicht anwenden lässt.

Es fragt sich nun aber, ob nicht bei einzelnen elektrischen Grössen der Maschine eine einfachere Art der Abhängigkeit herrsche, welche man alsdann als Grundlage der Betrachtung wählen könne.

Dies ist der Fall und zwar bei der Maschine mit directer Wickelung, für die Stromstärke, wie sich aus folgender Betrachtung ergibt.

In der Grundgleichung

$$J = \frac{f M v}{W},$$

wo J statt J_a gesetzt ist, weil die Ströme in allen Theilen des Stromkreises gleich sind, ist M nur von der Stromstärke abhängig; denn es ist

$$M = \frac{\mu\, m_d\, J}{1 + \mu\, m_d\, J},$$

wo m_d die Anzahl der Schenkelwindungen (directe Wickelung), μ die Magnetisirungsconstante. Dividirt man also in jener Gleichung durch M, so erhält man links eine nur von der Stromstärke und von Constanten der Maschine abhängige Grösse:

$$\frac{J}{M} = F(J) = f\,\frac{v}{W} \quad \ldots\ldots\ldots \quad 13)$$

Es ist also das Verhältniss der Geschwindigkeit zum Widerstand nur abhängig von der Stromstärke, und umgekehrt die Stromstärke nur abhängig von dem Verhältniss der Geschwindigkeit zum Widerstand.

Die Art dieser Abhängigkeit bestimmt sich leicht, wenn wir den Ausdruck für M einsetzen. Wir erhalten nämlich alsdann

$$\frac{J}{M} = \frac{1 + \mu\, m_d\, J}{\mu\, m_d} = f\,\frac{v}{W}, \text{ woraus}$$

$$J = f\,\frac{v}{W} - \frac{1}{\mu\, m_d} \quad \ldots\ldots\ldots \quad 14)$$

Zeichnet man also das Verhältniss $\frac{v}{W}$ als Abscisse, die Stromstärke als Ordinate auf, so erhält man hiernach (s. Fig. 18) für die Stromstärke eine Gerade, welche nicht durch den Anfangspunkt geht. Diese Curve nennen wir die Stromcurve und nehmen dieselbe als Grundlage unserer Darstellung.

Zieht man zu jener Geraden eine Parallele, welche durch den Anfangspunkt geht, so erhält man die Linie, welche die Grösse $f\,\frac{v}{W}$ darstellt; der Abstand beider Geraden, in der Richtung der Ordinatenaxe genommen, ist gleich $\frac{1}{\mu\, m_d}$.

Für die Magnetmaschine wäre die Stromcurve eine durch den Anfangspunkt gehende Gerade; die Entfernung der Stromcurve

Fig. 18.

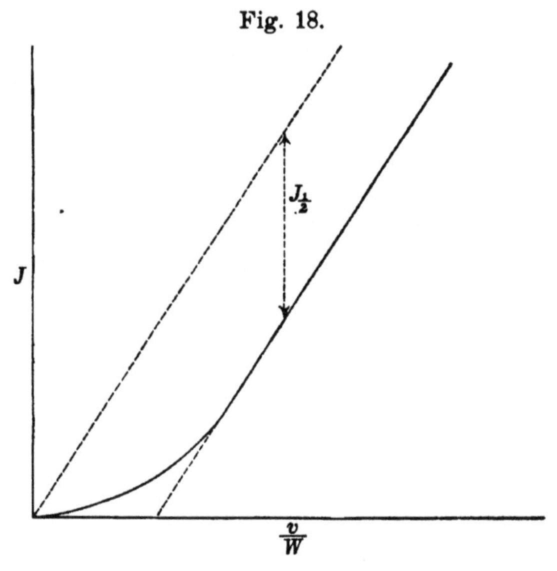

der Dynamomaschine von einer solchen Geraden ist eine Folge der magnetischen Selbsterregung der letzteren.

Wenden wir auf die Formel 14 den Satz von den Anker- und Schenkelgrössen an, so erkennen wir unmittelbar, dass das erste Glied, die Ankergrösse, den beim Magnetismus *1* erregten Strom, das zweite Glied, die Schenkelgrösse, den Strom bedeutet, der in den Schenkeln herrschen muss, damit der Magnetismus $\frac{1}{2}$ erzeugt werde. Nennen wir den ersteren Strom $\bar{J}$, den letzteren $J_{\frac{1}{2}}$, so ist

$$J = \bar{J} - J_{\frac{1}{2}} \quad \ldots\ldots\ldots\ldots \quad 15)$$

Am zweckmässigsten schreibt man:

$$J = f \frac{v}{W} - J_{\frac{1}{2}} \quad \ldots\ldots\ldots\ldots \quad 16)$$

weil diese Form die beiden, die Maschine kennzeichnenden Constanten, die Ankerconstante f und die Schenkelconstante (bei directer Wickelung), $J_{\frac{1}{2}}$, enthält.

Für $J_{\frac{1}{2}}$ hat man:

$$J_{\frac{1}{2}} = \frac{1}{\mu m_d} \; ; \quad \ldots\ldots\ldots\ldots \quad 17)$$

es ist aber zweckmässiger, $J_{\frac{1}{2}}$ in sämmtliche Formeln einzuführen, da es diejenige Grösse ist, welche unmittelbar durch Beobachtungen sich bestimmen lässt, während μ sich aus dem Product μm_d nur ermitteln lässt, wenn m_d bekannt ist.

Es ist wichtig zu bemerken, dass die Schenkelgrösse $J_{\frac{1}{2}}$ nur von der Anzahl der Schenkelwindungen abhängt, nicht von deren Querschnitt oder Widerstand. Behält man also bei einer Maschine mit directer Wickelung die Anzahl der Windungen bei, verändert aber den Querschnitt des Drahtes, so wird die Wirkung der Maschine nur dahin verändert, dass der Widerstand der Maschine vermehrt oder vermindert wird, man also unter denselben Umständen, wie früher, für denselben Strom weniger oder mehr äusseren Widerstand einzuschalten hat; im Uebrigen bleiben die Wirkungen dieselben.

Wir bemerken gleich hier, dass die aus unserer Theorie sich ergebende Gerade nur in einem gewissen mittleren Bereich mit der aus Beobachtungen an Maschinen sich ergebenden Stromcurve übereinstimmt, und dass die wirkliche Stromcurve bei kleinen Werthen des Stromes von der Geraden nach links abgeht und nach dem Nullpunkt führt, während sie bei sehr grossen Werthen nach rechts von der Geraden sich entfernt; wir betrachten diese Abweichungen, welche ausserhalb des der praktischen Anwendung entsprechenden Bereichs fallen, später.

Der Hauptzweck der Stromcurve oder vielmehr der derselben unterlegten Geraden besteht darin, dass sie auf einfachste Art die Bestimmung der Constanten der Maschine mit directer Wickelung, f und $J_{\frac{1}{2}}$, gestattet.

Wie wir gesehen haben, lässt sich bei dieser Wickelung auf keine andere Art eine Curve zeichnen, in welcher alle, bei beliebigen Geschwindigkeiten und Widerständen an der Maschine angestellten Beobachtungen sich vereinigen lassen; zeichnet man also die Beobachtungen in der angegebenen Art auf (Stromstärken Ordinaten, Verhältnisse v/W Abscissen), so hat man nur mit dem Lineal die dem mittleren Verlauf der Curve entsprechende Gerade zu ziehen, um aus zwei beliebigen Punkten der letzteren die Constanten f und $J_{\frac{1}{2}}$ zu berechnen. Sind aber diese Constanten bestimmt, so lassen sich alle auf die Maschine bezüglichen Aufgaben lösen.

Diese denkbar einfachste Art der Constantenbestimmung, welche sich in ähnlicher Weise bei der Nebenschlussmaschine wiederholt, ist einem glücklichen Umstand in der Natur der Dynamomaschinen zu verdanken; und hierin liegt die Möglichkeit begründet, der Theorie dieser Maschinen eine so einfache Form zu geben, wie es in der vorliegenden Schrift geschieht.

Die Formeln der Maschine mit directer Wickelung.

Wenn der Magnetismus $= 1$ ist, so hat man für die einfachen elektrischen Grössen:

$$\bar{J} = f\frac{v}{W}$$

$$\bar{E} = fv\,, \quad \bar{P} = fv\frac{u}{W}\,.$$

Herrscht ferner der Magnetismus $\frac{1}{2}$, so muss $J = J_{\frac{1}{2}}$, und die übrigen Grössen entsprechend sein:

$$E_{\frac{1}{2}} = J_{\frac{1}{2}}\,W,\; P_{\frac{1}{2}} = J_{\frac{1}{2}}\,\frac{u}{W}\,.$$

Die Formeln für die Werthe der wirklich vorhandenen elektrischen Grössen erhält man, nach dem Satz von den Anker- und Schenkelgrössen, wenn man die letzteren Grössen von den ersteren abzieht. Man erhält:

$$J = \bar{J} - J_{\frac{1}{2}}\,,\; E = \bar{E} - E_{\frac{1}{2}}\,,\; P = \bar{P} - P_{\frac{1}{2}}$$

oder:

$$J = f\frac{v}{W} - J_{\frac{1}{2}} \quad \text{18)}$$

$$E = fv - J_{\frac{1}{2}}\,W \quad \text{19)}$$

$$P = fv\,\frac{u}{W} - J_{\frac{1}{2}}\,u \quad \text{20)}$$

Dieselben Formeln leiten sich natürlich auch ohne jeden Satz leicht ab.

Für den Magnetismus hat man:

$$M = \frac{\mu\, m_d\, J}{1 + \mu\, m_d\, J} = \frac{J}{J + \frac{1}{\mu\, m_d}}\,, \text{ oder da } \frac{1}{\mu\, m_d} = J_{\frac{1}{2}}\,,$$

$$M = \frac{J}{J + J_{\frac{1}{2}}}\,; \quad \text{21)}$$

ferner:

$$M = J\,\frac{W}{fv}\,, \text{ oder da } \bar{J} = \frac{fv}{W}\,,$$

$$M = \frac{J}{\bar{J}} \quad \text{22)}$$

und endlich, da $J = \bar{J} - J_{\frac{1}{2}}$,

$$M = \frac{\bar{J} - J_{\frac{1}{2}}}{\bar{J}} \quad \ldots\ldots\ldots\ldots \quad 23)$$

Es ergibt sich also die interessante Beziehung, dass der Magnetismus gleich ist dem Verhältniss des wirklichen Stromes J zu dem Maximalstrom $\bar{J}$. Trägt man, (s. Fig. 19), $\bar{J}$ als Abscisse auf, subtrahirt davon $J_{\frac{1}{2}}$, so ist die übrig bleibende Grösse J; trägt man ferner den Magnetismus 1 als Ordinate auf, verbindet $\bar{J}$ mit 1 und zieht eine Parallele durch den Punkt J, so gibt der

Fig. 19.

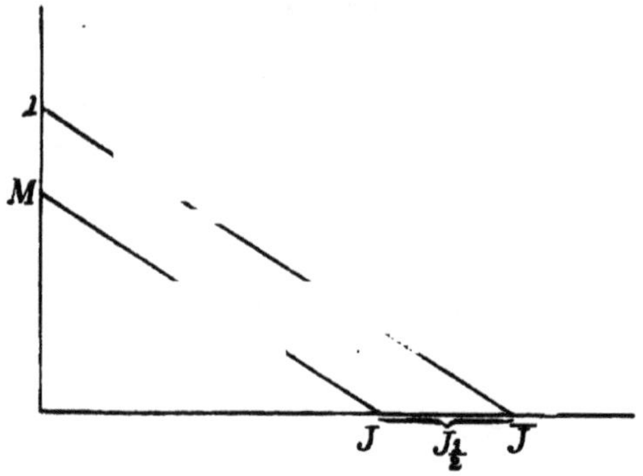

Schnittpunkt dieser Parallelen mit der Ordinatenaxe den wirklich herrschenden Werth des Magnetismus M.

$\bar{J}$ ist eine nur vom Anker abhängige Grösse; man sieht also, dass der Magnetismus um so grösser ist, je kleiner $J_{\frac{1}{2}}$, d. h. je weniger Strom man braucht, um den Magnetismus $\frac{1}{2}$ hervorzurufen. Je grössere Massen von Eisen und je mehr Windungen man bei den Schenkeln verwendet, um so kleiner wird $J_{\frac{1}{2}}$ und um so mehr nähert sich der Magnetismus dem Maximum 1 und der Strom J dem Maximalstrom $\bar{J}$.

Für die elektrischen Arbeitsgrössen kann man nicht Ausdrücke bilden, die aus einfachen Differenzen bestehen, wie bei den einfachen elektrischen Grössen; es ist z. B.

$$EJ = (\bar{E} - E_{\frac{1}{2}})\,(\bar{J} - J_{\frac{1}{2}})$$

also gleich dem Product zweier Differenzen u. s. w.

In Abhängigkeit von Geschwindigkeit und Widerstand und den beiden Maschinenconstanten erhält man folgende Ausdrücke:

$$EJ = \left(f \frac{v}{W} - J_{\frac{1}{2}}\right)^2 W \quad \ldots \ldots \quad 24)$$

$$PJ = \left(f \frac{v}{W} - J_{\frac{1}{2}}\right)^2 u \quad \ldots \ldots \quad 25)$$

$$EJ - PJ = \left(f \frac{v}{W} - J_{\frac{1}{2}}\right)^2 (W - u)$$

$$= \left(f \frac{v}{W} - J_{\frac{1}{2}}\right)^2 (a + d) \quad \ldots \quad 26)$$

da $W = a + d + u$, endlich

$$N_e = \frac{PJ}{EJ} = \frac{u}{W} \quad \ldots \ldots \quad 27)$$

Der elektrische Nutzeffect ist also hier, wie bei der Magnetmaschine, gleich dem Verhältniss des äusseren Widerstandes zu dem Gesammtwiderstand.

EJ ist die gesammte erzeugte elektrische Arbeit, PJ die an den Polen herrschende, die Nutzarbeit oder Polarbeit, die Differenz beider ist der elektrische Arbeitsverlust in der Maschine oder die Stromwärme.

Bestehen die Schenkel aus sehr grossen Massen von Eisen und Kupfer, so ist $J_{\frac{1}{2}}$ sehr klein, der Magnetismus nahe gleich *1*; es sind alsdann der Strom, die elektromotorische Kraft und die Polspannung, also sämmtliche einfachen elektrischen Grössen proportional der Geschwindigkeit, dagegen die elektrischen Arbeitsgrössen proportional dem Quadrat der Geschwindigkeit.

Wenn nämlich $J_{\frac{1}{2}} = 0$, so ist

$$J = \frac{fv}{W}, \quad E = fv, \quad P = fv \frac{u}{W}, \text{ ferner}$$

$$EJ = \frac{f^2 v^2}{W}, \quad PJ = \frac{f^2 v^2}{W} \cdot \frac{u}{W},$$

$$EJ - PJ = \frac{f^2 v^2}{W} \cdot \frac{a + d}{W}.$$

Dies sind also die Verhältnisse bei einer idealen Maschine

mit ungeheuren Elektromagneten, bei der man möglichst viel Magnetismus erzeugt ohne Rücksicht auf die Metallmassen. Die Formeln sind der Form nach übereinstimmend mit denjenigen der Magnetmaschine, nur tritt bei der letzteren überall der Factor M^2 hinzu; bei gleichem Anker sind also die Arbeitsgrössen einer Magnetmaschine im Verhältniss der Quadrate der Magnetismen kleiner, als bei der obigen idealen Dynamomaschine.

Das Verhalten der Maschine.

Die abgeleiteten Formeln geben die Mittel, um das Verhalten der Maschine mit directer Wickelung in jeder Beziehung festzustellen. Die Stromcurve und die Curve des Magnetismus geben zwar bereits zwei „Hauptlinien“ dieses Verhaltens; aber mittelst derselben lassen sich nicht alle Fragen beantworten, so dass die Anwendung der Formeln stets der sicherste und natürlichste Weg bleibt.

Wie bereits bei der Magnetmaschine, suchen wir auch hier

Fig. 20.

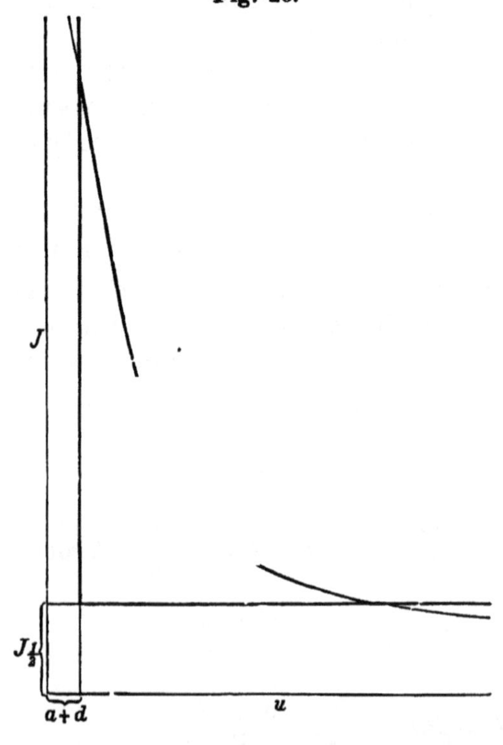

das Verhalten der Maschine in der Weise zu charakterisiren, dass wir zuerst die eine, dann die andere der äusseren Bedingungen constant setzen und das Verhalten der Maschine möglichst in Curven darstellen.

Wenn die Geschwindigkeit constant, der Widerstand variabel ist, so kann man die Gleichung für die Stromstärke:

$$J = \frac{fv}{W} - J_{\frac{1}{2}}$$

in folgender Form schreiben:

$$(J + J_{\frac{1}{2}})\ W = fv\,.$$

Fasst man W und $J + J_{\frac{1}{2}}$ als die beiden Variabeln auf, so ist unmittelbar klar, dass diese Gleichung eine gleichseitige Hyperbel vorstellt, (s. Fig. 20). Trägt man $J_{\frac{1}{2}}$ auf der Ordinatenaxe auf und zieht durch diesen Punkt eine Parallele zur Abscissenaxe, trägt man ferner den Widerstand $a + d$ der Maschine auf der Abscissenaxe auf und zieht eine Parallele zur Ordinatenaxe, so hat man die (stark ausgezogenen) Ordinatenaxen, auf welchen die Stromstärke J und der äussere Widerstand u aufgetragen sind.

Die Stromstärke bildet also in diesem Fall ein Stück Hyperbel; mit wachsendem äusserem Widerstand fällt die Stromstärke, Anfangs rasch, dann immer weniger, bis sie bei einem bestimmten äusseren Widerstand (u_0) verschwindet; der letztere bestimmt sich aus der Gleichung

$$0 = \frac{fv}{W} - J_{\frac{1}{2}}\,, \quad \text{woraus}$$

$$W = a + d + u_0 = \frac{fv}{J_{\frac{1}{2}}} \quad \text{und}$$

$$u_0 = \frac{fv}{J_{\frac{1}{2}}} - a - d\,.$$

Die elektromotorische Kraft verändert sich bei constanter Geschwindigkeit viel weniger. Es ist

$$E = fv - J_{\frac{1}{2}}\ W;$$

die elektromotorische Kraft wird also durch eine Gerade dargestellt (s. Fig. 21), welche vom Werthe fv ausgehend gegen die Abscissenaxe zu fällt. Trägt man den Widerstand der Maschine: $a + d$ auf und zieht eine Parallele, so erhält man die praktischen (stark ausgezogenen) Coordinaten, nämlich die elektromotorische Kraft und den äusseren Widerstand. Die elektromotorische Kraft verschwindet, wenn

$$o = fv - J_{\frac{1}{2}} W, \text{ woraus}$$

$$u_0 = \frac{fv}{J_{\frac{1}{2}}} - a - d;$$

der Widerstand u_0, bei dem die elektromotorische Kraft verschwin-

Fig. 21.

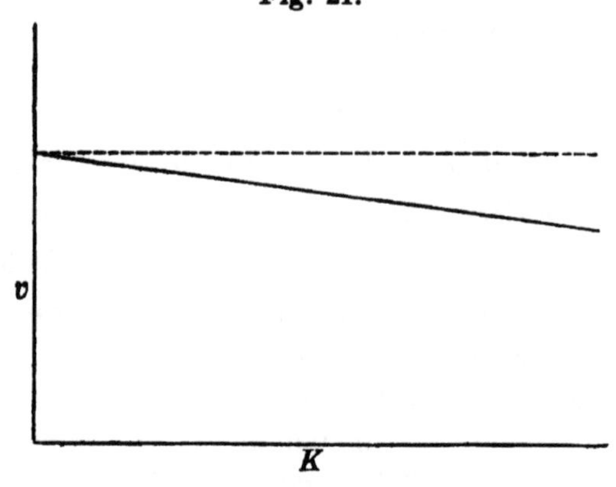

det, ist also derselbe, wie derjenige, bei dem der Strom verschwindet, wie ja auch unmittelbar einzusehen ist.

Für die Polspannung gelten, im vorliegenden Fall, nicht so einfache Verhältnisse. Man hat

$$P = E \frac{u}{W}.$$

Trägt man zunächst die Linie für die etektromotorische Kraft auf (s. die punktirte Linie Fig. 22), und verjüngt die einzelnen

Fig. 22.

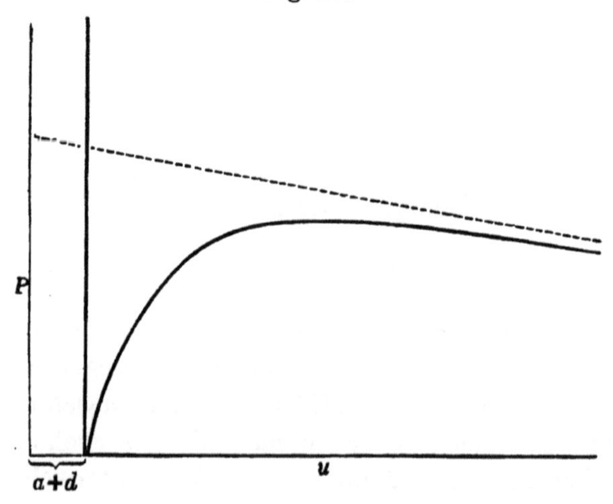

Werthe im Verhältniss von u zu W, so erhält man für die Polspannung die in Fig. 22 dargestellte Curve. Für $u = o$, d. h. bei kurzem Schluss, ist die Polspannung Null; sie steigt alsdann mit wachsendem u, überschreitet ein Maximum, nähert sich immer mehr der die elektromotorische Kraft darstellenden Geraden und sinkt mit der letzteren auf die Abscissenaxe zurück.

Um die Nullwerthe und das Maximum der Polspannung zu untersuchen, befragen wir die Formel:

$$P = f v \frac{u}{a + d + u} - u J_{\frac{1}{2}}$$

P wird Null, wenn $u = o$, dann ein zweites Mal, wenn

$$\frac{f v}{W} = J_{\frac{1}{2}}\,, \text{ oder, wenn}$$

$$u = \frac{f v}{J_{\frac{1}{2}}} - a - d\,,$$

also gleichzeitig mit dem Strom und der elektromotorischen Kraft.

Um das Maximum von P zu erhalten, differenziren wir P nach u und setzen gleich Null. Man erhält:

$$\frac{dP}{du} = f v \frac{a + d}{(a + d + u)^2} - J_{\frac{1}{2}} = o\,, \text{ woraus}$$

$$a + d + u_{max.} = \sqrt{\frac{f v}{J_{\frac{1}{2}}} (a + d)}\,.$$

$\frac{f v}{J_{\frac{1}{2}}}$ ist aber der Werth des Gesammtwiderstandes, bei welchem J, E und P verschwinden; setzen wir diesen Werth gleich W_0, ferner $a + d + u_{max.} = W_{max.}$, so kommt

$$W_{max.} = \sqrt{W_0 (a + d)}\,;$$

Der Werth des Gesammtwiderstandes also, für welchen die Polspannung ein Maximum wird, ist gleich der mittleren Proportionale zwischen dem Widerstand der Maschine $(a + d)$ und dem Widerstand (W_0), bei welchem die Maschine stromlos wird.

Betrachten wir nun den zweiten Hauptfall, wenn nämlich der Widerstand constant und die Geschwindigkeit variabel ist.

In diesem Fall hat man es mit lauter geraden Linien zu thun, wenn man die Geschwindigkeit als Abscisse, eine der einfachen elektrischen Grössen, E, J, P, als Ordinate aufträgt.

Für die Stromstärke erhält man eine Gerade, welche mit der Stromcurve übereinstimmen würde, wenn der Widerstand $W=1$ wäre, welche also im Allgemeinen sich von der Stromcurve nur durch einen anderen Maassstab der Abscissen unterscheidet.

Dasselbe gilt von den Linien für elektromotorische Kraft und Polspannung, weil diese Grössen sich von der Stromstärke nur durch constante Factoren unterscheiden (W, u).

Der Nullpunkt, d. h. die Geschwindigkeit, bei welcher die elektrischen Grössen anfangen, einen Werth anzunehmen, ist für alle diese Grössen derselbe, nämlich:

$$v_0 = \frac{1}{f} J_{\frac{1}{2}} \cdot W,$$

d. h. die Geschwindigkeit ist gleich den todten Touren.

Drückt man in den Ausdrücken für J, E, P, die Schenkelgrösse durch v_0 aus, so kommt

$$J = \frac{f(v - v_0)}{W}, \quad \ldots\ldots\ldots \quad 28)$$

$$E = f(v - v_0), \quad \ldots\ldots\ldots \quad 29)$$

$$P = f(v - v_0)\frac{u}{W} \quad \ldots\ldots\ldots \quad 30)$$

Für den Magnetismus ferner erhält man

da $$J = \frac{fMv}{W} = \frac{f(v - v_0)}{W},$$

$$M = \frac{v - v_0}{v} \quad \ldots\ldots\ldots \quad 31)$$

Wenn wir v_0 die todte, dagegen $v - v_0$ die wirksame Geschwindigkeit nennen, so ist also der Magnetismus gleich dem Verhältniss der wirksamen Geschwindigkeit zu der Geschwindigkeit selbst.

Wir bemerken, dass die vorstehenden Formeln nicht bloss für den vorliegenden Fall eines constanten Widerstandes, sondern allgemein gelten.

Bei dem geringsten Werth der Geschwindigkeit, v_0, ist der Magnetismus gleich Null; er steigt Anfangs rasch mit wachsender

Geschwindigkeit, später langsamer, und erreicht das Maximum, *1*, erst bei unendlich grosser Geschwindigkeit.

Trägt man v als Abscisse, M als Ordinate auf, zieht von v die Grösse v_0 ab, legt durch den Punkt $v - v_0$ eine Parallele zu der Geraden, welche die Punkte v und *1* verbindet, so erhält man den Punkt M auf der Ordinatenaxe, s. Fig. 23.

Fig. 23.

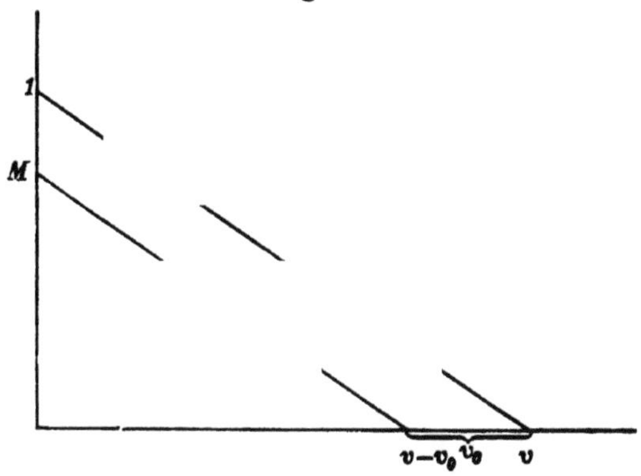

Nach oberflächlicher Betrachtung der Formel 31 für den Magnetismus könnte es scheinen, als ob derselbe unabhängig von dem äusseren Widerstand wäre. Dies ist nicht der Fall; denn die todte Geschwindigkeit v_0 ist von dem äusseren Widerstand abhängig, wie aus der Formel

$$v_0 = \frac{1}{f} J_{\frac{1}{2}} W$$

hervorgeht, wo f und $J_{\frac{1}{2}}$ Grössen sind, die von dem äusseren Widerstand nicht abhängen.

Diese Darstellung liefert eine eigenthümliche Aehnlichkeit des Verhaltens der Dynamomaschine mit directer Wickelung und der Magnetmaschine.

Bei beiden Maschinen sind die einfachen elektrischen Grössen proportional einer Geschwindigkeit, bei der Magnetmaschine der Geschwindigkeit selbst, bei der Dynamomaschine der wirksamen Geschwindigkeit; bei der Magnetmaschine geht nichts von der Geschwindigkeit verloren, bei der Dynamomaschine dagegen wird gleichsam ein Theil der Geschwindigkeit geopfert, um die Schenkel zu magnetisiren. Diese Aehnlichkeit besteht, obschon der Magnetismus der Magnetmaschine constant ist, derjenige der Dynamomaschine dagegen mit der Geschwindigkeit wächst.

In dem Unterschied des Verhaltens beider Maschinen liegt

auch der Grund, wesshalb bei gleichem Anker die Dynamomaschine soviel mehr Strom liefert, als die Magnetmaschine.

Ist der Anker in beiden Maschinen derselbe, so ist die Ankerconstante im Wesentlichen gleich; während jedoch die Magnetmaschine immer denselben, verhältnissmässig schwachen Magnetismus behält, kann derjenige der Dynamomaschine durch Vermehrung der Geschwindigkeit bis beinahe zum Maximum gesteigert werden.

Praktische Aufgaben.

Unsere Darstellung bezweckt namentlich die Lösung praktischer Aufgaben, wie sie sich dem Maschinenelektriker in Einem fort darbieten, zu erleichtern und in natürlicher Weise auszuführen; wir behandeln deshalb im Folgenden nicht nur die gewöhnlichsten dieser Aufgaben, sondern alle, welche sich überhaupt darbieten können.

Es sind im Ganzen fünf veränderliche Grössen vorhanden: die „äusseren Bedingungen": Geschwindigkeit und Widerstand, und die einfachen elektrischen Grössen: Strom, elektromotorische Kraft, Polspannung. Wie bereits früher ausgeführt, müssen gewöhnlich die beiden äusseren Bedingungen bekannt sein, wenn man die anderen Grössen bestimmen will; im Allgemeinen müssen von den fünf Grössen zwei gegeben sein, damit sich die übrigen berechnen lassen. Um also alle Aufgaben, die überhaupt möglich sind, zu stellen, hat man sämmtliche Combinationen zu bilden, die bei den 5 Grössen zu je zweien möglich sind; es gibt also $\frac{5 \cdot 4}{1 \cdot 2} = 10$ solcher Aufgaben.

Die Lösung praktischer Aufgaben kann im Allgemeinen entweder auf graphischem, oder auf algebraischem Wege erfolgen. Die letztere Methode ist natürlich die sicherere und genauere, während die graphische Methode durch Zeichenfehler, namentlich aber dadurch beeinträchtigt wird, dass häufig unmittelbar die durch Beobachtungen gewonnenen, also mit vielfachen Fehlern behafteten Curven zu Grunde gelegt werden; dieser letztere Vorwurf muss namentlich der Anwendung der „caractéristique" von Deprez gemacht werden; indessen bietet die graphische Methode den nicht zu unterschätzenden Vortheil, dass sie stets mit der Anschauung arbeitet, was immer anziehend wirkt und oft auch vor Irrthümern schützt.

Ausschlaggebend jedoch ist für uns der Umstand, dass auf

graphischem Wege nie alle Aufgaben sich lösen lassen, wenigstens wenn man von einer einzigen Curve ausgeht.

Legt man die Deprez'sche „caractéristique“ zu Grunde, aber nicht in der Deprez'schen, sondern in der Hopkinson'schen Definition, d. h. mit Strom im Anker, so tritt Einem vor Allem der Uebelstand entgegen, dass für jede in Betracht kommende Geschwindigkeit eine neue Curve zu zeichnen ist — ein Umstand, der bald ermüdend wirkt. Man kann sich hiervon befreien, indem man für eine dieser Curven alle Werthe der elektromotorischen Kraft durch die Geschwindigkeit dividirt; man erhält so die Curve für fM, eine einzige Curve, aus welcher man den Werth einer elektromotorischen Kraft durch Multiplication mit der betr. Geschwindigkeit erhält; man thut ferner gut, diese Curve nach unserer Interpolationsformel $\frac{J}{a+bJ}$ zu berechnen und so die Beobachtungsfehler auszugleichen.

Diese Verbesserungen vermehren aber nicht die Anzahl der auf diesem Wege lösbaren Aufgaben; in beinahe der Hälfte der möglichen Aufgaben versagt diese Methode.

Legt man die Stromcurve zu Grunde, so hat man allerdings eine einzige Curve, in welcher die Beobachtungsfehler ausgeglichen sind; aber von den 10 möglichen Aufgaben lassen sich ebenfalls 2 auf diesem Wege nicht lösen.

Nach unserer Meinung muss Jeder, der sich öfter mit Aufgaben der vorliegenden Art beschäftigt, schliesslich dahin kommen, die graphische Methode zu verwerfen und bloss zu rechnen, auf Grundlage der Kenntniss der Constanten der Maschine; es ist dies die kürzeste und allgemeinste Methode.

Wir denken uns also im Folgenden für eine bestimmte Maschine mit directer Wickelung die Constanten f und $J_{\frac{1}{2}}$ mittelst der Stromcurve bestimmt und führen kurz die Lösung der einzelnen Aufgaben mit Beispiel an.

Die Beispiele beziehen sich auf eine Bogenlichtmaschine, welche bei 800 Touren und einem äusseren Widerstand von 25 Ohm eine Polspannung von 900 Volt und einen Strom von 12 Ampère gibt, und deren Constanten die Werthe besitzen:

$$f = 0.225\,,\; J_{\frac{1}{2}} = 6.72\,,$$

und deren Widerstände betragen:

$$a = 0.136\,,\; d = 0.272.$$

In Bezug auf die Widerstände u und W setzen wir voraus, dass, wenn der eine bekannt ist, der andere durch die Relation: $W = a + d + u$ berechnet werde.

1) Gegeben: Geschwindigkeit v, Widerstand W.

$$J = f\frac{v}{W} - J_{\frac{1}{2}}\,,\quad E = JW\,,\quad P = Ju\,.$$

Beispiel:

$$v = 712\,,\quad W = 2.80\,,$$

	$J=$	$E=$	$P=$
ber.	50.4	139	120
beob.	49.8	141	119

2) Gegeben: Geschwindigkeit v, Strom J.

$$W = \frac{fv}{J + J_{\frac{1}{2}}}\,,\quad E = JW\,,\quad P = Ju.$$

Beispiel:

$$v = 399\,,\quad J = 31.1\,,$$

	$W=$	$E=$	$P=$
ber.	2.38	73.9	61.3
beob.	2.39	74.3	61.7

3) Gegeben: Geschwindigkeit v, elektromotorische Kraft E.

$$W = \frac{fv - E}{J_{\frac{1}{2}}}\,,\quad J = \frac{E}{W}\,,\quad P = Ju.$$

Beispiel:

$$v = 401\,,\quad E = 78.0\,,$$

	$W=$	$J=$	$P=$
ber.	1.82	43.0	60.6
beob.	1.92	40.6	61.4

4) Gegeben: Geschwindigkeit v, Polspannung P.

$$u = \frac{1}{2}\left(\frac{fv - P}{J_{\frac{1}{2}}} - a - d\right)$$

$$-\sqrt{\frac{1}{4}\left(\frac{fv - P}{J_{\frac{1}{2}}} - a - d\right)^2 - \frac{P(a + d)}{J_{\frac{1}{2}}}}$$

$$J = \frac{P}{u}\,,\quad E = JW.$$

Beispiel:

$$v = 212\,, \quad P = 27.1\,,$$

ber. / beob. $u = \dfrac{0.993}{0.82}\,,\quad J = \dfrac{27.3}{33.0}\,,\quad E = \dfrac{38{,}2}{40{,}6}\,.$

5) Gegeben: Widerstand W, Strom J.

$$v = \frac{1}{f}\,W(J + J_1)\,,\quad E = JW\,,\quad P = Ju\,,$$

Beispiel:

$$W = 0.91\,, \quad J = 70.1\,,$$

ber. / beob. $v = \dfrac{311}{313}\,,\quad E = \dfrac{63.8}{63.8}\,,\quad P = \dfrac{35.1}{35.1}\,.$

6) Gegeben: Widerstand W, elektromotorische Kraft E.

$$J = \frac{E}{W}\,,\quad P = E - J(a + d)\,,\quad v = \frac{1}{f}\,W(J + J_1)$$

Beispiel:

$$W = 0.61\,, \quad E = 20.1\,,$$

ber. / beob. $J = \dfrac{33.0}{33.0}\,,\quad P = \dfrac{6.7}{6.6}\,,\quad v = \dfrac{108}{109}\,.$

7) Gegeben: Widerstand W, Polspannung P.

$$J = \frac{P}{u}\,,\quad E = JW\,,\quad v = \frac{1}{f}\,W(J + J_1)$$

Beispiel:

$$W = 0.45\,, \quad P = 1.8\,,$$

ber. / beob. $J = \dfrac{42.9}{46.6}\,,\quad E = \dfrac{19.3}{21.0}\,,\quad v = \dfrac{99}{105}\,.$

8) Gegeben: Elektromotorische Kraft E, Strom J.

$$W = \frac{E}{J}\,,\quad P = E - J(a + d)\,,\quad v = \frac{1}{f}\,W(J + J_1)$$

Beispiel:

$$E = 82.7\,, \quad J = 64.1\,,$$

$$\begin{array}{l}\text{ber.}\\ \text{beob.}\end{array} W = \frac{1.29}{1.29}, \quad P = \frac{56.5}{56.5}, \quad v = \frac{406}{413}.$$

9) Gegeben: Elektromotorische Kraft E, Polspannung P.

$$J = \frac{E - P}{a + d}, \quad W = \frac{E}{J}, \quad v = \frac{1}{f} W(J + J_{\frac{1}{2}})$$

Beispiel:

$$E = 41.7, \quad P = 22.4,$$

$$\begin{array}{l}\text{ber.}\\ \text{beob.}\end{array} J = \frac{47.3}{47.4}, \quad W = \frac{0.881}{0.88}, \quad v = \frac{212}{207}.$$

10) Gegeben: Strom J, Polspannung P.

$$W = \frac{P}{J} + a + d, \quad E = JW, \quad v = \frac{1}{f} W(J + J_{\frac{1}{2}})$$

Beispiel:

$$J = 38.4, \quad P = 81.8,$$

$$\begin{array}{l}\text{ber.}\\ \text{beob.}\end{array} W = \frac{2.54}{2.54}, \quad E = \frac{97.5}{97.5}, \quad v = \frac{509}{510}.$$

Beobachtungen — Stromcurve.

Wir geben zunächst die Stromcurven wieder, welche aus den vollständigsten und zuverlässigsten Beobachtungsreihen, die uns bekannt sind, gewonnen sind, nämlich aus denjenigen von Meyer und Auerbach, (Wiedemann's Annalen, Bd. 8. S. 494 ff,) von Siemens und Halske, (O. Frölich, Ber. d. Berliner Akad. d. Wissensch. 1880 und elektrotechnische Zeitschrift 1881), und von G. Stern (Inauguraldissertation, Hildesheim 1885). Die erste dieser Beobachtungsreihen war an einer Gramme'schen Maschine, die zweite an einer Maschine von Siemens und Halske (v. Hefner-Alteneck), die dritte an einer kleinen Gramme'schen Maschine zum Handbetrieb, von Kröttlinger in Wien angestellt; in der ersten Reihe war die Stellung des Commutators fest, in der zweiten und dritten wurde der Commutator bei jeder Beobachtung auf das Maximum der Stromstärke eingestellt. Die Berechnung der beiden ersten Versuchsreihen zu dem vorliegenden Zwecke findet sich in der angeführten Abhandlung des Verfassers, diejenige der dritten Reihe in der Abhandlung von G. Stern.

Da es uns hier nur auf die Form der Curven ankommt, geben wir nur diese wieder und verweisen in Bezug auf die Beobachtun-

Fig. 24.

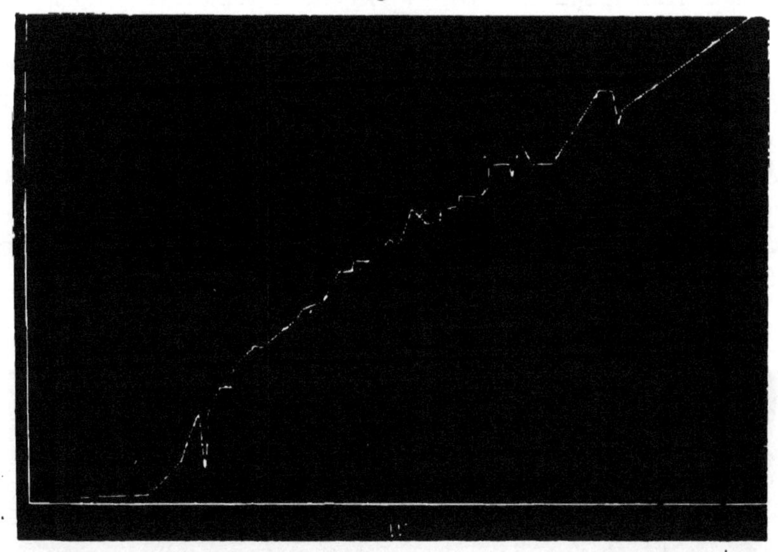

gen auf die Originalarbeiten. Fig. 24 stellt die Curve von Meyer und Auerbach, Fig. 25 diejenige von Siemens und Halske, Fig. 26 diejenige von G. Stern dar.

Fig. 25.

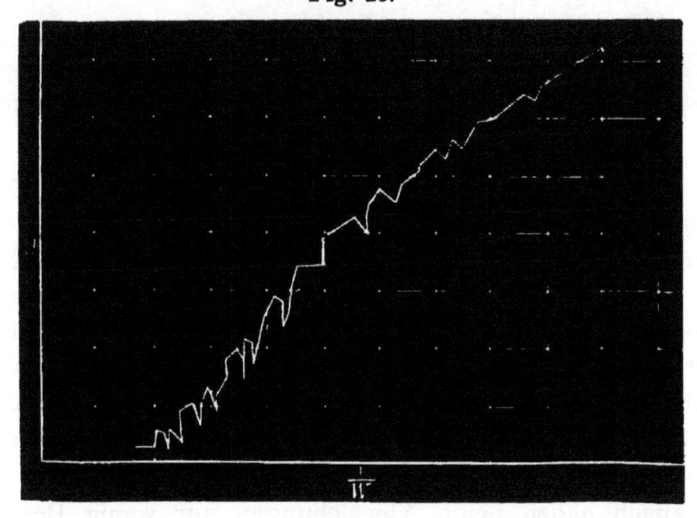

Im Wesentlichen stimmt die Form dieser Curven überein. In dem mittleren Verlauf, der dem Bereich der praktischen Anwendung entspricht, bewegen sich die Beobachtungen um eine gerade Linie (punktirt), diejenige, welche wir bei theoretischen Betrachtungen unter Stromcurve verstehen; dieselbe geht nicht durch den Anfangspunkt. Die wirkliche Stromcurve jedoch fängt beim Anfangspunkt an, wie aus den Beobachtungen von Stern und den nicht vollständig aufgezeichneten von M. und A. hervorgeht, steigt Anfangs langsam an und geht dann mit einer ziemlich plötzlichen Schwenkung in jene Gerade über. Noch bedeutender ist die Abweichung bei höheren Stromstärken, wo die wirkliche Stromcurve von der Geraden sich nach rechts wendet, so dass die wirklichen Werthe der Stromstärke geringer sind, als die durch die Gerade angegebenen.

Fig. 26.

Die Gründe dieser Abweichungen sind verschieden. Die anfängliche Abweichung rührt vom remanenten Magnetismus und den mit demselben zusammenhängenden Erscheinungen zusammen; wir werden diese Verhältnisse in dem Abschnitte über Selbsterregung u. s. w. besprechen. Die Abweichung in dem letzten Theil der Curve rührt von der Einwirkung der Ströme im Anker auf den Magnetismus her und entspricht der Abweichung, welche die wirkliche Curve des Magnetismus von unserer Formel bei höheren Stromstärken zeigt s. S. 20.

Praktisch haben beide Abweichungen nur wenig Bedeutung; denn in Wirklichkeit werden die Maschinen weder bei ganz kleiner, noch bei sehr grosser Stromstärke gebraucht, sondern nur bei jenen mittleren, für welche die Stromcurve durch eine Gerade ersetzt werden darf.

Es muss jedoch zugegeben werden, dass in jenem mittleren Bereich die Abweichungen der Beobachtungen von der Geraden grösser sind, als nach der Genauigkeit der Beobachtungen erwartet werden dürfte; namentlich gilt dies von den sorgfältigen Beobachtungen von Meyer und Auerbach.

Man könnte meinen, dass das immerwährende Verstellen des Commutators, welches bei zweien dieser Versuchsreihen stattfand, besondere Veranlassung zu Abweichungen gebe; allein gerade bei M. und A., welche mit feststehendem Commutator arbeiteten, sind die Abweichungen von der Geraden am stärksten.

Auch der Umstand, dass der Magnetismus nicht vollkommen unabhängig von der Geschwindigkeit ist, dürfte diese Abweichungen kaum erklären. Wir verzichten daher darauf, dieselben zu erklären; hoffentlich geben später neue Versuchsreihen hierüber Aufklärung.

Der Techniker nun hat nicht die Musse, so ausgedehnte Beobachtungen anzustellen, wie die oben angeführten, und hat auch nur das Bedürfniss, den mittleren Theil der Curve festzustellen. Für diese Fälle wählt man am besten einige Geschwindigkeiten aus dem Bereich der in Betracht kommenden Geschwindigkeiten und stellt bei jeder derselben einige Versuche mit verschiedenen Widerständen an. Auf Constanthaltung der Geschwindigkeit kommt es hierbei nicht an, jedoch auf die Gleichzeitigkeit der Beobachtungen; wünschenswerth ist, dass zwei Beobachter zugleich arbeiten. In einigen Stunden kann man auf diese Weise ganz brauchbare Resultate erhalten.

Den Commutator halte man bei diesen Versuchen durchaus in fester Stellung und zwar in derjenigen, welche sich bei dem normalen Arbeiten der Maschine ergibt.

Beobachtungen — Magnetismus.

Wir geben in Folgendem einige Curven und Beobachtungsreihen wieder, welche theils die wirkliche Form der Curve des Magnetismus, theils den S. 10 besprochenen Unterschied dieser Curven mit und ohne Strom im Anker zeigen.

Fig. 27 stellt den Magnetismus mit (M) und ohne (M') Ankerstrom einer Maschine von Siemens und Halske, an welcher in der oben citirten Arbeit der Einfluss des Ankerstroms zum ersten Male gezeigt wurde, dar; man sieht, dass durch den Einfluss von starken Strömen im Anker der Magnetismus in dem letzten Theil der Curve sinkt, statt stets zu steigen, wie ohne diese Einwirkung. Unterwirft man die dem praktischen Bereich entsprechenden Theile

Fig. 27.

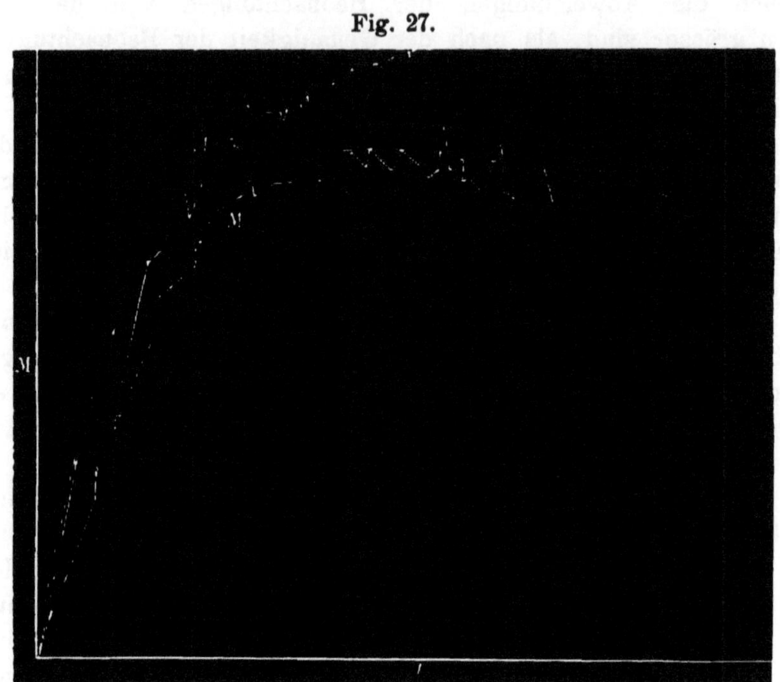

dieser Curven der Berechnung mittelst unserer Interpolationsformel, so findet man die Formeln:

$$f\,M' = \frac{J}{14400 + 1040\,J} \text{ (ohne Strom i. A.)}$$

$$f\,M = \frac{J}{8070 + 1440\,J} \text{ (mit Strom i. A.)}$$

Nicht nur das anfängliche Ansteigen des Magnetismus, welches durch den reziproken Werth der ersten Constante im Nenner gekennzeichnet wird, ist steiler als ohne Strom i. A., sondern namentlich das Maximum, welches gleich dem reziproken Werth der zweiten Constante ist; die Maxima verhalten sich wie die Zahlen 100 und 72.2, die rez. Werthe der ersten Constanten wie die Zahlen 100 und 56.0.

Bei diesen Versuchen war der Commutator stets auf das Maximum der Stromstärke eingestellt worden.

Einen regelmässigeren Verlauf zeigen die in Fig. 28 dargestellten Curven, welche Herr Prof. von Waltenhofen an einer Flachringmaschine mit directer Wickelung von Schuckert hat ausführen lassen und uns gütigst mitgetheilt hat; die Versuche sind bei constanter Stellung des Commutators ausgeführt. Die entsprechenden Interpolationsformeln sind:

$$fM' = \frac{J}{70.6 + 15.12\,J} \quad \text{(ohne Strom i. A.)}$$

und

$$fM = \frac{J}{90.6 + 19.89\,J} \quad \text{(mit Strom i. A.)}$$

Die reziproken Werthe der ersten Constanten verhalten sich wie die Zahlen 100 und 77.9, die Maxima oder die rez. Werthe der zweiten Constanten wie die Zahlen 100 und 76.0.

Wir fügen noch die beobachteten und die nach der betr. Formel berechneten Werthe von fM in denselben Versuchsreihen hinzu, um die Uebereinstimmung zu zeigen. (S. Tabelle S. 56.)

Fig. 28.

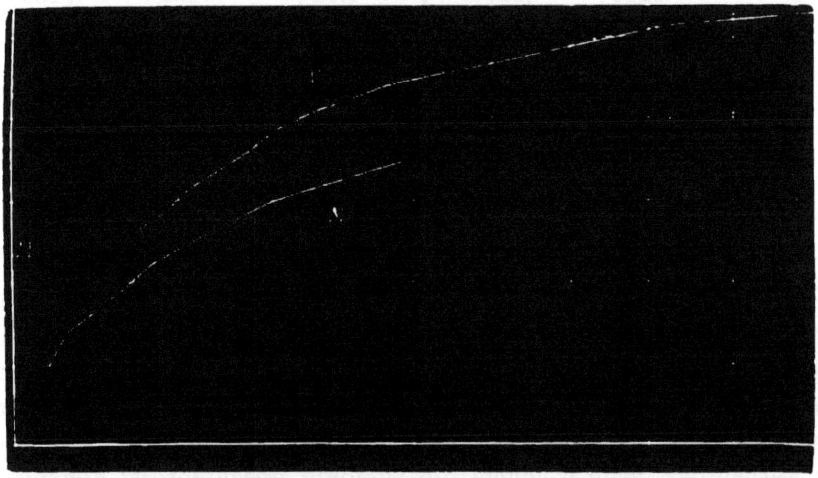

Fig. 29.

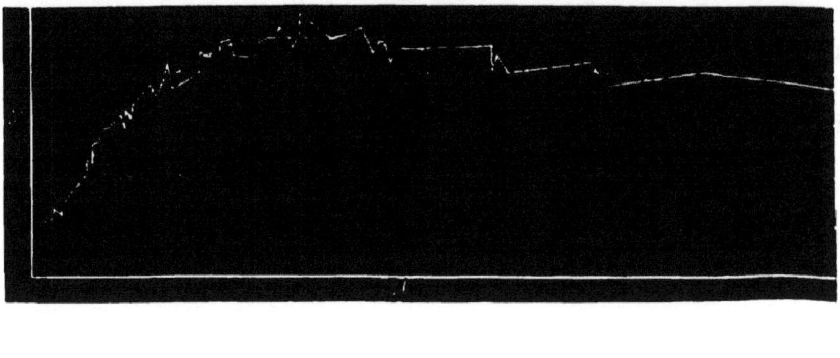

Das Sinken des Magnetismus bei höheren Strömen, wenn Strom im Anker herrscht, zeigen auch die Versuche von G. Stern; Fig. 29 zeigt die aus denselben gewonnene Curve.

Ohne Strom i. A.			Mit Strom i. A.		
J	fM' beob.	fM' ber.	J	fM beob.	fM ber.
20.50	0.0530	0.0538	9.75	0.0344	0.0342
16.40	.0510	.0514	7.78	.0317	.0316
9.25	.0440	.0438	6.34	.0293	.0292
8.29	.0421	.0423	5.15	.0263	.0265
7.61	.0410	.0409	4.12	.0238	.0238
6.98	.0397	.0404	3.52	.0223	.0211
6.58	.0389	.0387	2.83	.0195	.0192
5.90	.0359	.0369	2.62	.0181	.0183
4.90	.0331	.0338	2.33	.0174	.0170
4.30	.0309	.0316	2.02	.0162	.0154
3.75	.0286	.0295	1.52	.0139	.0126
3.24	.0268	.0270	0.90	.0091	.0085
2.90	.0251	.0251	0.68	.0082	.0065

D. Die Maschine mit Nebenschlusswickelung.

Die Polspannungscurve.

Die Nebenschlussmaschine unterscheidet sich vor Allem dadurch von der Maschine mit directer Wickelung, dass in den einzelnen Theilen des Stromkreises verschiedene Ströme herrschen: Der Ankerstrom ist der gesammte erregte Strom, er theilt sich in den Strom im Nebenschluss und denjenigen im äusseren Kreise, und das Verhältniss, nach welchem die Theilung geschieht, ist abhängig von den Widerständen des Nebenschlusses und des äusseren Kreises.

Wenn J_a, J_n, J bez. die Ströme im Anker, im Nebenschluss und im äusseren Kreis, n und u bez. die Widerstände des Nebenschlusses und des äusseren Kreises, so ist nach den Gesetzen von Kirchhoff:

$$J_a = J_n + J \quad \text{und}$$

$$J_n n + J u = 0 , \quad \text{woraus:}$$

$$J_n = J_a \frac{u}{u+n}, \quad J = J_a \frac{n}{u+n} .$$

Für den Magnetismus hat man

$$M = \frac{\mu m_n J_n}{1 + \mu m_n J_n};$$

drückt man J_n durch J_a aus, so kommt

$$M = \frac{\mu m_n \frac{u}{u+n} J_a}{1 + \mu m_n \frac{u}{u+n} J_a}.$$

Nun hatten wir aber allgemein gesetzt:

$$M = \frac{p J_a}{1 + p J_a} \quad \text{und}$$

daraus erhalten:

$$J_a = \frac{fv}{W} - \frac{1}{p}.$$

In dieser für alle Wickelungen geltenden Formel ist also, bei der Nebenschlusswickelung p vom äusseren Widerstand abhängig und der Ankerstrom lässt sich daher bei dieser Wickelung nicht mehr als von einer einzigen Variabeln abhängig darstellen, wie bei der directen Wickelung.

Jedoch auch bei dieser Wickelung gibt es eine elektrische Grösse, welche von einer einzigen, aus Geschwindigkeit und Widerstand zusammengesetzten Variabeln abhängt, und auch in möglichst einfacher Weise, nämlich die Polspannung.

Bei der Nebenschlusswickelung hängt der Magnetismus unmittelbar von der Polspannung ab; denn es ist

$$J_n = \frac{P}{n}, \text{ also}$$

$$M = \frac{\mu \frac{m_n}{n} P}{1 + \mu \frac{m_n}{n} P}; \quad \ldots\ldots\ldots \quad 32)$$

Der Ankerstrom J_a aber kann auch durch die Polspannung ausgedrückt werden:

$$J_a = \frac{P}{w}, \text{ wenn}$$

$$w = \frac{un}{u+n} = [u, n],$$

d. h. gleich dem aus den beiden Zweigen u und n gebildeten Widerstand. Man kann also im vorliegenden Falle die allgemeine Gleichung

$$J_a = \frac{fMv}{W} \text{ schreiben:}$$

$$P = fv\frac{w}{W}M, \text{ wo } M = F(P).$$

Dividirt man durch M, so kommt

$$\frac{P}{F(P)} = fv\frac{w}{W};$$

hier hängt die Grösse links nur von der Polspannung und Constanten der Maschine ab, also auch die rechts stehende Grösse $v\frac{w}{W}$; es ist also umgekehrt die Polspannung P nur von der einzigen Variabeln $v\frac{w}{W}$ abhängig. Die Curve, welche man erhält, wenn man $v\frac{w}{W}$ als Abscisse, P als Ordinate aufträgt, nennen wir die **Polspannungscurve.**

Um den Ausdruck für P zu finden, setzen wir den Ausdruck für $F(P)$ oder M ein, und erhalten

$$P\frac{1+\mu\frac{m_n}{n}P}{\mu\frac{m_n}{n}P} = fv\frac{v}{W}, \text{ woraus:}$$

$$P = fv\frac{w}{W} - \frac{n}{\mu m_n}, \quad \ldots\ldots \quad 33)$$

oder wenn wir die einzelnen Widerstände einführen:

$$P = \frac{fv}{1+a\left(\frac{1}{n}+\frac{1}{u}\right)} - \frac{n}{\mu m_n} \quad \ldots \quad 34)$$

Da $\frac{n}{\mu m_n}$ weder vom äusseren Widerstand, noch von der Geschwindigkeit abhängt, so ist die Polspannungscurve eine gerade Linie (s. Fig. 30), welche nicht durch den Anfangspunkt geht, und zwar ist, wenn man durch den Anfangspunkt eine Parallele zu der Polspannungscurve zieht, der im Sinne der Ordinaten genommene Abstand bei der Linie gleich $\frac{n}{\mu m_n}$, der im Sinne der Abscissen genommene Abstand gleich $\frac{1}{f} \frac{n}{\mu m_n}$.

Auch für diese Formel für die Polspannung gilt, was oben allgemein bewiesen wurde. Das erste Glied: $fv \frac{w}{W}$, die Ankergrösse, ist die Polspannung, welche beim Magnetismus 1 herrschen würde;

Fig. 30.

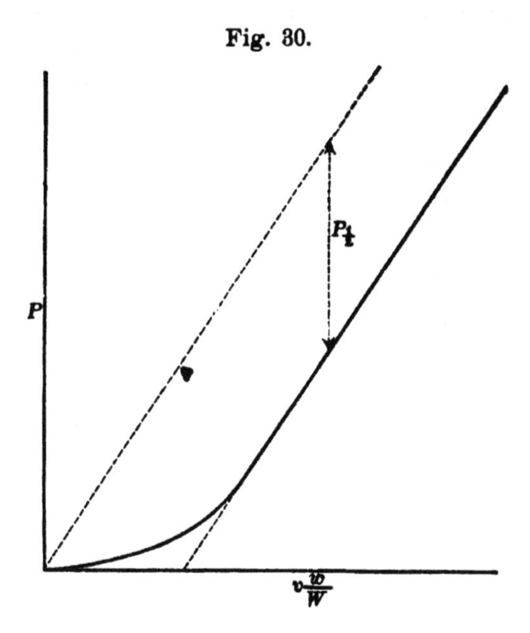

das zweite Glied: $\frac{n}{\mu m_n}$, die Schenkelgrösse, ist diejenige Polspannung, welche herrschen muss, damit der Magnetismus $= \frac{1}{2}$ sei. Bezeichnen wir die Ankergrösse mit $\overline{P}$, die Schenkelgrösse mit $P_{\frac{1}{2}}$, so ist

$$P = \overline{P} - P_{\frac{1}{2}} \quad \text{oder auch}$$

$$P = fv \frac{w}{W} - P_{\frac{1}{2}} \quad . \; . \; . \; . \; . \; . \; . \; . \; . \; . \quad 35)$$

Wie bei der Stromcurve, so zeigt auch bei der Polspannungscurve die Wirklichkeit eine Abweichung von unserer theoretischen Linie in dem Sinne, dass die wirkliche Curve (s. Figur 30, ausgezogene Curve) beim Anfangspunkt beginnt, allmählig ansteigt und in die theoretische Linie einmündet. Die Abweichung bezieht sich nur auf niedrige Werthe der Polspannung, welche in der Technik nicht gebraucht werden; für die praktisch vorkommenden Werthe stimmen die wirkliche und die theoretische Curve mit genügender Genauigkeit mit einander überein.

Wie die Stromcurve bei der directen Wickelung, so bietet die Polspannungscurve bei der Nebenschlusswickelung das einfachste Mittel, um die Constanten der Maschine zu bestimmen nämlich die Ankerconstante f und die Schenkelconstante $P_{\frac{1}{2}}$; aus der letzteren folgt dann μ, wenn m_n und n bekannt sind. Man hat nur die Beobachtungen aufzuzeichnen, und eine gerade Linie zu ziehen, welche die Beobachtungen auf genügende Art darstellt; aus zwei Punkten der Linie ergeben sich dann f und $P_{\frac{1}{2}}$.

Bei der directen Wickelung haben wir gesehen, dass die Schenkelconstante $J_{\frac{1}{2}}$ nur von der Anzahl der Schenkelwindungen abhängt; bei der Nebenschlusswickelung dagegen hängt die Schenkelconstante $P_{\frac{1}{2}}$ nur von dem Querschnitt (q_n) der Schenkelwindungen ab.

Wenn nämlich c der Widerstand Einer Schenkelwindung vom Querschnitt Eins, so ist

$$n = c\,\frac{m_n}{q_n} \text{ und also}$$

$$P_{\frac{1}{2}} = \frac{1}{\mu}\,\frac{n}{m_n} = \frac{1}{\mu}\,\frac{c}{q_n};$$

$P_{\frac{1}{2}}$ enthält also nur q_n, nicht m_n und n, und ist q_n umgekehrt proportional.

Sieht man daher ab von den Einflüssen, welche die Verschiedenheit der Schenkelwickelungen auf das Verhältniss $\frac{w}{W}$ oder

$$\frac{1}{1 + a\left(\frac{1}{u} + \frac{1}{n}\right)}$$

ausübt, so kann man sagen, dass die Polspannung einer Nebenschlussmaschine nur von dem Querschnitt des Drahtes der Schenkelwickelung abhängt.

Für die Aufzeichnung der Polspannungscurve ist namentlich eine Möglichkeit zu benutzen, welche bei der directen Wickelung nicht vorhanden ist, nämlich das Arbeiten ohne äusseren Kreis. Setzen wir $u = \infty$ in der Formel für P, so kommt:

$$P = \frac{fv}{1 + \frac{a}{n}} - P_{\frac{1}{2}} \cdot$$

Für die **Magnetmaschine** ist die Polspannungscurve eine Gerade, welche durch den Anfangspunkt geht. Der Umstand, dass bei der Dynamomaschine diese Gerade nicht durch den Anfangspunkt geht, ist dadurch bedingt, dass die Dynamomaschine ihren Magnetismus selbst erzeugen muss.

Nun ist aber bei den meisten Maschinen der Ankerwiderstand so klein im Verhältniss zum Widerstand des Nebenschlusses, dass die Grösse $\frac{a}{n}$ vernachlässigt werden kann; in diesem Fall ist also

$$P = fv - P_{\frac{1}{2}}, \quad \ldots \ldots \ldots \quad 36)$$

man darf als **Abscisse unmittelbar die Geschwindigkeit** v auftragen, und die Constantenbestimmung erhält die denkbar einfachste Gestalt.

Die Ausdrücke für die einzelnen elektrischen Grössen.

Für die verschiedenen Stromstärken hat man:

$$J_a = \frac{P}{w} = \frac{fv}{W} - \frac{P_{\frac{1}{2}}}{w} \quad \ldots \ldots \ldots \quad 37)$$

$$J_n = \frac{P}{n} = \frac{fv}{W}\frac{w}{n} - \frac{P_{\frac{1}{2}}}{n} \quad \ldots \ldots \ldots \quad 38)$$

$$J = \frac{P}{u} = \frac{fv}{W}\frac{w}{u} - \frac{P_{\frac{1}{2}}}{u}; \quad \ldots \ldots \ldots \quad 39)$$

für die elektromotorische Kraft und die Polspannung:

$$E = J_a W = fv - P_{\frac{1}{2}} \frac{W}{w}; \; P = fv \frac{w}{W} - P_{\frac{1}{2}},$$

und für den Magnetismus:

$$M = \frac{E}{fv} = 1 - \frac{P_{\frac{1}{2}}}{fv}\frac{W}{w} \quad \ldots \ldots \quad 40)$$

In diesen Ausdrücken ist

$$w = \frac{un}{u+n}, \quad W = a + w = a + \frac{un}{u+n} \cdot$$

Setzt man in die Formel 32 : $\frac{n}{\mu m_n} = P_{\frac{1}{2}}$ ein, so erhält man für den Magnetismus:

$$M = \frac{P}{P + P_{\frac{1}{2}}}; \quad . \; . \; . \; . \; . \; . \; . \; . \quad 41)$$

ferner, wenn man in Formel 40: $fv \, \frac{w}{W} = \bar{P}$ einsetzt,

$$M = 1 - \frac{P_{\frac{1}{2}}}{\bar{P}} = \frac{\bar{P} - P_{\frac{1}{2}}}{\bar{P}} \quad . \; . \; . \; . \quad 42)$$

Die letztere Formel entspricht der Formel 23 für die directe Wickelung; man kann daher auch in ähnlicher Weise, wie dort aus den Stromstärken, so hier aus den Polspannungen den Magnetismus graphisch construiren, s. F. 31. Wie dort, bei gegebener

Fig. 31.

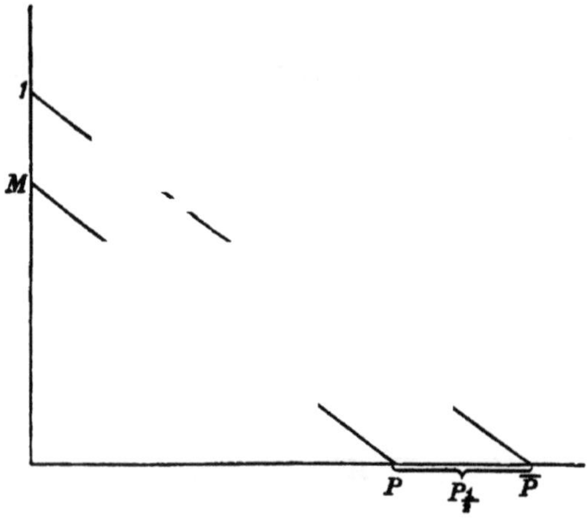

Geschwindigkeit und Widerständen, der Magnetismus um so höher war, je kleiner $J_{\frac{1}{2}}$, so ist derselbe hier um so grösser, je kleiner $P_{\frac{1}{2}}$, die zur Erzeugung des Magnetismus $\frac{1}{2}$, ist, je grössere Massen von Eisen und Kupfer also bei den Schenkeln verwendet werden.

Wendet man den Satz über die Bestandtheile der einfachen elektrischen Grössen an, so ergeben sich die Ausdrücke:

$$E = \bar{E} - E_{\frac{1}{2}}$$

$$J_a = \bar{J}_a - (J_a)_{\frac{1}{2}}$$

u. s. w. Die Erklärung der einzelnen Bezeichnungen folgt aus jenem Satze.

Für die Arbeitsgrössen, in Abhängigkeit von den äusseren Bedingungen, Geschwindigkeit und Widerstand, erhält man:

$$E J_a = \left(\frac{f v}{W} - \frac{P_{\frac{1}{2}}}{w}\right)^2 W \quad \ldots \ldots \ldots \quad 43)$$

$$P J = \frac{P^2}{u} = J_a^2 \frac{w^2}{u} = \left(\frac{f v}{W} - \frac{P_{\frac{1}{2}}}{w}\right)^2 \frac{w^2}{u} \quad \ldots \quad 44)$$

$$E J_a - P J = \left(\frac{f v}{W} - \frac{P_{\frac{1}{2}}}{w}\right)^2 \left(W - \frac{w^2}{u}\right), \text{ oder, da}$$

$$W - \frac{w^2}{u} = a + w - \frac{w^2}{u} = a + \frac{u n}{u + n} - \frac{u n^2}{(u + n)^2}$$

$$= a + \frac{u^2 n}{(u + n)^2} = a + \frac{w^2}{n},$$

$$E J_a - P J = \left(\frac{f v}{W} - \frac{P_{\frac{1}{2}}}{w}\right)^2 \left(a + \frac{w^2}{n}\right) \quad \ldots \quad 45)$$

$$N_e = \frac{w^2}{u W} \quad \ldots \ldots \ldots \ldots \quad 46)$$

wo $\qquad W = a + w.$

Sind die Eisen- und Kupfermassen auf den Schenkeln sehr gross, der Magnetismus also nahe gleich Eins, so wird $J_{\frac{1}{2}}$ sehr klein und man kann setzen:

$$J_a = \frac{f v}{W}, \quad J_n = \frac{f v}{W} \frac{w}{n}, \quad J = \frac{f v}{W} \frac{w}{u}$$

$$E = f v, \quad P = f v \frac{w}{W}$$

$$E J_a = \frac{f^2 v^2}{W}, \quad P J = \frac{f^2 v^2}{W} \frac{w^2}{u W}$$

$$E J_a - P J = \frac{f^2 v^2}{W} \left(1 - \frac{w^2}{u W}\right)$$

$$N_e = \frac{w^2}{u W} \,.$$

Die einfachen elektrischen Grössen sind also alsdann, wie bei der directen Wickelung, proportional der Geschwindigkeit, die Arbeitsgrössen proportional dem Quadrat der Geschwindigkeit, wie bei einer Magnetmaschine.

Das Verhalten der Maschine.

Wie bei der directen Wickelung, betrachten wir auch hier die beiden praktisch wichtigen Fälle, in welchen eine der beiden äusseren Bedingungen, Widerstand und Geschwindigkeit, constant, die andere variabel ist.

Es sei die Geschwindigkeit constant, der Widerstand variabel; wir wollen das Verhalten der Polspannung und der Stromstärke im äusseren Kreis untersuchen.

Für die Polspannung ergiebt sich eine Curve von bekannter Form. In der Formel

$$P = fv\frac{w}{W} - P_{\frac{1}{2}} \quad \text{ist}$$

$$w = \frac{1}{\frac{1}{u} + \frac{1}{n}}, \quad W = a + w = a + \frac{1}{\frac{1}{u} + \frac{1}{n}}$$

einzusetzen; man erhält

$$\frac{w}{W} = \frac{1}{1 + \frac{a}{w}} = \frac{1}{1 + a\left(\frac{1}{u} + \frac{1}{n}\right)} \quad \text{und daher}$$

$$P = fv\frac{u}{\left(1 + \frac{a}{n}\right)u + a} - P_{\frac{1}{2}} \quad \text{oder}$$

$$P = \frac{fv}{1 + \frac{a}{n}} \frac{u\left(\frac{1}{a} + \frac{1}{n}\right)}{1 + u\left(\frac{1}{a} + \frac{1}{n}\right)} - P_{\frac{1}{2}}\,.$$

Das erste Glied rechts hat die Form: $A\frac{x}{1+x}$, wie der Magnetismus $\left(M = \frac{\mu m J}{1 + \mu m J}\right)$. Wir erhalten also die Curve der Polspannung, wenn wir zunächst die das erste Glied darstellende Curve zeichnen (u Abscisse, P Ordinate, s. Fig. 32 punktirte Curve) und von jeder Ordinate $P_{\frac{1}{2}}$ subtrahiren.

Hier tritt uns die Eigenthümlichkeit der Nebenschlusswickelung entgegen, dass die Erzeugung von Elektrizität erst beginnen kann, nachdem der äussere Widerstand einen gewissen, kleinen Werth überschritten hat, während bei der directen Wickelung bei $u = 0$ oder kurzem Schluss gerade die stärkste Stromentwickelung auftritt. Der Werth (u_0) des äusseren Widerstandes, bei dem die Nebenschlussmaschine anfängt, Strom zu entwickeln, ist

$$u_0 = a \frac{P_{\frac{1}{2}}}{fv - P_{\frac{1}{2}}} \quad \ldots \ldots \ldots \quad 47)$$

Im Uebrigen sehen wir, dass die Polspannung bei wachsendem

Fig. 32.

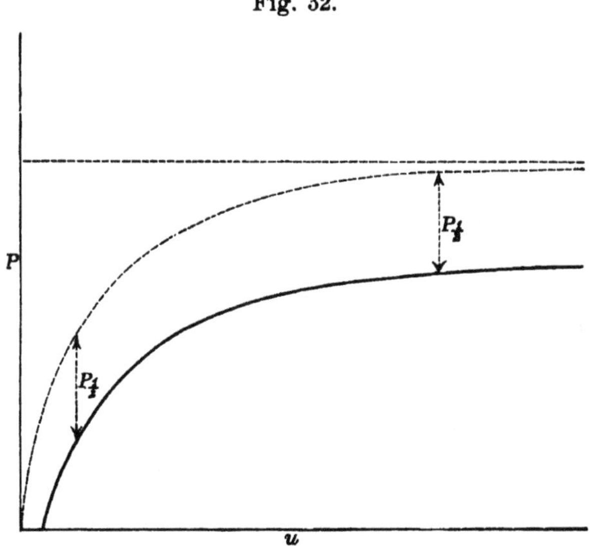

äusserem Widerstand Anfangs rasch ansteigt, dann ein „Knie" bildet und zuletzt asymptotisch sich einem Endwerthe $\left(\frac{fv}{1+\frac{a}{n}}\right)$ nähert.

Complicirter verhält sich die Stromstärke (J) im äusseren Kreis. Die Gleichung derselben

$$J = \frac{P}{u} = \frac{fv}{a + \left(1 + \frac{a}{n}\right)u} - \frac{P_{\frac{1}{2}}}{u}$$

ergibt eine Curve von der in Fig. 33 dargestellten Form, d. h. die

Stromstärke beginnt bei dem oben bestimmten Werth u_0 des äusseren Widerstands anzusteigen, überschreitet nach steiler Erhebung ein Maximum, fällt dann Anfangs rasch, später langsamer und nähert sich dann asymptotisch der Null.

Fig. 33.

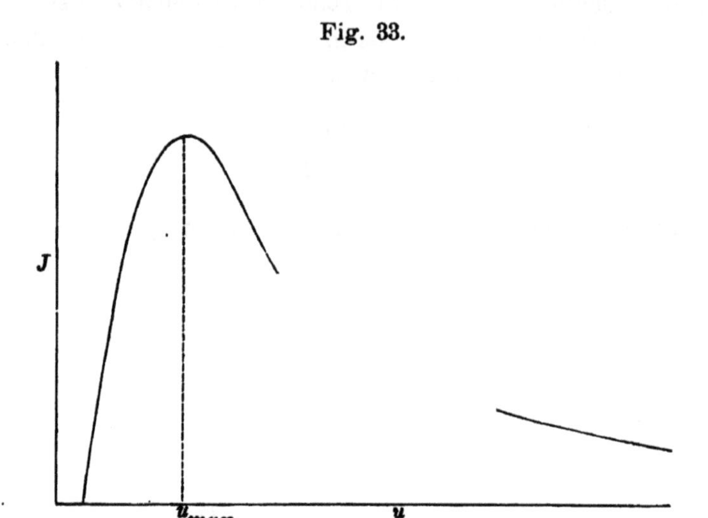

Allgemeineres Interesse bietet hier nur das Maximum. Um den demselben entsprechenden Werth von u ($u_{max.}$) zu erhalten, differenziren wir nach u und setzen gleich Null:

$$0 = -\frac{fv\left(1+\frac{a}{n}\right)}{\left(a+\left[1+\frac{a}{n}\right]u\right)^2} + \frac{P_{\frac{1}{2}}}{u^2}, \text{ woraus}$$

$$0 = -fv\left(1+\frac{a}{n}\right)u^2 + P_{\frac{1}{2}}\left(a+\left[1+\frac{a}{n}\right]u\right)^2 \quad \text{oder}$$

$$0 = u^2\,(fv - P_{\frac{1}{2}}) - 2\,a\,P_{\frac{1}{2}}\,u - P_{\frac{1}{2}}\,a^2 \text{ und endlich}$$

$$u_{max.} = \frac{a\,P_{\frac{1}{2}}}{fv-P_{\frac{1}{2}}} \pm \sqrt{\frac{a^2\,P^2_{\frac{1}{2}}}{(fv-P_{\frac{1}{2}})^2} + \frac{a^2\,P_{\frac{1}{2}}}{fv-P_{\frac{1}{2}}}};$$

man überzeugt sich hier, dass das obere Zeichen das richtige ist, und findet schliesslich

$$u_{max.} = a\,\frac{P_{\frac{1}{2}}}{fv-P_{\frac{1}{2}}}\left(1+\sqrt{\frac{fv}{P_{\frac{1}{2}}}}\right) \quad . \quad . \quad 48)$$

In dem zweiten Hauptfall, wenn der äussere Widerstand constant, die Geschwindigkeit variabel ist, verhält sich die Maschine in sehr einfacher Weise.

Wie bei der directen Wickelung, erhält man sowohl für die Polspannung, als die äussere Stromstärke gerade Linien, welche nicht durch den Anfangspunkt gehen (v Abscisse, P bez. J Ordinate). Der Werth (v_0) der Geschwindigkeit, bei welchem die Maschine anfängt, Strom zu geben (todte Geschwindigkeit) ist

$$v_0 = \frac{1}{f} P_{\frac{1}{2}} \left(1 + \frac{a}{w}\right) = \frac{1}{f} P_{\frac{1}{2}} \left(1 + a \left[\frac{1}{u} + \frac{1}{n}\right]\right).$$

oder auch

$$v_0 = \frac{1}{f} P_{\frac{1}{2}} \frac{W}{w};$$

vergleicht man diesen Ausdruck mit demjenigen der todten Geschwindigkeit bei directer Wickelung, nämlich

$$v_0 = \frac{1}{f} J_{\frac{1}{2}} W,$$

so sieht man, dass hier $\frac{P_{\frac{1}{2}}}{w}$ an Stelle von $J_{\frac{1}{2}}$ getreten ist.

Führen wir v_0 in die Ausdrücke für P und J ein, so kommt;

$$P = f \frac{v - v_0}{1 + \frac{a}{w}} = f \frac{v - v_0}{1 + a\left(\frac{1}{u} + \frac{1}{n}\right)},$$

$$J = f \frac{v - v_0}{u\left(1 + \frac{a}{w}\right)} = f \frac{v - v_0}{a + u\left(1 + \frac{a}{n}\right)}.$$

Diese Grössen, sowie die übrigen einfachen elektrischen Grössen, sind also, wie bei der directen Wickelung, direct proportional der wirksamen Geschwindigkeit: $v - v_0$.

Auch für den Magnetismus gilt hier dieselbe Formel, wie bei der directen Wickelung, nämlich

$$M = \frac{v - v_0}{v}; \quad \ldots \ldots \ldots \quad 49)$$

denn es ist

$$P = f M v \frac{w}{W} \text{ und andrerseits}$$

$$P = f \cdot \frac{v - v_0}{1 + \frac{a}{w}} = f(v - v_0) \cdot \frac{w}{W},$$

woraus sich für M obige Formel ergibt.

Die Bemerkungen, mit welchen wir bei der directen Wickelung die Dynamomaschine mit der Magnetmaschine in Vergleich gesetzt haben, gelten auch hier, d. h. für die Nebenschlusswickelung.

Praktische Aufgaben.

Wie bei der directen Wickelung, so geben wir auch hier kurz die Lösung sämmtlicher Aufgaben, welche bei einer Nebenschlussmaschine gestellt werden können. Bei der Lösung setzen wir wieder voraus, dass die Constanten, hier f und $P_{\frac{1}{2}}$, für die betr. Maschine bekannt seien. Wir setzen ferner voraus, dass, wenn einer der Widerstände u, W, w bekannt sind, die übrigen vermittelst der als bekannt vorausgesetzten Widerstände a und n berechnet seien.

Ebenso berücksichtigen wir von den drei Stromstärken J_a, J_n, J nur die letztere, weil sie praktisch die wichtigste ist; die beiden anderen lassen sich stets aus J und den Widerständen berechnen.

Die Beispiele beziehen sich auf die unten behandelte Maschine, für welche

$$f = 0.0242, \; P_{\frac{1}{2}} = 13.3,$$
$$a = 0.00943, \; n = 0.390,$$

1. Gegeben: Geschwindigkeit v, Widerstand u.

$$P = fv\frac{w}{W} - P_{\frac{1}{2}}; \; J = \frac{P}{u}; \; E = P\frac{W}{w}.$$

Beispiel:

$$v = 791, \; u = 0.217,$$

$$\begin{matrix}\text{ber.} \\ \text{beob.}\end{matrix} \; P = \frac{4.7}{5.03}, \; J = \frac{21.7}{23.2}, \; E = \frac{5.10}{5.39}.$$

2. Gegeben: Geschwindigkeit v, Stromstärke J.

$$u = \frac{1}{2J}\left(\frac{fv - aJ}{1 + \frac{a}{n}} - P_1\right)$$

$$+\sqrt{\frac{1}{4J^2}\left(\frac{fv-aJ}{1+\frac{a}{n}}-P_{\frac{1}{2}}\right)^2-\frac{aP_{\frac{1}{2}}}{J\left(1+\frac{a}{n}\right)}}$$

$$P=Ju\,,\;E=P+aJ\left(1+\frac{u}{n}\right)$$

Beispiel:

$$v=898\,,\;J=43.8\,,$$

$$\begin{matrix}\text{ber.}\\ \text{beob.}\end{matrix}\;u=\frac{0.158}{0.163}\,,\;P=\frac{6.92}{7.14}\,,\;E=\frac{7.44}{7.76}\,.$$

3. Gegeben: Geschwindigkeit v, elektromotorische Kraft E.

$$w=a\frac{P_{\frac{1}{2}}}{fv-E-P_{\frac{1}{2}}}\,,\;P=E\frac{w}{W}\,,\;J=\frac{E}{W}\,.$$

Beispiel:

$$v=897\,,\;E=6.18\,,$$

$$\begin{matrix}\text{ber.}\\ \text{beob.}\end{matrix}\;w=\frac{0.0380}{0.0424}\,,\;P=\frac{4.27}{4.32}\,,\;J=\frac{112}{90.5}\,.$$

4. Gegeben: Geschwindigkeit v, Polspannung P.

$$w=a\frac{P+P_{\frac{1}{2}}}{fv-(P+P_{\frac{1}{2}})}\,,\;J=\frac{P}{u}\,,\;E=\frac{fv}{P+P_{\frac{1}{2}}}P\,.$$

Beispiel:

$$v=998\,,\;P=7.02\,,$$

$$\begin{matrix}\text{ber.}\\ \text{beob.}\end{matrix}\;w=\frac{0.0504}{0.0559}\,,\;J=\frac{121}{107}\,,\;E=\frac{8.35}{8.27}\,.$$

5. Gegeben: Stromstärke J, Widerstand u.

$$P=Ju\,,\;E=P\frac{W}{w}\,,\;v=\frac{1}{f}(P+P_1)\frac{W}{w}\,.$$

Beispiel:

$$J=59.3\,,\;u=0.155\,,$$

$$\begin{matrix}\text{ber.}\\ \text{beob.}\end{matrix}\;P=\frac{9.19}{9.21}\,,\;E=\frac{9.94}{10.7}\,,\;v=\frac{1005}{990}\,.$$

6. Gegeben: Elektromotorische Kraft E, Widerstand u.

$$P = E\frac{w}{W}, \quad J = \frac{P}{u}, \quad v = \frac{1}{f}(P + P_{\frac{1}{2}})\frac{W}{w}.$$

Beispiel:

$$E = 10.3, \quad u = 0.209,$$

$$\begin{matrix}\text{ber.} \\ \text{beob.}\end{matrix} \; P = \begin{matrix}9.61 \\ 9.55\end{matrix}, \quad J = \begin{matrix}46.0 \\ 45.8\end{matrix}, \quad v = \begin{matrix}1010 \\ 1004\end{matrix}.$$

7. Gegeben: Polspannung P, Widerstand u.

$$J = \frac{P}{u}, \quad E = P\frac{W}{w}, \quad v = \frac{1}{f}(P + P_{\frac{1}{2}})\frac{W}{w}.$$

Beispiel:

$$P = 11.5, \quad u = 0.208,$$

$$\begin{matrix}\text{ber.} \\ \text{beob.}\end{matrix} \; J = \begin{matrix}55.3 \\ 55.3\end{matrix}, \quad E = \begin{matrix}12.3 \\ 12.3\end{matrix}, \quad v = \begin{matrix}1090 \\ 1010\end{matrix}.$$

8. Gegeben: Elektromotorische Kraft E, Stromstärke J.

$$u = \frac{\frac{E}{J} - a}{1 + \frac{a}{n}}, \quad P = Ju, \quad v = \frac{1}{f}(P + P_{\frac{1}{2}})\frac{W}{w}.$$

Beispiel:

$$E = 12.3, \quad J = 71.4,$$

$$\begin{matrix}\text{ber.} \\ \text{beob.}\end{matrix} \; u = \begin{matrix}0.159 \\ 0.158\end{matrix}, \quad P = \begin{matrix}11.4 \\ 11.3\end{matrix}, \quad v = \begin{matrix}1080 \\ 1101\end{matrix}.$$

9) Gegeben: Elektromotorische Kraft E, Polspannung P.

$$w = a\frac{P}{E - P}, \quad J = \frac{P}{u}, \quad v = \frac{1}{f}(P + P_{\frac{1}{2}})\frac{W}{w}.$$

Beispiel:

$$E = 11.5, \quad P = 10.3,$$

$$\begin{matrix}\text{ber.} \\ \text{beob.}\end{matrix} \; w = \begin{matrix}0.0809 \\ 0.0840\end{matrix}, \quad J = \begin{matrix}101 \\ 96.2\end{matrix}, \quad v = \begin{matrix}1110 \\ 1105\end{matrix}.$$

10) Gegeben: Stromstärke J, Polspannung P.

$$u = \frac{P}{J}, \quad E = P\,\frac{W}{w}, \quad v = \frac{1}{f}(P + P_1)\,\frac{W}{w}.$$

Beispiel:

$$J = 134.6\,,\quad P = 9.18\,,$$

ber.
beob.
$$u = \frac{0.0680}{0.0680}\,,\quad E = \frac{10.7}{10.8}\,,\quad v = \frac{1080}{1110}\,.$$

Beobachtungen.

Durch die an Maschinen mit directer Wickelung mitgetheilten Beobachtungen und ihrer genügenden Uebereinstimmung mit den Formeln im Bereich der Praxis ist eigentlich die Anwendbarkeit unserer Formeln überhaupt bewiesen, auch diejenige der Formeln für die Nebenschlussmaschine; indessen besitzt die letztere Art von Maschinen eine Eigenthümlichkeit, welche sie von der Maschine mit directer Wickelung wesentlich unterscheidet und welche eine neue Vergleichung mit Beobachtungen nothwendig macht; diese Eigenthümlichkeit bezieht sich auf die Einwirkung der Ankerströme auf den Magnetismus.

Bei der directen Wickelung sind die Ströme in Anker und Schenkel gleich und der Magnetismus hängt von der Stromstärke ab; die Variable des Magnetismus ist also dieselbe, von welcher jene schädliche Einwirkung abhängt; und die letztere äussert sich, wie besprochen, in einem Abbiegen der wirklichen Stromcurve bei höheren Stromstärken von der theoretischen Geraden.

Bei der Nebenschlusswickelung dagegen hängt der Magnetismus von der Polspannung ab, und jene schädliche Einwirkung vom Ankerstrom, also von einer anderen Variabeln; unsere Annahme, dass der Magnetismus nur von der Polspannung abhänge, bedarf daher, streng genommen, einer Correction und daher auch die aus jener Annahme abgeleitete Polspannungscurve.

Bei der Nebenschlusswickelung müssen, bei demselben Werth von dem Argument: $\dfrac{v}{1 + a\left(\dfrac{1}{n} + \dfrac{1}{u}\right)}$, etwas verschiedene Werthe des Magnetismus herrschen, je nachdem der Ankerstrom stark oder schwach ist, oder je nach den Werthen von v und u in dem Argument; es würden der Magnetismus und die Polspannung grösser sein, wenn, bei demselben Werth des Arguments, die Geschwindigkeit klein und der äussere Widerstand gross, als wenn die Geschwindigkeit gross und der äussere Widerstand klein ist.

Hieraus geht hervor, dass die durch die Ankerströme bedingte Abweichung von der Polspannungscurve von der theoretischen Geraden nicht in einer Abweichung der Curve besteht, sondern in der Existenz verschiedener paralleler Curven für verschiedene Ankerströme, dass aber die einzelnen Curven auch bei höheren Polspannungen der theoretichen Geraden ohne wesentliche Abweichung folgen. Wenn man also je die Beobachtungen von gleichem Ankerstrom in eine Curve vereinigt, so müsste man eine Curvenschaar, wie die in Figur 34 dargestellte, erhalten.

Fig. 34.

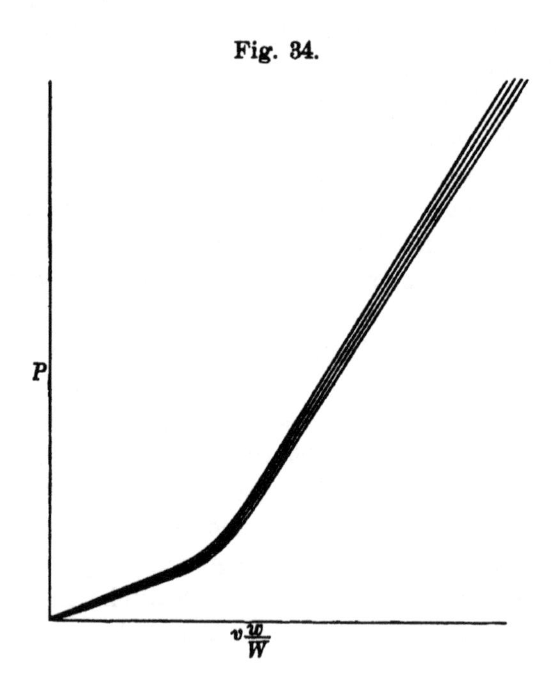

Dies wird auch durch die folgende, bei Siemens u. Halske angestellte Versuchsreihe im Wesentlichen bestätigt; Fig. 35 zeigt die betr. Polspannungscurve. Eine Curvenschaar, wie die eben erwähnte, lässt sich aus diesen Beobachtungen nicht zeichnen, da dieselben nicht mit aller Sorgfalt angestellt sind; indessen zeigt sich entschieden, dass bei gleicher Abscisse die bei stärkerem Ankerstrom angestellten Beobachtungen geringeren Polspannungen entsprechen. Eine entschiedene Abweichung ferner der Curve von der theoretischen (punktirten) Geraden bei grösseren Argumenten ist nicht vorhanden, während dieselbe bei der directen Wickelung sehr ausgeprägt war.

Fig. 35.

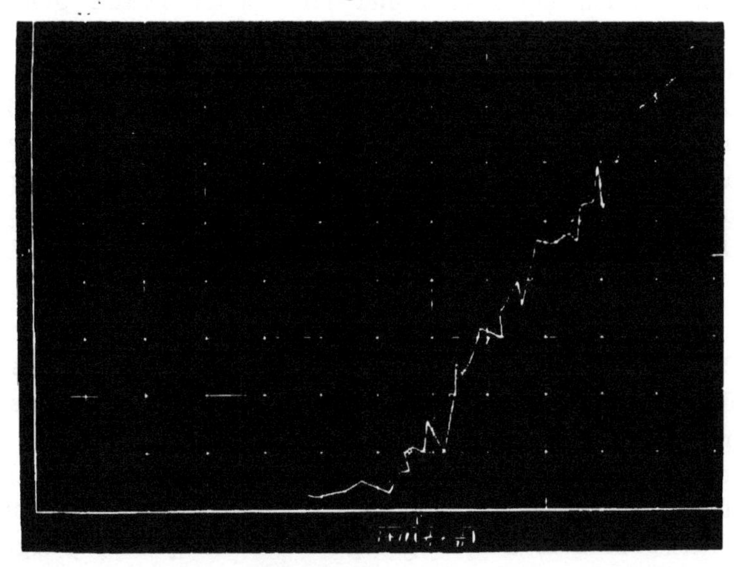

Fig. 36 zeigt den Magnetismus derselben Maschine in Abhängigkeit von der Polspannung. Hierbei ist zu bemerken, dass

Fig. 36.

die Eisenkerne der Maschine viel stärker waren als z. B. der S. 54 angeführten Maschine derselben Firma; daher kommt es, dass die

Werthe des Magnetismus kaum über *0.5* steigen, trotzdem die Beobachtungen über den Bereich der Praxis hinaus sich ausdehnen.

Diese Curven der Polspannung und des Magnetismus zeigen, dass im Bereich der Praxis und für die der Praxis genügende Genauigkeit dieselben sich eher noch besser durch die theoretische Gerade ersetzen lassen, als die Stromcurve.

Da eine ausführlichere Beobachtungsreihe an einer Nebenschlussmaschine unseres Wissens noch nicht veröffentlicht, jedenfalls nicht an der Hand der Polspannungscurve geprüft sind, geben wir nachstehend die Beobachtungen selbst wieder.

Die Widerstände betrugen:

$$a = 0.0096\,,\; n = 0.390\,,\; \text{also}\; \frac{a}{n} = 0.0246\,.$$

Beobachtet wurden zunächst eine Reihe von Polspannungen bei offenem äusserem Kreis (P_∞), dann eine solche bei geschlossenem äusseren Kreis, bei verschiedenen Widerständen.

In der gezeichneten Polspannungskurve sind sämmtliche Beobachtungen vereinigt; die ungefähr durch die Mitte der von derselben bedeckten Fläche gezogene Gerade (punktirt) ergab die Werthe:

$$P = \text{o für } \frac{v}{1 + a\left(\frac{1}{n} + \frac{1}{u}\right)} = 550 \quad \text{und}$$

$$P = 12.1 \text{ für } \frac{v}{1 + a\left(\frac{1}{n} + \frac{1}{u}\right)} = 1050\,, \text{ also}$$

die Gleichungen:

$$\text{o} = 550\, f - P_{\frac{1}{2}}$$

$$12.1 = 1050\, f - P_{\frac{1}{2}}\,,$$

woraus:

$$f = \frac{12.1}{500} = 0.0242\,,\; P_{\frac{1}{2}} = 13.3\,;$$

mit diesen Werthen der Constanten sind die Polspannungen $P_{ber.}$ nach der Formel berechnet.

Die nicht beobachteten Grössen sind aus den beobachteten berechnet nach:

$$u = \frac{P}{J}\,,\; J_n = \frac{P}{n}\,,\; J_a = J + J_n\,,\; E = P + aJ_a\,,$$

$$M = \frac{E}{f v}$$

Versuchsreihe bei offenem Kreis.

v	$P_{\infty\,(beob.)}$	$P_{\infty\,(ber.)}$	M	J_a	$\frac{v}{1+\frac{a}{n}}$
640	1.27	2.2	0.084	3.26	625
662	2.10	2.7	.134	5.38	646
693	3.15	3.5	.193	8.08	676
747	4.88	4.8	.277	12.5	729
785	6.18	5.7	.333	15.8	766
852	7.95	7.3	.396	20.4	831
886	9.36	8.1	.445	24.0	865
976	10.71	10.3	.464	27.5	952
994	11.91	10.8	.507	30.5	970
1055	13.5	12.2	.542	34.6	1030
1159	15.4	14.7	.563	39.5	1130
961	10.4	10.0	.453	26.7	938
837	7.72	7.0	.391	19.8	817
817	6.80	6.5	.352	17.4	797
750	4.62	4.8	.261	11.8	732
647	1.88	2.4	.123	4.82	631
570	0.96	0.5	.072	2.46	556

Versuchsreihe bei geschlossenem Kreis.

v	$P_{(beob.)}$	$P_{(ber.)}$	$\frac{v}{1+a\left(\frac{1}{u}+\frac{1}{n}\right)}$	J_a	M
808	0.63	1.7	619	18.4	0.041
808	1.00	3.3	686	18.8	.079
804	4.06	4.6	738	38.5	.229
791	5.03	4.6	741	35.8	.282
892	7.41	6.9	834	48.4	.365
898	7.14	6.8	830	61.7	.357
897	5.24	5.2	766	94.4	.285
905	4.32	4.5	740	101.3	.243
905	1.30	2.5	655	52.4	.083
1002	1.90	4.8	732	74.2	.110
999	5.88	6.5	819	135.7	.242
998	7.02	7.3	854	124.8	.342
990	9.21	8.7	912	82.3	.448
1004	9.55	9.3	939	69.7	.422
1090	11.5	11.4	1020	84.1	.466
1101	11.3	11.2	1020	99.7	.462
1105	10.3	10.7	996	122.0	.430
1110	9.18	9.7	954	157.6	.402

Der Bereich der Praxis ist etwa von 4—12 Volt zu rechnen; in demselben ist die Uebereinstimmung von Berechnung und Beobachtung wenigstens für gewöhnliche Zwecke ausreichend; bei sorgfältigeren Beoachtungen dürfte grössere Uebereinstimmung erreicht werden.

Für die Bestimmung der Constanten einer Nebenschlussmaschine wäre es eine bedeutende Erleichterung, wenn man bloss bei offenem Kreis beobachten dürfte; eine solche Beobachtungsreihe, welcher sich bei der Maschine mit directer Wickelung nichts Aehnliches gegenüberstellen lässt, kann in kurzer Zeit mit erheblicher Genauigkeit ausgeführt werden und bietet die Annehmlichkeit, von äusseren Widerständen unabhängig zu sein.

Wir haben gesehen, dass diese Art von Beobachtungen einen etwas zu grossen Werth von f und einen etwas zu kleinen Werth von $P_{\frac{1}{2}}$ ergeben; indessen sind die anzubringenden Correctionen von ähnlichem Werth bei Maschinen derselben Bauart und andererseits nicht von grosser Bedeutung, wenn das Gewicht der Ankerwickelung verhältnissmässig klein ist, wonach ja bei neueren Constructionen stets gestrebt wird. Wenn man also sich mit etwas geringerer Genauigkeit begnügen darf, kann man sich wohl dieser Vereinfachung bedienen.

Fig. 36 zeigt eine Reihe von Polspannungscurven, an Maschinen der verschiedensten Grösse, von 6 bis 60 Pferdekräften, von Siemens u. Halske, mittelst Beobachtungen ohne äusseren Kreis gewonnen. (Die Maasstäbe der Polspannungen sind bei den verschiedenen Curven verschieden). Die Beobachtungen waren ohne besondere Sorgfalt angestellt und ergaben dennoch meist recht gute Uebereinstimmung mit Geraden.

Diese Figur enthält auch, in den Linien E und E' die Probe auf die S. 60 gemachte Bemerkung, dass die Schenkelconstante $P_{\frac{1}{2}}$ nur abhängig sei von dem Querschnitt des Drahts der Schenkelwickelung.

Die Linie E ist die Polspannungscurve einer Maschine mit hinter einander geschalteten Schenkeln, die Linie E' dagegen diejenigen derselben Maschine bei zweifach parallel geschalteten Schenkeln. Man erhielt als Constanten

$$\text{bei } E: f = 0.0313,\ P_{\frac{1}{2}} = 5.95,$$
$$\text{bei } E': f = 0.0300,\ P'_{\frac{1}{2}} = 3.30,$$

Der Theorie nach müssten die Ankerconstanten gleich ausfallen, da die Commutatorstellung bei beiden Versuchsreihen dieselbe war; die Grösse $P'_{\frac{1}{2}}$ dagegen müsste halb so gross sein, als $P_{\frac{1}{2}}$, da der Draht-Querschnitt durch das Parallelschalten verdoppelt war. Man sieht, dass die Beobachtungen im Wesentlichen auch der Theorie entsprechen.

Fig. 37.

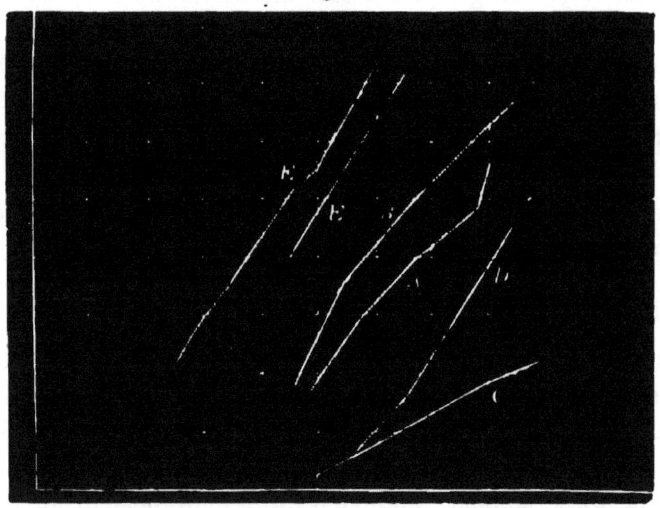

Ueber den Einfluss der Commutatorstellung auf die Ankerconstante f wäre es wünschenswerth, genauere Versuche anzustellen. Dass ein solcher Einfluss besteht, ist sicher; über die Grösse desselben können wir nichts Sicheres mittheilen; jedenfalls ist derselbe wesentlich von der Eisen-Construction abhängig.

E. Die Maschine mit gemischter Wickelung.

Wenn die Schenkel der Dynamomaschine eine einzige, gleichartige Wickelung erhalten, so gibt es nur zwei prinzipiell verschiedene Arten der Wickelung, die directe und diejenige mit Nebenschluss; man kann daher, wenn die Schenkel mehrere verschiedenartig wirkende Wickelungen erhalten sollen, auch nur deren zwei anbringen, eine directe und eine solche mit Nebenschluss. Die einzige Variation, welche möglich ist, besteht in der Schaltung dieser beiden Wickelungen: entweder kann der Nebenschluss parallel zum Anker, die directe Wickelung in den äusseren Kreis, oder der Nebenschluss parallel zum äusseren Kreis und die directe Wickelung hinter den Anker geschaltet werden; diese beiden Schaltungen müssen daher auch gesondert behandelt werden.

Die gemischte Wickelung ganz allgemein zu untersuchen und alle möglichen Wirkungen anzugeben, welche sich mittelst derselben hervorbringen lassen, wäre eine weitschichtige Aufgabe und würde verhältnissmässig wenige praktische Resultate liefern; wir werden uns daher auf die Betrachtung derjenigen beschränken, welche in Wirklichkeit bereits Anwendung gefunden haben, diese Fälle sind: die gemischte Wickelung für constante Polspannung und diejenige für constante Stromstärke.

Wir leiten zunächst die allgemeinen Formeln für die beiden Arten der gemischten Wickelung ab und wenden dieselben alsdann auf die genannten beiden Fälle an.

Die Formeln der gemischten Wickelungen.

Sämmtliche Formeln für die einfachen elektrischen Grössen der gemischten Wickelungen hier abzuleiten, würde zu wenig interessiren; wir geben nur die Methoden der Ableitung an einem Beispiele.

Es gibt zwei solcher Methoden: die eine besteht in der Aufstellung der Grundgleichung für den Ankerstrom J_a, in welcher der Magnetismus M vorkommt, und in der Einsetzung des Ausdrucks für M; die andere besteht in der getrennten Ableitung der beiden Glieder vermittelst des Satzes über Anker- und Schenkelgrössen.

Fig. 38.

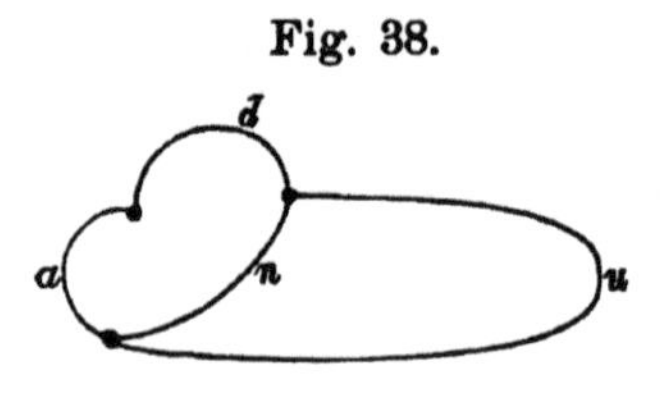

Es sei die Formel für J_a aufzustellen für den Fall, dass der Nebenschluss parallel zum äusseren Kreis geschaltet sei (s. Fig. 38.).

Nach der ersten Methode hat man zunächst

$$J_a = \frac{fMv}{W}, \text{ wo}$$

$$W = a + d + w, \; w = \frac{un}{u+n}.$$

Der Magnetismus M ist:

$$M = \frac{\mu\, m_n J_n + \mu\, m_d J_a}{1 + \mu\, m_n J_n + \mu\, m_d J_a}, \text{ oder}$$

da $$J_n = J_a \frac{u}{u+n} = J_a \frac{w}{n},$$

$$M = \frac{J_a \left(\frac{\mu\, m_n}{n} w + \mu m_d \right)}{1 + J_a \left(\frac{\mu\, m_n}{n} w + \mu\, m_d \right)}.$$

Wir führen nun dieselben Bezeichnungen hier bei der gemischten Wickelung ein, welche wir bei den einfachen Wickelungen benutzt haben, nämlich

$$\frac{n}{\mu\, m_n} = P_{\frac{1}{2}}\,, \quad \frac{1}{\mu\, m_d} = J_{\frac{1}{2}}\,;$$

hier bedeutet $P_{\frac{1}{2}}$ die Polspannung, welche an der Nebenschlusswickelung wirken muss, damit der Magnetismus $\frac{1}{2}$ erzeugt werde, $J_{\frac{1}{2}}$ die Stromstärke, welche in der directen Wickelung herrschen muss, um denselben Magnetismus hervorzubringen.

Die Einsetzung dieser Grössen ergibt

$$M = \frac{J_a \left(\frac{w}{P_{\frac{1}{2}}} + \frac{1}{J_{\frac{1}{2}}} \right)}{1 + J_a \left(\frac{w}{P_{\frac{1}{2}}} + \frac{1}{J_{\frac{1}{2}}} \right)}$$ und schliesslich

in der Hauptformel:

$$J_a = \frac{f v}{W} \frac{J_a \left(\frac{w}{P_{\frac{1}{2}}} + \frac{1}{J_{\frac{1}{2}}} \right)}{1 + J_a \left(\frac{w}{P_{\frac{1}{2}}} + \frac{1}{J_{\frac{1}{2}}} \right)}.$$

Die Umformung der letzteren ergibt

$$1 + J_a \left(\frac{w}{P_{\frac{1}{2}}} + \frac{1}{J_{\frac{1}{2}}} \right) = \frac{f v}{W} \left(\frac{w}{P_{\frac{1}{2}}} + \frac{1}{J_{\frac{1}{2}}} \right)$$ und

$$J_a = \frac{f v}{W} - \frac{1}{\frac{w}{P_{\frac{1}{2}}} + \frac{1}{J_{\frac{1}{2}}}}.$$

Benutzt man dagegen den Satz von den Anker- und Schenkelgrössen, so muss sein:

$$J_a = \bar{J}_a - (J_a)_{\frac{1}{2}},$$

wo $\bar{J}_a$ der beim Magnetismus *1* erzeugte Strom, $(J_a)_{\frac{1}{2}}$ der Strom, der im Anker herrschen muss, damit, bei vereinigter Wirkung der beiden Wickelungen, der Magnetismus $\frac{1}{2}$ erzeugt werde.

Ist der Magnetismus gleich *1*, so ist

$$J_a = \bar{J}_a = \frac{fv}{W}.$$

Soll der Magnetismus $\frac{1}{2}$ erzeugt werden, so muss das Argument des Magnetismus gleich *1* werden, oder

$$1 = \mu m_n (J_n)_{\frac{1}{2}} + \mu m_d (J_a)_{\frac{1}{2}} = (J_a)_{\frac{1}{2}} \left(\frac{w}{P_{\frac{1}{2}}} + \frac{1}{J_{\frac{1}{2}}} \right),$$

oder

$$(J_a)_{\frac{1}{2}} = \frac{1}{\frac{w}{P_{\frac{1}{2}}} + \frac{1}{J_{\frac{1}{2}}}}.$$

Also ist

$$J_a = \frac{fv}{W} - \frac{1}{\frac{w}{P_{\frac{1}{2}}} + \frac{1}{J_{\frac{1}{2}}}},$$

wie oben.

Man sieht, dass die letztere Ableitungsmethode kürzer und natürlicher ist.

Wir geben nun die vollständigen Formeln für die einfachen elektrischen Grössen beider gemischter Wickelungen, zuerst ausgedrückt in der Ankerconstante f, den Schenkelconstanten $P_{\frac{1}{2}}$ und $J_{\frac{1}{2}}$, und den Widerständen (I), dann mit Anwendung der Windungszahlen und der Magnetisirungsconstanten μ statt der Schenkelconstanten (II).

I.

Nebenschluss parallel zum äusseren Kreis.

$$W = a + d + w, \quad w = \frac{un}{u + n};$$

$$J_a = \frac{fv}{W} - J_{\frac{1}{2}} \frac{P_{\frac{1}{2}}}{P_{\frac{1}{2}} + wJ_{\frac{1}{2}}};$$

$$J_n = \frac{fv}{W}\frac{w}{n} - J_{\frac{1}{2}}\frac{w}{n}\frac{P_{\frac{1}{2}}}{P_{\frac{1}{2}} + wJ_{\frac{1}{2}}};$$

$$J = \frac{fv}{W}\frac{w}{u} - J_{\frac{1}{2}}\frac{w}{u}\frac{P_{\frac{1}{2}}}{P_{\frac{1}{2}} + wJ_{\frac{1}{2}}};$$

$$E = fv - J_{\frac{1}{2}}W\frac{P_{\frac{1}{2}}}{P_{\frac{1}{2}} + wJ_{\frac{1}{2}}};$$

$$P = fv\frac{w}{W} - J_{\frac{1}{2}}w\frac{P_{\frac{1}{2}}}{P_{\frac{1}{2}} + wJ_{\frac{1}{2}}};$$

$$M = 1 - \frac{J_{\frac{1}{2}}W}{fv}\frac{P_{\frac{1}{2}}}{P_{\frac{1}{2}} + wJ_{\frac{1}{2}}}.$$

I.
Nebenschluss parallel zum Anker.

$$W = a + w', \quad w' = \frac{(u+d)n}{u+d+n};$$

$$J_a = \frac{fv}{W} - J_{\frac{1}{2}}\frac{u+d}{w'}\frac{P_{\frac{1}{2}}}{P_{\frac{1}{2}} + (u+d)J_{\frac{1}{2}}};$$

$$J_n = \frac{fv}{W}\frac{w'}{n} - J_{\frac{1}{2}}\frac{u+d}{n}\frac{P_{\frac{1}{2}}}{P_{\frac{1}{2}} + (u+d)J_{\frac{1}{2}}};$$

$$J = \frac{fv}{W}\frac{w'}{u+d} - J_{\frac{1}{2}}\frac{P_{\frac{1}{2}}}{P_{\frac{1}{2}} + (u+d)J_{\frac{1}{2}}};$$

$$E = fv - J_{\frac{1}{2}}W\frac{u+d}{w'}\frac{P_{\frac{1}{2}}}{P_{\frac{1}{2}} + (u+d)J_{\frac{1}{2}}};$$

$$P = fv\frac{w'}{W} - J_{\frac{1}{2}}(u+d)\frac{P_{\frac{1}{2}}}{P_{\frac{1}{2}} + (u+d)J_{\frac{1}{2}}};$$

$$M = 1 - \frac{J_{\frac{1}{2}}W}{fv}\frac{u+d}{w'}\frac{P_{\frac{1}{2}}}{P_{\frac{1}{2}} + (u+d)J_{\frac{1}{2}}}.$$

II.
Nebenschluss parallel zum äusseren Kreis.

$$J_a = \frac{fv}{a + d + \frac{nu}{u+n}} - \frac{\frac{u+n}{un}}{\frac{\mu m_n}{n} + \mu m_a\left(\frac{1}{u} + \frac{1}{n}\right)};$$

$$J_n = \frac{fv}{(a+d)\left(1+\frac{n}{u}\right)+n} - \frac{\frac{1}{n}}{\frac{\mu m_n}{n}+\mu m_d\left(\frac{1}{u}+\frac{1}{n}\right)};$$

$$J = \frac{fv}{a+d+u\left(1+\frac{a+d}{n}\right)} - \frac{\frac{1}{u}}{\frac{\mu m_n}{n}+\mu m_d\left(\frac{1}{u}+\frac{1}{n}\right)};$$

$$E = fv - \frac{1+(a+d)\left(\frac{1}{u}+\frac{1}{n}\right)}{\frac{\mu m_n}{n}+\mu m_d\left(\frac{1}{u}+\frac{1}{n}\right)};$$

$$P = \frac{fv}{1+(a+d)\left(\frac{1}{u}+\frac{1}{n}\right)} - \frac{1}{\frac{\mu m_n}{n}+\mu m_d\left(\frac{1}{u}+\frac{1}{n}\right)};$$

$$M = 1 - \frac{1}{fv}\,\frac{1+(a+d)\left(\frac{1}{u}+\frac{1}{n}\right)}{\frac{\mu m_n}{n}+\mu m_d\left(\frac{1}{u}+\frac{1}{n}\right)}.$$

II.

Nebenschluss parallel zum Anker.

$$J_a = \frac{fv}{a+\frac{n(u+d)}{n+u+d}} - \frac{\frac{n+u+d}{n(u+d)}}{\frac{\mu m_n}{n}+\frac{\mu m_d}{u+d}};$$

$$J_n = \frac{fv}{a\frac{n+u+d}{u+d}+n} - \frac{\frac{1}{n}}{\frac{\mu m_n}{n}+\frac{\mu m_d}{u+d}};$$

$$J = \frac{fv}{a+(u+d)\frac{a+n}{n}} - \frac{\frac{1}{u+d}}{\frac{\mu m_n}{n}+\frac{\mu m_d}{u+d}};$$

$$E = fv - \frac{1 + \frac{a}{n} + \frac{a}{u+d}}{\frac{\mu m_n}{n} + \frac{\mu m_d}{u+d}};$$

$$P = \frac{fu}{\left(1 + \frac{d}{u}\right)\left(1 + \frac{a}{n}\right) + \frac{a}{u}} - \frac{\frac{u}{u+d}}{\frac{\mu m_n}{n} + \frac{\mu m_d}{u+d}};$$

$$M = 1 - \frac{1}{fv} \frac{1 + \frac{a}{n} + \frac{a}{u+d}}{\frac{\mu m_n}{n} + \frac{\mu m_d}{u+d}}.$$

Die Einzelmagnetismen.

Es ist interessant zu wissen, wie bei einer Maschine mit gemischter Wickelung der Magnetismus derselben aus den Einzelmagnetismen, d. h. aus denjenigen, welche die einzelnen Wickelungen, jede für sich erregen würden, zusammengesetzt ist. Das „Spiel“ einer solchen Maschine besteht ja eben darin, dass die Einzelmagnetismen, die ganz verschiedenen Verlauf zeigen, sich so zum Magnetismus der Maschine zusammensetzen, dass derselbe einen bestimmten Verlauf erhält.

Die Nebenschlusswickelung für sich würde den Magnetismus erzeugen:

$$M_n = \frac{\mu m_n J_n}{1 + \mu m_n J_n},$$

die directe Wickelung für sich den Magnetismus:

$$M_d = \frac{\mu m_d J_d}{1 + \mu m_d J_d};$$

der Magnetismus der Maschine dagegen ist:

$$M = \frac{\mu m_n J_n + \mu m_d J_d}{1 + \mu m_n J_n + \mu m_d J_d}.$$

Löst man die Gleichungen für die Einzelmagnetismen nach den bez. Argumenten auf, so kommt:

$$\mu m_n J_n = \frac{M_n}{1 - M_n}, \quad \mu m_d J_d = \frac{M_d}{1 - M_d}.$$

Setzt man diese Werthe in M ein, so folgt:

$$M = \frac{\frac{M_n}{1 - M_n} + \frac{M_d}{1 - M_d}}{1 + \frac{M_n}{1 - M_n} + \frac{M_d}{1 - M_d}}, \text{ oder}$$

$$M = \frac{M_n (1 - M_d) + M_d (1 - M_n)}{(1 - M_n)(1 - M_d) + M_n (1 - M_d) + M_d (1 - M_n)}$$

oder endlich:

$$M = \frac{M_n (1 - M_d) + M_d (1 - M_n)}{1 - M_n M_d} \quad \ldots\ldots\ldots \quad 50)$$

Einen einfacheren Ausdruck erhält man, wenn man $1 - M$ oder das Complement des Magnetismus bildet, nämlich

$$1 - M = \frac{(1 - M_d)(1 - M_n)}{1 - M_d M_n}, \quad \ldots\ldots \quad 51)$$

Mittelst dieser Formel lässt sich ermitteln, wie der eine Einzelmagnetismus verlaufen muss, wenn der Verlauf des anderen und derjenige des Gesammtmagnetismus gegeben ist. Hierzu dienen die Formeln:

$$1 - M_d = \frac{(1 - M)(1 - M_n)}{1 - 2 M_n + M M_n} \text{ und}$$

$$1 - M_n = \frac{(1 - M)(1 - M_d)}{1 - 2 M_d + M M_d}.$$

Wählt man die Einzelmagnetismen so, dass der eine immer das Complement des anderen zu 1 bildet, dass also:

$$M_1 + M_2 = 1$$

und zeichnet M_1 als Abscisse, M als Ordinate auf, so erhält man die Curve Fig. 39. Aus derselben ist ersichtlich, dass, wenn die Summe der Einzelmagnetismen constant bleibt, man um so stärkeren Gesammtmagnetismus erhält, je stärker der eine der beiden Einzelmagnetismen ist.

Ist z. B.:

$$M_1 = \frac{1}{2},\ M_2 = \frac{1}{2}, \text{ so ist } M = 0.67;$$

ist dagegen:

$$M_1 = \frac{3}{4},\ M_2 = \frac{1}{4},\ \text{so ist } M = 0.77;$$

und wenn:

$$M_1 = 1,\ M_2 = 0,\ \text{so ist } M = 1.$$

Fig. 39.

Berechnung sämmtlicher elektrischer Grössen aus den beobachteten.

Wie an jeder Dynamomaschine, so werden gewöhnlich auch an denjenigen mit gemischter Wickelung von elektrischen Grössen nur die Polspannung P und der Strom J im äusseren Kreis gemessen; wir geben die Berechnung der übrigen elektrischen Grössen aus diesen beiden beobachteten; die Widerstände in der Dynamomaschine sind als bekannt vorausgesetzt.

Nebenschluss parallel zum äusseren Kreis.

$$J_n = \frac{P}{n},\ J_a = J + J_n;$$

$$E = P + J_a(a + d) = P + J_n n;$$

$$N_e = \frac{PJ}{EJ_a} = \frac{PJ}{(P + nJ_n)(J + J_n)} = \frac{1}{\left(1 + \frac{nJ_n}{P}\right)\left(1 + \frac{J_n}{J}\right)}.$$

Nebenschluss parallel zum Anker.

Hier nennen wir P' die Spannungsdifferenz an den Enden des Nebenschlusses. Es ist:

$$P' = P + Jd, \; J_n = \frac{P'}{n}, \; J_a = J + J_n;$$

$$E = P' + J_a a = P' + J_n n$$
$$= P + Jd + J_a a = P + Jd + J_n n;$$

$$N_e = \frac{PJ}{EJ_a} = \frac{PJ}{(P + Jd + J_n n)(J + J_n)}$$
$$= \frac{1}{\left(1 + \frac{Jd + J_n n}{P}\right)\left(1 + \frac{J_n}{J}\right)}.$$

Die gemischte Wickelung für constante Polspannung.

Bekanntlich ist es gelungen, gemischte Wickelungen so anzuordnen, dass beinahe im ganzen Bereich der äusseren Widerstände die Polspannung der Maschine beinahe genau constant ist, und sind solche Maschinen vielfach im Gebrauch. Wir wollen im Folgenden theoretisch nachweisen, dass dies möglich ist, und die Regel der Justirung angeben, sowie dieselbe an Beispielen demonstriren.

Es ist von vornherein klar, dass der wesentliche, in der Wirkung überwiegende Theil einer gemischten Wickelung für Gleichspannung in der Nebenschlusswickelung besteht, nicht in der directen Wickelung. Dies geht schon aus den in Fig. 40 enthaltenen Curven

Fig. 40.

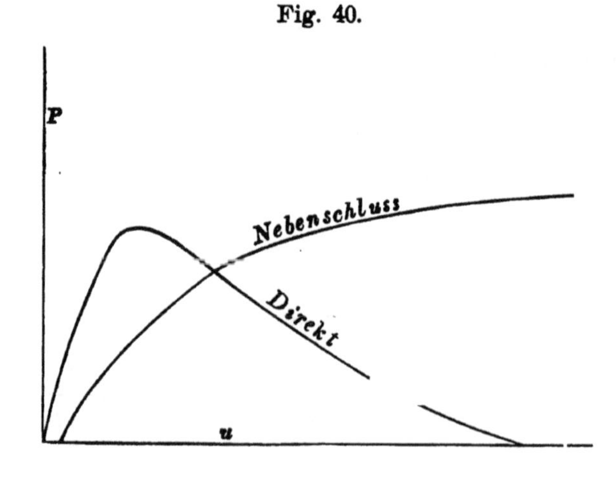

der Polspannung (Abscisse: äusserer Widerstand u) einer direct geschalteten und einer Nebenschlussmaschine hervor; während die erstere Curve sich steil erhebt, ein Maximum bildet und wieder auf

Null zurückfällt, strebt die letztere Curve nach der anfänglichen steilen Erhebung asymptotisch einem Endwerthe zu. Von diesen beiden Curven giebt also die letztere bereits eine ziemliche Annäherung an einen constanten Verlauf, die erstere gar nicht; man kann also die directe Wickelung benutzen, um die Constanz der Polspannung der Nebenschlusswickelung zu verbessern, nicht aber umgekehrt.

Wir zeichnen nun für eine gegebene Maschine von Siemens & Halske die Polspannungscurven bei wachsender Wirkung der directen Wickelung auf, d. h. zunächst die Curve (o), vgl. Fig. 41, die bei reinem Nebenschluss, ohne directe Wickelung, stattfindet, dann eine Reihe von Curven (1, 2, 3, 4, 5, 6), welche wachsenden Werthen der directen Windungszahl m_d entsprechen, nämlich $\mu\, m_d = 0.01, 0.02, 0.03, 0.04, 0.05, 0.06$. Wir setzen hierbei voraus, dass der Raum der directen Wickelung stets derselbe sei; es findet alsdann zwischen der Windungszahl m_d und dem Widerstande d der directen Wickelung die Relation statt:

$$d = 78{,}1 \times m_d^2;$$

wir denken uns also jenen Wickelungsraum zunächst mit sehr dickem, dann mit immer dünnerem Draht erfüllt.

Wir ersehen aus Fig. 41, dass in dem anfänglichen Verlaufe die ersten Polspannungscurven sich bei wachsender directer Windungszahl heben, aber nur bis zu einer gewissen Grenze (Curve 3), und von da ab wieder sinken (4, 5, 6); in dem letzten Theile der Curven findet mit wachsender Windungszahl eine stetige Hebung statt, aber von geringerem Belange. Ferner ergibt sich, dass die Curve (o) des reinen Nebenschlusses ihr Maximum erst im Unendlichen erreicht, während die Curven 1 bis 6 ihr Maximum im Endlichen besitzen, und zwar im anfänglichen Theile; dies Maximum rückt jedoch mit wachsender Windungszahl immer mehr nach rechts, d. h. nach höherem äusseren Widerstande zu.

Untersucht man nun das Maximum der Curven mit Hülfe der Rechnung, so findet man, dass für die geringsten Werthe der directen Windungszahl das Maximum im Unendlichen bleibt, wie bei der reinen Nebenschlusscurve (o), dass aber von einer bestimmten Curve (*k*, punktirt) an das Maximum am Anfange der Curve auftritt und sich alsdann mit wachsender directer Windungszahl allmählich nach rechts hin bewegt.

Die Polspannung lässt sich für beide Arten der gemischten

Fig. 41.

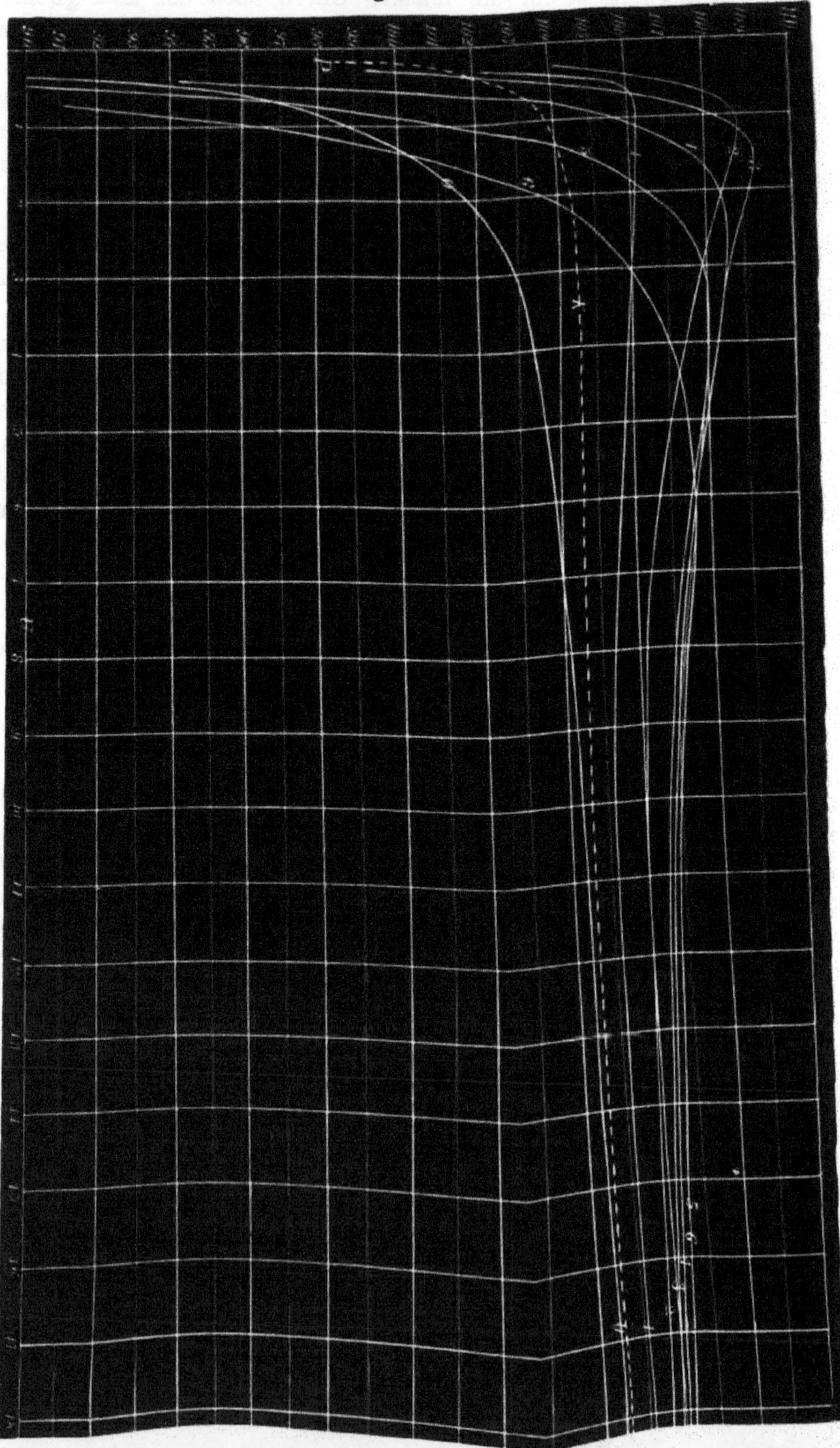

Wickelung (Nebenschluss parallel zum Anker und Nebenschluss parallel zum äusseren Widerstande) durch die Formel ausdrücken:

$$P = A \frac{u}{u + \alpha} - B \frac{u}{u + \beta},$$

wo β mit wachsender directer Windung wächst und für reinen Nebenschluss gleich Null ist.

Ist $\beta = 0$, d. h. bei reinem Nebenschlusse, so findet das Maximum von P nur bei unendlich grossem äusseren Widerstande (u) statt.

Aber auch, wenn die directe Windungszahl einen Werth hat, liegt das Maximum noch im Unendlichen, nämlich so lange $\beta < \alpha \frac{A}{B}$ ist.

Ist $\beta = \alpha \frac{A}{B}$, so entsteht die **Uebergangscurve** k, die ihr Maximum noch im Unendlichen hat; ist $\beta > \alpha \frac{A}{B}$, so rückt das Maximum in den Anfang der Curve.

Die Uebergangscurve ist daher diejenige, welche sich am meisten der geraden Linie nähert, da bei derselben das Maximum gleichsam im Begriffe steht, vom Ende der Curve zum Anfange überzuspringen. Es wird zwar noch vortheilhafter sein, die directe Windungszahl noch etwas stärker zu wählen als in der Uebergangscurve, um den anfänglichen Theil noch etwas zu heben; diese Verstärkung darf jedoch nur ganz gering sein; im Wesentlichen erfüllt die Uebergangscurve bereits die Bedingung grösster Annäherung an eine Gerade.

Ist P ein Maximum in Beziehung auf u, so ist, wenn u' der dem Maximum entsprechende Werth von u,

$$0 = \frac{dP}{du} = \frac{A\alpha}{(u' + \alpha)^2} - \frac{B\beta}{(u' + \beta)^2}, \text{ woraus}$$

$$\frac{u' + \alpha}{u' + \beta} = \sqrt{\frac{A}{B} \cdot \frac{\alpha}{\beta}} \text{ und}$$

$$u' = \frac{\beta \sqrt{\frac{A}{B} \cdot \frac{\alpha}{\beta}} - \alpha}{1 - \sqrt{\frac{A}{B} \cdot \frac{\alpha}{\beta}}} \quad \text{. . . . . 52)}$$

Führt man diesen Werth von u' in den Ausdruck für P ein, so erhält man zunächst:

$$u' + \alpha = \sqrt{\frac{A}{B}\frac{\alpha}{\beta}} \frac{\beta - \alpha}{1 - \sqrt{\frac{A}{B}\frac{\alpha}{\beta}}}, \quad u' + \beta = \frac{\beta - \alpha}{1 - \sqrt{\frac{A}{B}\frac{\alpha}{\beta}}}$$

$$\frac{u'}{u' + \alpha} = \frac{\beta - \frac{\alpha}{\sqrt{\frac{A}{B}\frac{\alpha}{\beta}}}}{\beta - \alpha},$$

$$\frac{u'}{u' + \beta} = \frac{\beta\sqrt{\frac{A}{B}\frac{\alpha}{\beta}} - \alpha}{\beta - \alpha}, \text{ also}$$

$$P' = \frac{1}{\beta - \alpha}\left\{A\left(\beta - \frac{\alpha}{\sqrt{\frac{A}{B}\frac{\alpha}{\beta}}}\right)\right.$$

$$\left. - B\left(\beta\sqrt{\frac{A}{B}\frac{\alpha}{\beta}} - \alpha\right)\right\}, \text{ oder}$$

$$P' = \frac{\beta\sqrt{\frac{A}{B}\frac{\alpha}{\beta}} - \alpha}{\beta - \alpha}\left\{\frac{A}{\sqrt{\frac{A}{B}\frac{\alpha}{\beta}}} - B\right\}, \text{ oder}$$

$$P' = B\,\frac{\sqrt{\frac{A}{B}\frac{\beta}{\alpha}} - 1}{\frac{\beta}{\alpha} - 1}\left(\sqrt{\frac{A}{B}\frac{\beta}{\alpha}} - 1\right),$$

oder endlich

$$P' = B\,\frac{\left(\sqrt{\frac{A}{B}\frac{\beta}{\alpha}} - 1\right)^2}{\frac{\beta}{\alpha} - 1} \quad \ldots\ldots\ldots\ldots \quad 53)$$

Wir haben nun zu bedenken, dass wir nur diejenigen Maxima und Minima der Curve untersuchen wollen, für welche sowohl P' als u' positiv sind; die übrigen haben in unserem Fall keine physikalische Bedeutung.

Der Ausdruck für P' lehrt nun unmittelbar, dass derselbe nur negativ werden kann, wenn $\frac{\beta}{\alpha} < 1$ oder $\beta < \alpha$; wir brauchen also die Werthe von $\frac{\beta}{\alpha}$, die zwischen *0* und *1* liegen, nicht zu berücksichtigen. Ferner ergibt sich aus der Natur der Dynamomaschinen, dass $A\,(f\,v)$ stets grösser ist als $B\,(P_1)$, dass also $\frac{A}{B} > 1$.

Wenn $\frac{\beta}{\alpha} = 1$, so ist

$$u' = \alpha \frac{\sqrt{\frac{A}{B}} - 1}{1 - \sqrt{\frac{A}{B}}},$$

also negativ, weil $\sqrt{\frac{A}{B}} > 1$, der Nenner negativ, der Zähler positiv ist.

Lässt man den Werth von $\frac{\beta}{\alpha}$ von *1* an steigen, so fängt u' an positiv zu werden, sobald $\sqrt{\frac{A}{B}\frac{\alpha}{\beta}} \leqq 1$ oder

$$\frac{\beta}{\alpha} \geqq \frac{A}{B};$$

es sind also auch nur die diesem Bereich von $\frac{\beta}{\alpha}$ entsprechenden Werthe von u' zu berücksichtigen.

Für $\frac{\beta}{\alpha} = \frac{A}{B}$ wird $\frac{A}{B}\,\frac{\alpha}{\beta} = 1$ und $u' = \infty$.

Ist dagegen $\frac{\beta}{\alpha}$ grösser als $\frac{A}{B}$, so erhält u' einen endlichen Werth.

Nun ist nicht zu vergessen, dass die Gleichung

$$0 = \frac{d\,P}{d\,u}$$

ausser den durch Gleichung 52 bestimmten Werthen für u' stets durch den Werth $u' = \infty$ erfüllt wird; dies entspricht dem asymptotischen Verlauf der Curve im Unendlichen.

Denken wir uns, wie in dem in Fig. 41 gezeichneten Beispiel, die Maschine zunächst mit reiner Nebenschlusswickelung versehen, fügen dann eine directe Wickelung hinzu und lassen die letztere stetig wachsen, so erhalten wir:

1) bei reinem Nebenschluss ($\beta = 0$) nur ein Maximum im Unendlichen;

2) auch bei gemischter Wickelung, solange $\frac{\beta}{\alpha} < \frac{A}{B}$, nur ein Maximum im Unendlichen;

3) sobald $\frac{\beta}{\alpha} = \frac{A}{B}$, ist das Maximum zwar noch im Unendlichen, ist aber gleichsam im Begriff, ins Endliche überzugehen;

4) wenn $\frac{\beta}{\alpha} > \frac{A}{B}$, ist das Maximum im Endlichen; der asymptotische Verlauf im Unendlichen entspricht aber einem Minimum.

Ist $\beta = \alpha \frac{A}{B}$, so hat man

$$0 = \frac{A\alpha}{(u' + \alpha)^2} - \frac{A\alpha}{(u' + \beta)^2}$$

oder, nach Division durch $A\alpha$,

$$0 = \frac{2u'(\beta - \alpha) + \beta^2 - \alpha^2}{(u' + \alpha)^2 (u' + \beta)^2},$$

oder endlich

$$0 = (\beta - \alpha) \frac{2u' + \alpha + \beta}{(u' + \alpha)^2 (u' + \beta)^2};$$

auch diese Gleichung wird nur durch $u' = \infty$ befriedigt.

Ist aber β etwa grösser als $\alpha \frac{A}{B}$, z. B. $\beta = \alpha \frac{A}{B} + \varepsilon$, wo ε eine kleine Grösse, so erhält man schliesslich

$$0 = \frac{(\beta - \alpha)(2u' + \alpha + \beta) - \frac{\varepsilon}{\beta}(u' + \beta)^2}{(u' + \alpha)^2 (u' + \beta)^2}.$$

Diese Gleichung wird durch einen endlichen Werth von u' und durch $u' = \infty$ befriedigt; der erstere entspricht dem Maximum zu Anfang der Curve, der letztere dem asymptotischen Verlauf im Unendlichen, welcher nun ein Minimum bedeutet.

Die Uebergangscurve ist also gekennzeichnet durch die Bedingung:

$$\beta = \alpha \frac{A}{B}; \quad \ldots\ldots\ldots\ldots \quad 54)$$

wählt man die directe Windungszahl etwas grösser als den aus dieser Bedingung sich ergebenden Werth, so erhält man diejenige Polspannungscurve, die sich am meisten der Geraden nähert.

Liegt der Nebenschluss parallel zum Anker, so ist

$$\alpha = a + d, \quad \beta = d + \frac{m_d}{m_n} n,$$

$$A = f v, \quad B = \frac{n}{\mu m_n} = P_1,$$

und die Bedingung der Uebergangscurve ist die folgende:

$$\frac{d + \frac{m_d}{m_n} n}{d + a} = \frac{f v}{\frac{n}{\mu m_n}} = \frac{f v}{P_1} \quad \ldots \ldots \quad 55)$$

Liegt der Nebenschluss parallel zum äusseren Kreis, so ist

$$\alpha = a + d, \quad \beta = \frac{m_d}{m_n + m_d} n,$$

$$A = f v, \quad B = \frac{n}{\mu (m_n + m_d)},$$

und die Bedingung ist die folgende:

$$\frac{f v}{\frac{n}{\mu (m_n + m_d)}} = \frac{n}{m_n + m_d} \, \frac{m_d}{d + a}$$

oder

$$\frac{m_d}{\mu (m_n + m_d)^2 (d + a)} = \frac{f v}{n^2} \quad \ldots \ldots \quad 56)$$

Man sieht, dass die Formeln 55 und 56 alle Elemente enthalten, welche überhaupt auf die Wirkung der Maschine Einfluss haben, die Geschwindigkeit v, die Ankerconstante f, die Widerstände des Ankers (a), der directen Wickelung (d) und der Nebenschlusswickelung (n) und die beiden Windungszahlen m_d und m_n.

Für die in Fig. 41 zu Grunde gelegte Maschine, für welche der äussere Widerstand zwischen 0.8 und 130 Ohm variirt werden soll, ergibt sich, dass die Uebergangscurve bereits als höchste Ungleichmässigkeit der Polspannung etwa 1 Volt ergibt; rechnet man den Fehler der Theorie gegenüber der Wirklichkeit ebenfalls auf etwa 1 Volt, so ergibt sich als höchste Ungleichmässigkeit, wenn man nach obigen Regeln die Wickelung justirt, 2 Volt. In der Praxis erniedrigte man bisher durch empirische Justirung die Ungleichmässigkeit auf etwa 1 Volt; Angaben, wonach eine Gleichmässigkeit bis auf 0.1 Volt, also 1 für 1000 des Werthes, erzielt worden sein soll, sind wenig glaubwürdig.

Da sämmtliche Constanten der Maschine in den Formeln 55 u. 56 vorkommen, müssen sie auch für die Justirung sämmtlich bestimmt werden, mit Ausnahme der durch jene Formeln zu bestimmenden Grössen der directen Wickelung μm_d und d. Durch jene Formeln ist nur je eine Relation zwischen m_d und d gegeben; um diese Grössen einzeln zu bestimmen, muss eine derselben gewählt oder eine zweite Relation zwischen denselben aufgestellt werden. Am einfachsten verfährt man, wenn man den Raum der directen Wickelung, wie in obigem Beispiele, oder den Drahtquerschnitt als gegeben annimmt; diese Annahme gibt alsdann die zweite Relation zwischen m_d und d.

Um die Ankerconstante f zu bestimmen, hüte man sich davor, nur Beobachtungen bei einer einzigen Geschwindigkeit oder bei wenig verschiedenen Geschwindigkeiten zu benutzen; man kann auf diese Weise zu recht irrthümlichen Resultaten gelangen. Auch berücksichtige man, dass die Stellung der Bürsten keinen unerheblichen Einfluss auf die Grösse dieser Constanten ausübt, verstelle daher die Bürsten während der Versuche gar nicht. Ist jedoch die richtige Wickelung für eine gewisse Bürstenstellung gefunden, so gilt sie im Wesentlichen auch für eine andere Bürstenstellung.

Wir geben nun das praktische Verfahren an, vermittelst dessen die richtige Wickelung einer Gleichspannungsmaschine gefunden wird.

Man bringt zunächst auf den Schenkeln eine Versuchswickelung, am besten Nebenschlusswickelung, an, um die Constanten der Maschine zu bestimmen. Die Aufzeichnung der Polspannungscurve gibt die Ankerconstante f und die Schenkelconstante $P'_{\frac{1}{2}}$, die letztere für die betreffende Schenkelwickelung geltend; für die letztere muss ausserdem der Drahtquerschnitt q'_n, die Windungszahl m'_n und der Widerstand n' bekannt sein, um die Magnetisirungsconstante μ und c, den Widerstand einer Schenkelwindung vom Querschnitt Eins, zu bestimmen nach den Formeln:

$$\mu = \frac{n'}{m'_n P'_{\frac{1}{2}}} \quad \text{und}$$

$$c = \frac{n' q'_n}{m'_n} .$$

Nun wird die richtige Nebenschlusswickelung berechnet und ausgeführt nach Vorschriften, die wir später, bei der speciellen Behandlung der Wickelung, angeben; und zwar wird für diese Wickelung der sog. Normalzustand herbeigeführt, für welchen, unter gewissen Bedingungen, der elektrische Nutzeffect der Maschine ein Minimum wird. Für diese Berechnung ist die Kenntniss der Constanten μ und c nothwendig.

Bei der Berechnung des Normalzustandes legt man allerdings das Maximum des Ankerstroms zu Grunde, während es hier namentlich auf die Höhe der Polspannung ankommt, da dieselbe durch die zu betreibenden Lampen gegeben ist. Man hat jedoch bei jener Berechnung die Wahl der Geschwindigkeit frei; man kann daher diese Wahl so treffen, dass die gewünschte Polspannung erzielt wird, wenn überhaupt die Eigenschaften der Ankerwickelung dies gestatten.

Die Polspannung, welche bei der gemischten Wickelung eine constante werden soll, ist diejenige, welche bei reiner Nebenschlusswickelung bei offenem äusserem Kreis auftritt.

Die directe Wickelung lässt sich nun ebenfalls berechnen, wenn die Magnetisirungsconstante μ für beide Wickelungen dieselbe ist, d. h. wenn die directe Wickelung dieselben Theile des Schenkeleisens umgibt, wie die Nebenschlusswickelung; man benutzt hierzu die Formeln 55 und 56. Diese geben allerdings nur Eine Relation zwischen d und m_d, für die beiden Fälle der gemischten Wickelung; es muss eine zweite Relation hinzutreten, um beide Grössen zu bestimmen.

Als solche benutzt man am einfachsten die Bedingung, dass der Querschnitt q_d der directen Wickelung ein bestimmter, dem Maximum des Stromes entsprechender sei; es ist alsdann

$$d = \frac{c}{q_d} m_d ,$$

wo c und q_d bekannt.

Unter dieser Voraussetzung nimmt die Formel 55 folgende Gestalt an:

$$\frac{\left(\frac{c}{q_d} + \frac{n}{m_n}\right) n}{\frac{c}{q_d} m_d + a} = \frac{f v}{P_{\frac{1}{2}}}, \text{ woraus}$$

$$m_d = \frac{f v}{P_{\frac{1}{2}}} \frac{a}{\frac{n}{m_n} - \frac{c}{q_d}\left(\frac{f v}{P_{\frac{1}{2}}} - 1\right)} \quad . \; . \; . \quad 57)$$

(Nebenschluss parallel zum Anker).

In dem anderen Fall (Nebenschluss parallel zum äusseren Kreis) hat man:

$$m_d = \frac{f v}{n^2} \mu (m_n + m_d)^2 \left(\frac{c}{q_n} m_d + a\right);$$

hier kann man m_d gegen m_n vernachlässigen und schreiben

$$m_d = \frac{f v}{n^2} \mu m_n^2 \left(\frac{c}{q} m_d + a\right), \text{ woraus}$$

$$m_d = \frac{a}{\frac{n^2}{\mu m_n^2 f v} - \frac{c}{q_n}} \text{ oder}$$

$$m_d = \frac{a}{\frac{P_{\frac{1}{2}}^2}{\mu f v} - \frac{c}{q_n}} \quad . \; . \; . \; . \; . \; . \; . \; . \; . \; . \; . \; . \quad 58)$$

Natürlich kann man statt der oben eingeführten Bedingung, dass der Drahtquerschnitt der directen Wickelung gegeben sei, eine beliebige andere Bedingung benutzen, je nach den Umständen des praktischen Falls; namentlich kann man den Wickelungsraum der directen Wickelung als gegeben annehmen, oder auch die in derselben entwickelte Stromwärme; die obige Annahme ist jedoch die einfachste und entspricht am besten der thatsächlichen Art des Justirens.

Ein Beispiel der Justirung behandeln wir weiter unten.

Die gemischte Wickelung für constante Stromstärke.

Es gibt eine Anzahl unter den Aufgaben, welche mittelst Dynamomaschinen zu lösen sind, welche das Bedürfniss einer Maschine mit constanter Stromstärke nahelegen. Namentlich gehören hierher die elektrolytischen Anlagen; bei diesen variiren in vielen

Fällen die elektromotorischen Gegenkräfte in den Bädern fortwährend, also auch der scheinbare Widerstand, den der Strom im äusseren Kreis zu überwinden hat; es kommt aber darauf an, die Menge des Niederschlags oder die Stromstärke möglichst constant zu halten.

Eine gemischte Wickelung, ähnlich wie diejenige für constante Polspannung, kann hier nicht zum Ziele führen. Denn zeichnet man (s. Fig. 42), den Verlauf (*n*) der Stromstärke auf, den die Nebenschlusswickelung für sich, und denjenigen (*d*), den die directe

Fig. 42.

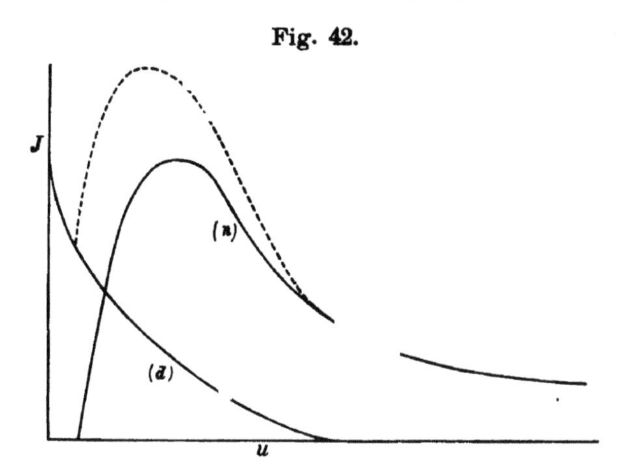

Wickelung für sich ergeben würde, so erkennen wir, dass eine Addirung (s. punktirte Curve) beider Wirkungen eine noch unregelmässigere Gestalt annimmt, als die Einzelwirkungen.

Subtrahirt man dagegen die Wirkung der directen Wickelung von derjenigen der Nebenschlusswickelung (s. Fig. 43), so sieht man, dass dadurch das steil sich erhebende und ebenso abfallende Maximum der letzteren Wickelung abgeschnitten und eine Curve (punktirt) erhalten werden kann, welche in einem erheblichen Bereich des äusseren Widerstandes, wenn auch nicht gerade, so doch recht flach verläuft.

Versuche, welche in dieser Richtung an Maschinen von Siemens u. Halske angestellt wurden, bei denen also die directe Wickelung der Nebenschlusswickelung entgegenwirkte, haben die Richtigkeit dieser Vermuthung gezeigt, aber ausserdem ergeben — was sich auch aus obigen Curven schliessen lässt — dass eine solche Anordnung die von der Maschine ausgegebene elektrische Arbeit nicht unerheblich herabdrückt.

Eine genauere analytische Behandlung dieser Anordnung dürfte kaum zur Aufstellung einer bestimmten Regel der Justirung führen; man kann aber die Formeln, welche für diesen Fall gelten, dazu benutzen, um Curven der Stromstärke für verschiedene Wickelungen zu entwerfen und hiernach eine passende Wickelung auszuwählen.

Fig. 43.

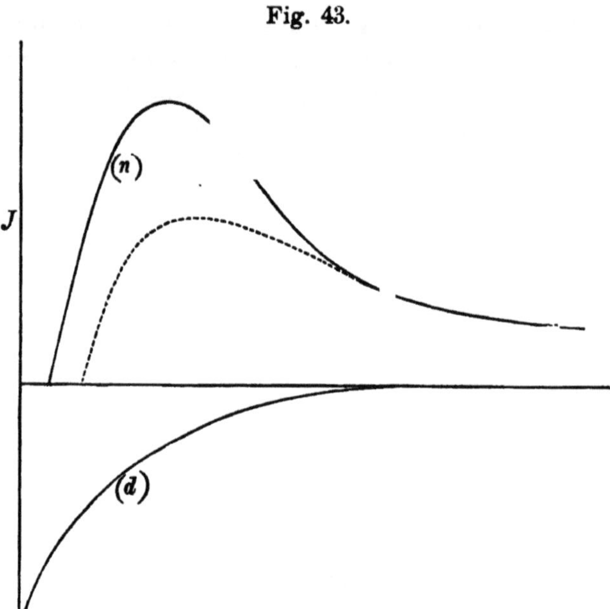

Um die bez. Formeln aufzustellen, hat man nur in den Formeln S. 81 ff. — μm_d statt μm_d einzuführen. Man erhält für die Stromstärke im äusseren Kreis, wenn der Nebenschluss parallel zum äusseren Kreis liegt:

$$J = \frac{f v}{a + d + u\left(1 + \frac{a+d}{n}\right)} - \frac{\frac{1}{u}}{\frac{\mu m_n}{n} - \mu m_d \left(\frac{1}{n} + \frac{1}{u}\right)}, \quad . \quad . \quad . \quad 59)$$

dagegen, wenn der Nebenschluss parallel zum Anker liegt:

$$J = \frac{f v}{a + (u + d)\,\frac{a+n}{n}} - \frac{\frac{1}{u+d}}{\frac{\mu m_n}{n} - \frac{\mu m_d}{u+d}} \quad . \quad . \quad 60)$$

Constantenbestimmung — Beobachtungen.

Bei der gemischten Wickelung lässt sich die Constantenbestimmung nicht in so einfacher Weise ausführen, wie bei den einfachen Wickelungen, weil bei derselben keine Curve von ähnlichen Eigenschaften existirt, wie die Stromcurve oder die Polspannungscurve. Diese Bestimmung wird jedoch durch den Umstand erleichtert, dass stets eine der beiden Wickelungen von überwiegender Wirkung ist, sei es die directe oder die Nebenschlusscurve; man verfährt daher am zweckmässigsten, wenn man zunächst Versuche bloss mit der überwiegenden Wickelung anstellt, in gewöhnlicher Weise die Constanten des Ankers und dieser Schenkelwickelung bestimmt, dann erst Versuche mit beiden Wickelungen anstellt und aus diesen die Constante der Wickelung von geringerer Wirkung berechnet. Die ersteren Versuche sind möglichst bei verschiedenen Geschwindigkeiten anzustellen, da sich nur dann die Ankerconstante mit Sicherheit ergibt; bei der letzteren kann man sich mit einer einzigen Geschwindigkeit begnügen, als welche man am besten diejenige wählt, bei der die Maschine gewöhnlich arbeitet.

Im Nachfolgenden geben wir ein Beispiel dieser Bestimmung, ausgeführt an einer Maschine von Siemens u. Halske.

Dieselbe war ursprünglich eine Gleichspannungsmaschine, also mit überwiegendem Nebenschluss; da sie jedoch nicht zur Beleuchtung verwendet werden sollte, wurde aus praktischen Gründen die directe Wickelung anders geschaltet, und zwar so, dass deren Wirkung kräftiger war als früher.

Die Messung der Widerstände ergab:

$$a = 0.050\,,\; d = 0.12\,,\; n = 15.1.$$

Die Windungszahlen waren:

$$m_d = 304\,,\; m_n = 3\,440\,;$$

Die Maschine war bestimmt, ungefähr bei 850 Touren 130 Volt und 120 Ampère zu geben.

Um die Constanten des Ankers und der Nebenschlusswickelung, als der hauptsächlichen, zu bestimmen, wurden Versuche mit reinem Nebenschluss, mit Ausschliessung der directen Wickelung, leider nur bei einer einzigen Geschwindigkeit, angestellt, als Polspannungscurve aufgetragen und f und $P_{\frac{1}{2}}$ berechnet. Man erhielt die Werthe

$$f = 0.199\,, \quad P_{\frac{1}{2}} = 34.1\,;$$

Die Ankerconstante f erwies sich ausnahmsweise als auf diesem Wege mit genügender Sicherheit bestimmt. Nachstehend diese Beobachtungen und die mit obigen Constanten berechneten Polspannungen:

v	P	J	$u = \frac{P}{J}$	$P_{ber.}$
855	124.0	150	0.829	126
857	139.0	106.5	1.23	128
855	133.0	59.2	2.25	133
848	133.5	29.0	4.60	133
855	137.5	15.0	9.17	135
850	136.5	6.2	22.0	135

Um die Constante der directen Wickelung, $J_{\frac{1}{2}}$, zu bestimmen, wurden aus den an der gemischten Wickelung gemachten Beobachtungen diejenigen mit den stärksten Strömen ausgewählt und auf dieselbe die Formel angewendet (der Nebenschluss lag parallel zum Anker):

$$P = \frac{f v}{1 + \frac{a + d}{u}} - \frac{u J_{\frac{1}{2}} P_{\frac{1}{2}}}{P_{\frac{1}{2}} + (u + d) J_{\frac{1}{2}}}, \text{ woraus}$$

$$\frac{1}{J_{\frac{1}{2}}} = (u + d) \left\{ \frac{1}{\frac{f v}{1 + \frac{a + d}{u}} - P} - \frac{1}{P_{\frac{1}{2}}} \right\}.$$

$\frac{1}{J_{\frac{1}{2}}}$ wurde aus jeder Beobachtung berechnet und aus sämmtlichen Bestimmungen das Mittel gezogen.

Nachstehend Beobachtungen mit Ergebnissen:

	P	J	$u=\frac{P}{J}$	$\frac{1}{J_{\frac{1}{2}}}$
463	60.8	99.2	0.613	0.0439
450	62.1	68.4	0.908	0.0473
553	75.2	129	0.583	0.0482
548	78.1	91.9	0.850	0.0472
648	88.5	164	0.540	0.0524
640	92.0	114	0.807	0.0440
755	113	129	0.876	0.0471
753	115	96	1.20	0.0438
850	127	151	0.841	0.0404
853	133	109	1.22	0.0445

Als Mittelwerth erhält man:

$$\frac{1}{J_{\frac{1}{2}}} = 0.0449, \quad J_{\frac{1}{2}} = 22.3.$$

Berechnet man aus $J_{\frac{1}{2}} = \frac{1}{\mu m_d}$ und aus $P_{\frac{1}{2}} = \frac{n}{\mu m_n}$ die Grösse μ, so erhält man verschiedene Werthe; dies ist auch begründet, da die beiden Wickelungen nicht über, sondern nebeneinander angebracht waren, also verschiedene Theile des Schenkeleisens bedeckten.

Man war nun im Stande, die sämmtlichen, an der gemischten Wickelung angestellten Beobachtungen, welche sich über den ganzen Bereich der Geschwindigkeiten und der Ströme erstrecken zu berechnen; wir geben nachstehend diese Beobachtungen mit Berechnung wieder, indem wir, der Anschauung wegen, noch die Werthe des Magnetismus M hinzufügen:

v	u	$P_{beob.}$	$P_{ber.}$	$J_{beob.}$	$J_{ber.}$	M
463	0.613	60.8	62.7	99.2	102	0.86
450	0.908	62.1	63.2	68.4	69.6	0.82
450	1.87	61.8	64.1	33.1	34.3	0.76
457	3.73	60.1	63.0	16.1	16.9	0.71
453	9.92	47.6	59.1	4.8	6.0	0.66
458	21.2	36.0	58.6	1.7	2.8	0.64
553	0.583	75.2	76.4	129	131	0.88
548	0.850	78.1	79.3	91.9	93.3	0.87
550	1.71	82.0	82.7	48.0	48.4	0.81
553	3.33	82.7	82.2	24.8	24.7	0.77
552	8.32	79.0	79.5	9.5	9.6	0.73
552	16.9	76.2	77.9	4.5	4.6	0.71
550	178	71.2	75.2	0.4	0.4	0.69
648	0.540	88.5	89.2	164	165	0.90
640	0.807	92.0	93.8	114	116	0.88
652	1.61	97.8	100.0	60.6	62.1	0.84
648	3.17	100.4	100.0	31.7	31.5	0.81
653	7.71	99.4	99.0	12.9	13.0	0.77
653	15.7	97.3	98.0	6.2	6.4	0.75
650	158	95.0	95.0	0.6	0.6	0.73
755	0.876	113	114	129	130	0.89
753	1.20	115	117	96.0	97.5	0.88
754	2.47	119	120	48.1	48.6	0.84
755	4.80	119	120	24.8	25.0	0.82
750	9.83	118	117	12.0	11.9	0.79
755	23.9	117	117	4.9	4.9	0.79
755	293	117	116	0.4	0.4	0.78
850	0.841	127	129	151	153	0.91
853	1.22	133	134	109	110	0.89
855	2.34	139	139	58.9	59.4	0.87
850	4.52	138	138	30.3	30.5	0.84
850	9.25	136	137	14.7	14.8	0.82
850	22.1	137	136	6.2	6.2	0.80
845	222	133	134	0.6	0.6	0.79

Die Uebereinstimmung zwischen Beobachtung und Berechnung geht im Mittel auf etwa 1 %. Eine schärfere Probe auf unsere

Darstellung lässt sich wohl kaum ausführen, da hier der complicirteste Fall behandelt ist, der bei einer Maschine vorkommen kann; wir sind demzufolge zu der Behauptung berechtigt, dass unsere Darstellung die Thatsachen mit einer Genauigkeit wiedergibt, wie sie die Praxis nur wünschen kann und wie sie sich wohl kaum überschreiten lässt.

Was die Genauigkeit der Beobachtungen betrifft, so bemerken wir, dass dieselben allerdings mit mehr Sorgfalt, als die gewöhnlichen Messungen an Maschinen, ausgeführt waren, aber durchaus weder mit wissenschaftlicher Sorgfalt, noch mit dem Aufwand von Zeit, der bei wissenschaftlichen Untersuchungen üblich ist.

Justirung einer Maschine für constante Polspannung (Gleichspannungsmaschine).

Für diese Justirung sind wir zwar nicht in der Lage, ein Beispiel anzuführen; indessen können wir für die oben behandelte Maschine die der Gleichspannung entsprechende directe Wickelung berechnen und mit derjenigen vergleichen, welche sonst in Wirklichkeit zu diesem Zwecke bei diesem Maschinentypus angewendet wurde.

Die wirkliche, für Gleichspannung angewendete directe Wickelung füllt denselben Wickelungsraum aus, wie die in obigem Beispiel angewendete, oder, was auf dasselbe hinauskömmt, der Gesammtquerschnitt der directen Windungen war in beiden Fällen derselbe; wir fügen daher ausser der durch die Formeln 55 und 56 gegebenen Bedingung noch die Forderung hinzu, dass

$$m_d\, q_d = Q_d$$

gegeben sei.

Nun ist aber

$$d = c\,\frac{m_d}{q_d},$$

wo c der Widerstand einer einzigen Windung vom Querschnitt Eins, also

$$Q_d = c\,\frac{m_d^2}{d}, \text{ oder}$$

$$d = \frac{c}{Q}\, m_d^2\,.$$

Setzen wir diesen Werth von d in Formel 55 ein, so kommt

$$\frac{c}{Q} m_d^2 + \frac{n}{m_n} m_d = \frac{fv}{P_{\frac{1}{2}}} \left(\frac{c}{Q} m_d^2 + a \right) \text{ oder}$$

$$m_d^2 - \frac{Q}{c} \frac{\frac{n}{m_n}}{\frac{fv}{P_{\frac{1}{2}}} - 1} m_d + \frac{Q}{c} \cdot \frac{a \frac{fv}{P_{\frac{1}{2}}}}{\frac{fv}{P_{\frac{1}{2}}} - 1} = 0 \text{, woraus}$$

$$m_d = \frac{p}{2} - \sqrt{\frac{p^2}{4} - q} \text{, } \quad \ldots\ldots \quad 61)$$

$$\text{wo } p = \frac{Q}{c} \frac{\frac{n}{m_n}}{\frac{fv}{P_{\frac{1}{2}}} - 1} \text{, } q = \frac{Q}{c} \frac{a \frac{fv}{P_{\frac{1}{2}}}}{\frac{fv}{P_{\frac{1}{2}}} - 1} \text{.}$$

Nun war in der oben behandelten Wickelung

$$m_d = 304 \text{, } q_d = 66.4 \,\square\, mm \text{, } c = 0.0262 \text{,}$$

$$Q = 2020 \text{, } \frac{Q}{c} = 770000 \text{;}$$

für den Nebenschluss ferner hat man

$$n = 15.1 \text{, } m_n = 3440 \text{, } P_{\frac{1}{2}} = 34.1 \text{;}$$

die Ankerconstante ist $f = 0.199$.

Die Geschwindigkeit v wählen wir so, dass die Polspannung bei offenem äusseren Kreis ungefähr 105 sei; man hat also, da in diesem Fall der Nebenschluss allein arbeitet, $\left(\frac{a}{n} \text{ wird vernachlässigt}\right)$:

$$fv = P + P_{\frac{1}{2}} = 139.1 \text{, woraus}$$

$$v = 699 \text{ oder rund } = 700.$$

Mit diesen Werthen erhält man

$$m_d = 43 \text{,}$$

also ungefähr den 6. Theil der bei der obigen Maschine verwendeten Windungszahl; man hat also, bei gleichem Wickelungsraum, den Drahtquerschnitt der directen Wickelung etwa 6 mal so gross zu wählen, als in obiger Maschine.

Berechnen wir für diese Wickelung die Polspannungen und

Stromstärken bei 700 Touren für verschiedene äussere Widerstände, so erhalten wir:

$u=$	0.5	1.0	1.5	2.0	5.0	10.0	∞
$P=$	103.4	105.1	105.4	105.4	105.3	105.3	105.2
$J=$	207	105	70.3	52.7	21.1	10.5	0

(die Zehntel Volt bei den Polspannungen sind als ungenau zu betrachten). Man sieht, dass die Gleichspannung im Wesentlichen erreicht ist, höchstens könnte man etwas mehr Windungen nehmen, um die Polspannung zwischen $u = 0.5$ und $u = 1.0$ noch zu erhöhen.

In Wirklichkeit wurden nun bei diesem Maschinentypus nicht 43 directe Windungen, sondern ungefähr 150 angewendet. Berechnet man die Polspannungen für $m_d = 150$, so erhält man:

$u=$	0.5	1.0	1.5	2.0	5.0	10.0	∞
$P=$	107.0	110.0	109.9	109.5	107.6	106.5	105.2;

nach unserer Rechnung müsste also die wirkliche directe Wickelung entschieden zu stark gewählt sein.

Leider liess sich nicht durch den Versuch entscheiden, ob und in wie weit unsere Rechnung an der oben behandelten Maschine mit der Wirklichkeit übereinstimmt; bei der beinahe glänzend zu nennenden Uebereinstimmung von Theorie und Versuch bei den so zahlreichen übrigen Beobachtungen können wir kaum daran zweifeln, dass auch die directe Wickelung für Gleichspannung durch die Rechnung richtig angegeben sei.

Jedenfalls ist der Unterschied zwischen der berechneten und der bei diesem Maschinentypus üblichen Windungszahl nicht grösser, als zwischen den einzelnen Maschinen dieses Typus; es ist daher möglich und wahrscheinlich, dass für die specielle, oben behandelte Maschine diese Justirung die richtige, für andere Maschinen dieser Art aber etwas abweichend sei.

Justirung einer Maschine für constante Stromstärke.

In diesem Fall kann man nicht nach einer genauen Regel arbeiten; wohl aber kann man unsere Formeln mit Vortheil dazu benutzen, um, bei gegebenem Nebenschluss, den Verlauf der Stromstärke für verschiedene directe Wickelungen zu berechnen; man sucht sich alsdann diejenige aus, welche den Wünschen am nächsten kommt.

Diese Berechnung und die daran sich knüpfende Justirung

wurde zuerst an der oben für die gemischte Wickelung als Beispiel gewählten Maschine ausgeführt; den Erfolg zeigen die nachstehenden Beobachtungen:

v	u	P	J
860	1.04	90.0	86.2
860	1.11	98.0	88.5
860	1.19	106.0	89.3
855	1.29	111.0	86.1
860	1.44	118.0	82.2
860	1.67	124.0	74.4

Eine genauere Vergleichung mit der Theorie können wir hier nicht geben, weil gewisse Daten der Wickelung fehlen. Wie obige Zahlen zeigen, wurde eine angenäherte Constanz der Stromstärke zwischen $u = 1.0$ und $u = 1.5$ erzielt, was für elektrolytische Zwecke von Werth ist.

Wenn auch hier keine bestimmte Regel herrscht, so ist die Mühe, welche die Berechnung verursacht, so gering, dass der Vortheil dieser Art der Behandlung gegenüber der rein empirischen, bei welcher für jeden Versuch die Schenkel anders gewickelt werden müssen, in die Augen springt.

Die Dynamomaschine als Motor.

Wenn man in die Dynamomaschine einen elektrischen Strom schickt, so werden die Schenkel magnetisirt und zwischen dem Magnetismus der Schenkel und den vom Strom durchflossenen Ankerdrähten entstehen Zugkräfte, welche den Anker in Drehung versetzen; die Maschine wird zum Motor, welcher an seiner Riemscheibe Arbeit leisten kann.

In dem Fall, in welchem die Maschine als Stromerzeuger dient, haben wir gesehen, dass stets zwei Grössen gegeben sein müssen, damit der ganze Vorgang ein bestimmter sei.

Während jedoch in jenem Fall mechanische Arbeit in die Maschine hineingegeben und elektrische Arbeit aus derselben herausgenommen wird, tritt im vorliegenden Fall elektrische Arbeit ein und mechanische Arbeit aus. In jenem Fall sind gewöhnlich ein Moment der eintretenden mechanischen Arbeit, die Geschwindigkeit, und ein sich auf die austretende elektrische Arbeit beziehendes Moment, der äussere Widerstand, gegeben; in dem vorliegenden Fall sind auch von den beiden Arbeitsgrössen je ein Moment gegeben, nämlich ein Moment der elektrischen eintretenden Arbeit, z. B. die Stromstärke oder die Polspannung, und ein Moment der austretenden mechanischen Arbeit, nämlich die an der Riemscheibe wirkende Zugkraft.

Dies ist allerdings nicht dahin zu verstehen, dass der Werth der Zugkraft stets gegeben sei, gleichviel welche Geschwindigkeit die Dynamomaschine annimmt, obschon es ja eine Reihe von Fällen gibt, in welchen die Zugkraft der von dem Motor betriebenen Arbeitsmaschine beinahe unabhängig von der Geschwindigkeit ist.

Im Allgemeinen jedoch ist die Zugkraft der Arbeitsmaschine für verschiedene Geschwindigkeiten verschieden; damit aber dann die Aufgabe gelöst werden kann, muss die Art bekannt sein, in welcher Zugkraft und Geschwindigkeit von einander abhängen.

Da diese Abhängigkeit jedoch gewöhnlich nicht bekannt ist und sich auch kaum in eine allgemein gültige Form bringen lässt, beschränken wir uns im Folgenden darauf, die Zugkraft als unabhängig von der Geschwindigkeit anzunehmen.

Was die eintretende Elektricität betrifft, so tritt in den meisten Fällen der Praxis, z. B. bei den meisten elektrischen Eisenbahnen, als leitende Bedingung die Constanz der Polspannung, an den Polen der stromgebenden, primären Maschine auf; indessen ist doch vorauszusehen, dass bei grösseren Systemen der Kraftübertragung, in welchen Maschinengruppen hintereinander zu schalten sind, auch die Constanz der Stromstärke als elektrische Bedingung sich aufwerfen wird. Wir behandeln im Folgenden diese beiden Bedingungen.

Von den verschiedenen Wickelungen behandeln wir eingehender nur die directe und die Nebenschlusswickelung; die gemischten Wickelungen ergeben im Allgemeinen complicirte Verhältnisse und werden voraussichtlich für den vorliegenden Zweck nur in der Weise in die Praxis eingreifen, dass entweder die eine oder die andere Wickelung in der Wirkung bedeutend überwiegt; die für die einfachen Wickelungen abgeleiteten Resultate gelten daher im Wesentlichen auch für diese Fälle.

Von einer erschöpfenden Behandlung sämmtlicher Aufgaben, die hier gestellt werden könnten, sehen wir ab und beschränken uns auf diejenigen Formen derselben, wie sie gewöhnlich die Praxis mit sich bringt.

Die Zugkraft.

Die Kraft, welche von dem Magnetismus der Schenkel auf einen durch das magnetische Feld, zwischen dem Eisen des Ankers und den Polflächen der Schenkel, rotirenden Ankerdraht ausgeübt wird, ist stets senkrecht zu der Richtung des Drahtes und parallel den beiden, das magnetische Feld bildenden Polflächen, wirkt also in der Richtung der Bewegung des Ankerdrahtes. Da auf jeden Ankerdraht eine solche Kraft ausgeübt wird, so wirken im Ganzen auf den Anker eine Menge tangential gerichteter Kräfte, welche an seinem Umfang vertheilt sind (s. Fig. 44); dieselben lassen sich jedoch ersetzen durch ein Kräftepaar (s. Fig. 45), welches an zwei einander gegenüberliegenden Punkten des Umfangs angreift.

Die Grösse der Zugkraft muss sich berechnen lassen, wenn die elektrischen Grössen der Maschine bekannt sind; denn wir wissen, wie sich diese Grössen zu der Arbeit verhalten.

Wir nehmen zunächst an, dass die Kräfte, welche wir unter

dem Namen Leergang zusammengefasst haben, nicht vorhanden seien, und setzen die aus den elektrischen Grössen berechnete Arbeit der aus den mechanischen Grössen berechneten gleich.

Fig. 44. Fig. 45.

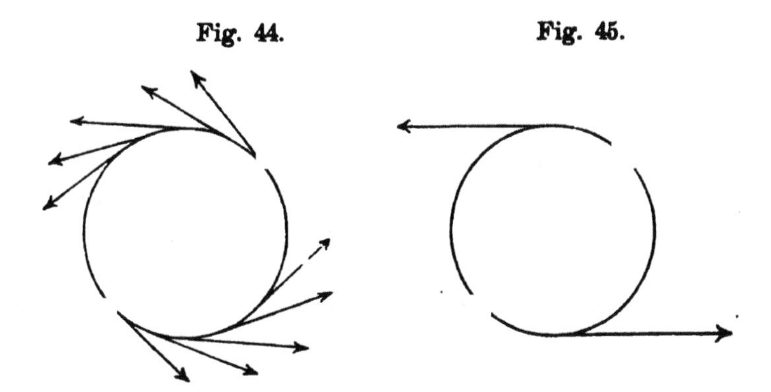

Schreibt man, nach unserer Bezeichnung

$$A = f v M J,$$

so wird die Arbeit in Volt-Ampère oder Watt ausgedrückt, eine Grösse, von der wir wissen, dass

1 Volt-Ampère = 1 Watt = 0.102 Kilogrammmeter

per Secunde ist; in Kilogrammmetern per Secunde ist also

$$A = 0.102\, f v M J,$$

wo v die Anzahl der Umdrehungen per Minute, oder

$$A = 6.12\, f v_s M J,$$

wenn v_s die Umdrehungsanzahl per Sekunde.

Andrerseits hat man für die mechanische Arbeit an der Riemscheibe (in Kilogr.-Meter per Secunde).

$$A = K \pi d v_s,$$

wenn K die Zugkraft in Kilo, d der Durchmesser der Riemscheibe in Metern.

Setzt man beide Ausdrücke für die Arbeit einander gleich, so kommt:

$$6.12\, f M J = \pi d K, \text{ und}$$

$$K = \frac{6.12\, f}{\pi d} J M,$$

oder auch

$$K = \frac{6.12}{\pi d} \cdot \frac{EJ}{v_m},$$

wo v_m die Umdrehungsanzahl per Minute.

Dies wäre sowohl für eine treibende als eine getriebene Maschine richtig, wenn die sog. Leergangskräfte nicht vorhanden wären, d. h. die Reibung in den Lagern und an den Bürsten, der Luftwiderstand und die im Ankereisen auftretenden Inductionsströme, welche bewirken, dass die elektrische Arbeit nicht gleich der mechanischen ist. Die Wirkung jener Kräfte geht aber bei einer stromerzeugenden oder getriebenen Maschine dahin, dass die an der Riemscheibe verbrauchte Arbeit grösser ist als die erzeugte elektrische (EJ), bei einer als Motor wirkenden oder treibenden Maschine dagegen dahin, dass die an der Riemscheibe geleistete Arbeit kleiner ist als die verbrauchte elektrische (EJ).

Wir stellen dieses Verhalten dergestalt in Rechnung, dass wir bei einer stromerzeugenden Maschine setzen:

$$K = \frac{6.12\, f}{\pi d}(1 + l)\, JM = \frac{6.12\,(1 + l)}{\pi d} \frac{EJ}{v_m} \quad . \quad . \quad 1)$$

bei einer als Motor wirkenden dagegen

$$K = \frac{6.12\, f}{\pi d}(1 - l)\, JM = \frac{6.12\,(1 - l)}{\pi d} \frac{EJ}{v_m} \quad . \quad . \quad 2)$$

wo l ein Coefficient, der gleich dem Verhältniss der Leergangsarbeit zu der elektrischen Arbeit ist; von demselben wissen wir allerdings, dass er keine constante Grösse, sondern namentlich von der Geschwindigkeit abhängt, können jedoch dessen Variationen für praktische Rechnungen vernachlässigen

Beispiel. Eine Maschine (dieselbe, wie in den Beispielen der gemischten Schaltung) gibt bei 750 Touren per Minute 103 Volt und 120 Ampère; es soll die an der Riemscheibe wirkende Zugkraft berechnet werden, wenn der Durchmesser der Riemscheibe 300 mm = 0.3 m beträgt, und die Grösse $l = 0.10$ ist. Man hat, wenn die Maschine als Stromerzeuger dient:

$$K = \frac{6.12 \times 1.10}{\pi \times 0.3} \frac{103 \times 120}{750} = 120 \text{ Kilo},$$

wenn die Maschine als Motor dient:

$$K = \frac{6.12 \times 0.90}{\pi \times 0.3} \frac{103 \times 120}{750} = 98.2 \text{ Kilo}.$$

Dasselbe Resultat erhält man, wenn man in dem Ausdruck mit f und M in Rechnung bringt: $f = 0.199$, $M = 0.700$.

Durch die Gleichungen 1) und 2) wird die Zugkraft in Beziehung zu elektrischen Grössen gesetzt.

Verfolgen wir diese Beziehung weiter, so erkennen wir sofort, dass dieselbe bei den verschiedenen Wickelungen verschieden ausfällt.

Bei directer Wickelung ist

$$M = \frac{J}{J + J_{\frac{1}{2}}}, \text{ also}$$

wenn wir $K = qJM$ setzen,

$$K = q\frac{J^2}{J + J_{\frac{1}{2}}}, \quad \ldots\ldots \quad 3)$$

d. h.: die Zugkraft hängt bei einer direct gewickelten Maschine nur von der Stromstärke ab.

Dieser Satz ist bei Behandlung von elektrischen Kraftübertragungen, bei denen die secundäre Maschine direct gewickelt ist, von grosser Wichtigkeit. Derselbe wurde von M. Deprez in der Weise illustrirt, dass er eine als Motor arbeitende elektrische Maschine bei den verschiedensten Geschwindigkeiten, aber bei constanter Belastung des Bremszaumes laufen liess; es zeigte sich, dass die Stromstärke hierbei nahezu constant blieb.

Zeichnet man die Formel 3) graphisch auf (Stromstärke Abscisse, Zugkraft Ordinate), so erhält man die in Fig. 46 dargestellte Form; die Curve erhebt sich langsam steigend vom Nullpunkt, steigt immer rascher und geht asymptotisch in eine nicht durch den Nullpunkt gehende Gerade über.

Für kleine Werthe von J, solange $J < J_{\frac{1}{2}}$, kann man mit Annäherung setzen

$$K = q\frac{J^2}{J_{\frac{1}{2}}\left(1 + \frac{J}{J_{\frac{1}{2}}}\right)} = q\frac{J^2}{J_{\frac{1}{2}}}\left(1 - \frac{J}{J_{\frac{1}{2}}}\right)$$

$$= q\frac{J^2}{J_{\frac{1}{2}}} - q\frac{J^3}{J_{\frac{1}{2}}^2}, \quad \ldots\ldots \quad 4)$$

welche Gleichung dem anfänglichen Theil der Curve entspricht. Wenn $J > J_{\frac{1}{2}}$, so ist angenähert

$$K = q \frac{J^2}{J\left(1 + \frac{J_{\frac{1}{2}}}{J}\right)} = qJ\left(1 - \frac{J_{\frac{1}{2}}}{J}\right) = q\,(J - J_{\frac{1}{2}}) \; . \; . \; 5)$$

was der Asymptote entspricht; die Entfernung des Schnittpunktes der letzteren mit der Abscissenaxe vom Anfangspunkt ist also gleich $J_{\frac{1}{2}}$.

Fig. 46.

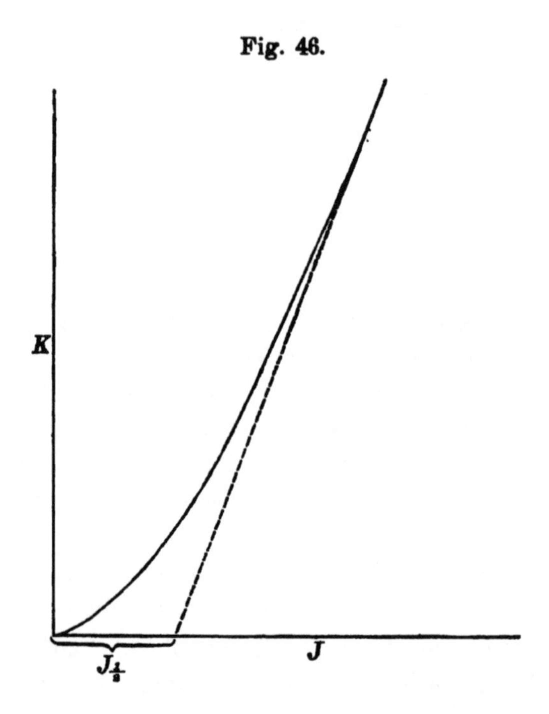

Die in Wirklichkeit vorkommenden Werthe von J sind allerdings meist grösser als $J_{\frac{1}{2}}$; indessen ist für allgemeine Betrachtungen ein Zugrundelegen der Formel 5 für die Asymptote nicht anzurathen.

Bei der Nebenschlusswickelung gilt keine solche einfache Beziehung, sondern man hat

$$M = \frac{P}{P + P_{\frac{1}{2}}} \quad \text{und}$$

$$K = qJ \frac{P}{P + P_{\frac{1}{2}}}.$$

Die Zugkraft hängt also bei der Nebenschlusswickelung nicht von einer einzigen elektrischen Grösse ab, wie bei der directen

Wickelung, sondern von zweien; sie ist proportional der Stromstärke und ihre Abhängigkeit von der Polspannung ist dieselbe, wie bei dem Magnetismus.

Noch complicirter verhält sich die Zugkraft bei den gemischten Wickelungen, bei welchen der Magnetismus sowohl von der Stromstärke, als der Polspannung abhängt.

Die Grundformeln.

Wie wir S. 107 gesehen haben, sind bei einer als Motor arbeitenden elektrischen Maschine gewöhnlich zwei Momente gegeben: die Stromstärke oder die Polspannung, und die Zugkraft; die Aufgabe besteht also im Allgemeinen darin, sämmtliche elektrischen und mechanischen Grössen der Maschine durch diese beiden Grundvariabeln auszudrücken.

Von praktischem Interesse ist jedoch blos die Frage nach der Geschwindigkeit und diese wollen wir auch hier allein behandeln.

Die Grundformeln, vermittelst welcher diese Frage zu lösen ist, sind im Allgemeinen folgende.

Zunächst hat man für die Zugkraft:

$$K = q\,J_a\,M; \qquad 5)$$

wo J_a der Ankerstrom; der in dieser Formel vorkommende Magnetismus ist im Allgemeinen (bei beliebiger gemischter Wickelung):

$$M = \varphi\,(J_d\,,\ J_n) \qquad 6)$$

wo φ ein Funktionszeichen, J_d sich auf die direkte, J_n auf die Nebenschlusswickelung bezieht; endlich hat man für die elektromotorische Kraft:

$$E = f v M = P - d J_d - a J_a \qquad 7)$$

In diesen drei Formeln sind zunächst die verschiedenen Stromstärken durch anderweitige Relationen auszudrücken durch die Stromstärke in der Leitung, J, und die Polspannung P; alsdann ist aus denselben die Abhängigkeit abzuleiten, in welcher die Geschwindigkeit von der Zugkraft und der constanten elektrischen Grösse, Stromstärke oder Polspannung, steht.

Die Magnetmaschine.

Die drei Grundgleichungen sind folgende:

$$K = q J M\,,$$
$$M = Const.$$
$$E = P - aJ = f v M.$$

Wir behandeln die beiden Hauptfälle, wenn die Polspannung, und wenn die Stromstärke constant ist.

Polspannung constant.

Man hat einfach:

$$v = \frac{P - aJ}{fM}, \text{ ferner}$$

$$J = \frac{K}{qM}, \text{ also}$$

$$v = \frac{1}{fM}\left(P - \frac{aK}{qM}\right) \quad \ldots \ldots \quad 8)$$

Trägt man die Zugkraft als Abscisse, die Geschwindigkeit als Ordinate auf, so erhält man eine gerade Linie (s. Fig. 47), deren

Fig. 47.

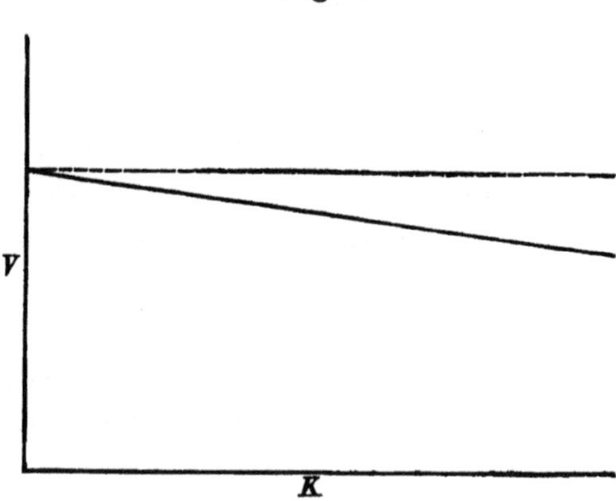

Neigung gegen die Abscissenaxe nur gering ist, da das negative Glied verhältnissmässig geringen Werth hat. Die Geschwindigkeit hat also den grössten Werth bei der Zugkraft Null und sinkt mit zunehmender Zugkraft allmälig; die Zugkraft selbst ist einfach proportional der Stromstärke.

Ist der Ankerwiderstand sehr klein, so ist die Geschwindigkeit beinahe constant für alle möglichen Zugkräfte.

Stromstärke constant.

Da der Magnetismus constant und die Zugkraft proportional der Stromstärke ist, so ist die Zugkraft constant und gegeben, wenn die Stromstärke constant ist.

Hat die Zugkraft gerade den der gegebenen Stromstärke entsprechenden Werth, so hat die Geschwindigkeit einen unbestimmten Werth; derselbe lässt sich erst bestimmen, wenn die Polspannung bekannt ist, welche von der Zugkraft und der Stromstärke nicht abhängt. Die Geschwindigkeit ist alsdann, wie oben,

$$v = \frac{1}{fM}\left(P - \frac{aK}{qM}\right),$$

also im Wesentlichen proportional der Polspannung, da das negative Glied verhältnissmässig klein ist.

Ist die an der Riemscheibe wirkende Zugkraft K grösser als die an den Ankerdrähten angreifende Zugkraft qJM, so kann sich der Anker gar nicht in Bewegung setzen. Ist endlich K kleiner als qJM, so steigert sich die Geschwindigkeit bis ins Unendliche.

Die directe Wickelung.

Die drei Grundgleichungen sind folgende:

$$K = qJM,$$

$$M = \frac{J}{J + J_{\frac{1}{2}}},$$

$$E = P - (a + d)\,J = fvM.$$

Polspannung constant.

Da hier die Zugkraft, wie oben ausgeführt, nur abhängig von der Stromstärke ist, so hat man nur die letztere durch die erstere auszudrücken und in den Ausdruck für v einzusetzen.

Es ist

$$K = qJM = q\,\frac{J^2}{J + J_{\frac{1}{2}}}, \text{ also}$$

$$J^2 - \frac{K}{q}\,J - \frac{K}{q}\,J_{\frac{1}{2}} = 0 \text{ und}$$

$$J = \frac{1}{2}\,\frac{K}{q} \pm \sqrt{\frac{1}{4}\,\frac{K^2}{q^2} + \frac{K}{q}\,J_{\frac{1}{2}}}\;.$$

Hier kann nur das obere Zeichen gelten, da für das untere J negativ wird; man hat daher:

$$J = \frac{1}{2}\,\frac{K}{q}\left\{1 + \sqrt{1 + 4\,\frac{q}{K}\,J_{\frac{1}{2}}}\right\}.$$

Die Wurzelgrösse darf nicht entwickelt werden, da in Wirklichkeit das Glied $4 \frac{q}{K} J_{\frac{1}{2}}$ sowohl kleiner als grösser als *1* sein kann.

Man hat nun, da $M = \frac{K}{qJ}$,

$$v = \frac{P - (a + d) J}{f M} = \frac{1}{f} PJ \frac{q}{K} - \frac{a + d}{f} (J + J_{\frac{1}{2}}),$$

und mit Benutzung der obigen Formel für J:

$$v = \frac{P}{2f} \left\{ 1 + \sqrt{1 + 4 \frac{q}{K} J_{\frac{1}{2}}} \right\}$$

$$- \frac{a + d}{f} \left\{ J_{\frac{1}{2}} + \frac{K}{2q} \left(1 + \sqrt{1 + 4 \frac{q}{K} J_{\frac{1}{2}}} \right) \right\} \quad . \quad . \quad 9)$$

Aus dieser Formel ergibt sich zunächst, dass für die Zugkraft Null die Geschwindigkeit unendlich gross ist, ferner, dass mit zunehmender Zugkraft die Geschwindigkeit fällt und bei einem gewissen Werthe der ersteren Null wird.

Im letzten Theil der Curve muss dieselbe wenig von einer geraden Linie abweichen; denn wenn K so gross ist, dass $4 \frac{q}{K} J_{\frac{1}{2}}$ gegen *1* vernachlässigt werden darf, so hat man

$$v = \frac{1}{f} \left\{ P - (a + d) \left(J_{\frac{1}{2}} + \frac{K}{q} \right) \right\}$$

d. h. eine Gerade.

Fig. 48 zeigt den Verlauf dieser Curve (v Ordinate, K Abscisse). Der erste Theil kommt praktisch kaum in Betracht, da in Wirklichkeit die Zugkraft nie ganz klein oder Null werden kann, weil stets wenigstens die sog. „Leergangskräfte“ wirken. Innerhalb gewöhnlicher praktischer Grenzen darf man die Curve als Gerade betrachten und die Abnahme der Geschwindigkeit der Zunahme der Zugkraft proportional setzen.

Stromstärke constant.

Wenn bei der directen Wickelung die Stromstärke constant ist, so herrschen ähnliche Verhältnisse, wie in demselben Fall bei der Magnetmaschine. Da bei der directen Wickelung stets die

Zugkraft nur von der Stromstärke abhängt, so ist die Zugkraft bestimmt, wenn die Stromstärke constant und gegeben ist, und die Aufgabe ist im Allgemeinen eine unbestimmte, da nicht zwei Grössen gegeben sind, wie erforderlich, sondern nur eine.

Fig. 48.

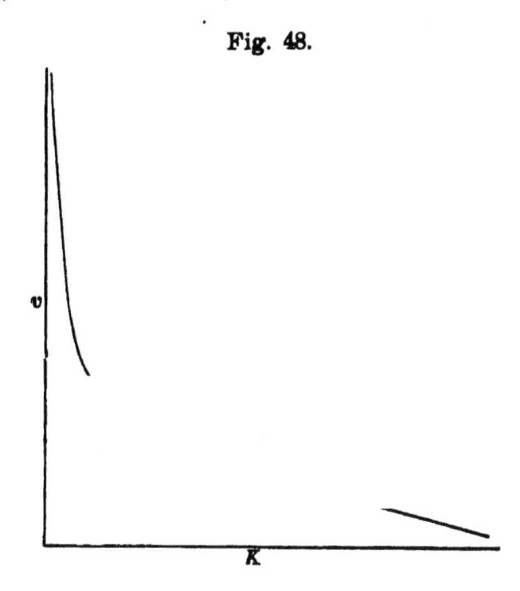

Hat die Zugkraft gerade den Werth, der durch die Gleichung:

$$K = \frac{q J^2}{J + J_{\frac{1}{2}}}$$

gegeben ist, so hat man für die Geschwindigkeit dieselbe Formel wie oben bei constanter Polspannung:

$$v = \frac{P}{2f}\left\{1 + \sqrt{1 + \frac{4 q J_{\frac{1}{2}}}{K}}\right\}$$

$$- \frac{a + d}{f}\left\{J_{\frac{1}{2}} + \frac{K}{2q}\left(1 + \sqrt{1 + \frac{4 q J_{\frac{1}{2}}}{K}}\right)\right\}.$$

Damit die Geschwindigkeit sich bestimmen lasse, muss also noch die Polspannung gegeben sein, und die Geschwindigkeit ist im Wesentlichen proportional der Polspannung.

Ist die an der Riemscheibe wirkende Zugkraft K grösser als die an den Ankerdrähten angreifende Zugkraft $\frac{q J^2}{J + J_{\frac{1}{2}}}$, so kann sich der Anker nicht in Bewegung setzen; ist K kleiner als $\frac{qJ^2}{J+J_{\frac{1}{2}}}$, so wächst die Geschwindigkeit ins Unendliche.

Die Nebenschlusswickelung.

Die drei Grundformeln sind folgende:

$$K = q J_a M,$$

$$M = \frac{P}{P + P_{\frac{1}{2}}},$$

$$E = f v M = P - a J_a \cdot$$

In der ersten und dritten Gleichung ist J_a durch J und P auszudrücken, weil die letzteren Grössen die Merkmale des von Aussen kommenden Stromes sind. Es ist

$$J = J_a + J_n, \; J_n = \frac{P}{n}, \text{ also}$$

$$J_a = J - \frac{P}{n};$$

jene Gleichungen werden daher:

$$K = q\left(J - \frac{P}{n}\right)M,$$

$$f v M = P\left(1 - \frac{a}{n}\right) - a J \cdot$$

Polspannung constant.

Es ist

$$M = \frac{K}{q} \frac{1}{J - \frac{P}{n}} = \frac{P}{P + P_{\frac{1}{2}}}, \text{ woraus}$$

$$J - \frac{P}{n} = \frac{K}{q} \frac{P + P_{\frac{1}{2}}}{P},$$

$$J = \frac{K}{q} \frac{P + P_{\frac{1}{2}}}{P} + \frac{P}{n} \cdot$$

Setzt man diesen Ausdruck für J und denjenigen für M in die Gleichung:

$$v = \frac{1}{fM}\left(P\left[1 - \frac{a}{n}\right] - aJ\right)$$ ein, so kommt:

$$v = \frac{1}{f}\,\frac{P + P_{\frac{1}{2}}}{P}\left\{P\left(1 - \frac{a}{n}\right) - a\,\frac{K}{q}\,\frac{P + P_{\frac{1}{2}}}{P} - a\,\frac{P}{n}\right\}$$ oder

$$v = \frac{1}{f}\left(P + P_{\frac{1}{2}}\right)\left\{1 - 2\,\frac{a}{n} - a\,\frac{K}{q}\,\frac{P + P_{\frac{1}{2}}}{P^2}\right\}. \qquad 10)$$

Man erhält also, wenn man die Zugkraft als Abscisse, die Geschwindigkeit als Ordinate aufträgt, eine schwach gegen die Abscissenaxe geneigte Gerade (s. Fig. 49).

Fig. 49.

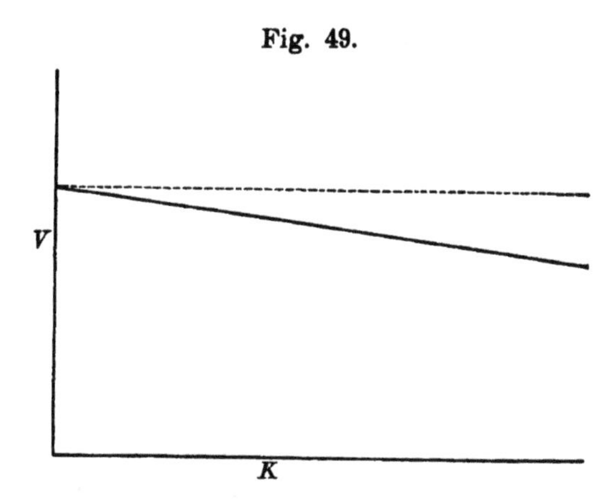

Stromstärke constant.

In diesem Fall ist die directe Ableitung der zwischen v und K herrschenden Relation nicht zu empfehlen, weil man quadratische Gleichungen erhält, deren beide Wurzeln, je nach gewissen Umständen, zu benutzen sind, was die Discussion unübersichtlich macht. Wir ziehen vor, als unabhängige Variable nicht K, sondern die Polspannung P zu wählen nnd sowohl die Zugkraft K, als die Geschwindigkeit v durch P auszudrücken, ohne dasselbe zu eliminiren; auf diese Weise erhält man nur eindeutige Formeln. Bei Berechnung von Beispielen knüpft sich hieran ausserdem noch der Vortheil, dass man gleich denjenigen Theil der Curve trifft, der in Wirklichkeit nur in Betracht kommen kann, d. h. denjenigen, der den praktisch möglichen Werthen der Polspannung entspricht.

Für die Zugkraft hat man

$$K = q\left(J - \frac{P}{n}\right) M = q \frac{J - \frac{P}{n}}{1 + \frac{P_{\frac{1}{2}}}{P}},$$

für die Geschwindigkeit:

$$v = \frac{E}{fM} = \frac{1}{f} \frac{P + P_{\frac{1}{2}}}{P} \left\{ P\left(1 - \frac{a}{n}\right) - aJ \right\} \text{ oder}$$

$$v = \frac{1}{f}(P + P_{\frac{1}{2}})\left(1 - \frac{a}{n} - \frac{aJ}{P}\right) \quad \ldots \ldots \ldots \quad 11)$$

Man sieht aus der letzteren Gleichung, dass die Geschwindigkeit Null ist, wenn

$$1 = \frac{a}{n} + \frac{aJ}{P}, \text{ oder}$$

$$P = \frac{aJ}{1 - \frac{a}{n}}.$$

In diesem Fall ist die Zugkraft nicht Null, sondern hat einen gewissen, allerdings geringen Werth; denn es ist Magnetismus vorhanden, allerdings wenig, und der Strom im Anker ist beinahe gleich dem äusseren constanten Strom. Wenn also die Bremskraft dieser elektrischen Zugkraft gleich ist, so halten sich die Zugkräfte das Gleichgewicht, ohne dass sich der Anker in Bewegung setzt.

Mit wachsender Polspannung steigen sowohl die Zugkraft als die Geschwindigkeit; zeichnet man die Curve (v Ordinate, K Abscisse), so erhält man die in Fig. 50 dargestellte Form. Die Geschwindigkeit steigt steil an, nähert sich asymptotisch einer verticalen Geraden, biegt sich aber, bei sehr hohen Werthen, von der letzteren zurück und kehrt zur Ordinatenaxe zurück.

Wir bemerken gleich, dass der letzte zurückkehrende Zweig der Curve praktisch nicht berücksichtigt zu werden braucht, da in demselben Geschwindigkeit und Polspannung sehr hohe, weit über alle praktischen Grenzen hinausreichende Werthe haben.

Man sieht, dass die Zugkraft nicht beliebige Werthe annehmen, sondern nur zwischen jenem, oben besprochenen Anfangswerthe und einem gewissen Maximalwerthe $\overline{\overline{K}}$ sich bewegen kann; wird die mechanische Zugkraft grösser als $\overline{\overline{K}}$, so bleibt der Anker stehen.

Die maximale Zugkraft $\overline{K}$ bestimmt sich dadurch, dass für dieselbe $\frac{dK}{dP} = 0$ ist; man erhält:

$$0 = \frac{dK}{dP} = q \frac{-\frac{1}{n}\left(1 + \frac{P_{\frac{1}{2}}}{P}\right) + \left(J - \frac{P}{n}\right)\frac{P_{\frac{1}{2}}}{P^2}}{\left(1 + \frac{P_{\frac{1}{2}}}{P}\right)^2} \quad \text{oder}$$

$$0 = -\frac{1}{n} - \frac{2}{n}\frac{P_{\frac{1}{2}}}{P} + J\frac{P_{\frac{1}{2}}}{P^2} \quad \text{oder}$$

$$P^2 + 2\,P_{\frac{1}{2}}\,P - nJP_{\frac{1}{2}} = 0\,, \quad \text{woraus}$$

$$P = -P_{\frac{1}{2}} \pm \sqrt{P^2_{\frac{1}{2}} + nJP_{\frac{1}{2}}}\,.$$

Hier kann nur das obere Zeichen gelten, weil sonst P negativ

Fig. 50.

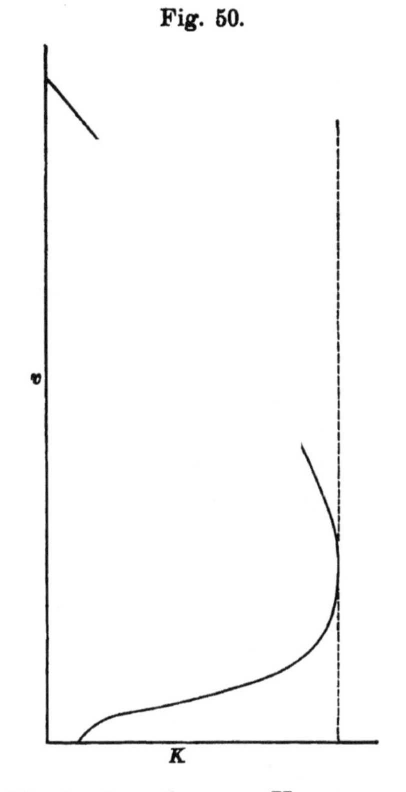

würde. Der dem Maximalwerth von K entsprechende Werth von P ist also:

$$\overline{P} = P_{\frac{1}{2}} \left\{ \sqrt{1 + \frac{nJ}{P_{\frac{1}{2}}}} - 1 \right\},$$

der entsprechende von M:

$$\overline{M} = \frac{P}{P + P_{\frac{1}{2}}} = 1 - \frac{1}{\sqrt{1 + \frac{nJ}{P_{\frac{1}{2}}}}},$$

und der entsprechende von K:

$$\overline{K} = \frac{1}{q}\left(J - \frac{\overline{P}}{n}\right)\overline{M} = \frac{1}{q}\left(J + \frac{P_{\frac{1}{2}}}{n} - \frac{P_{\frac{1}{2}}}{n}\sqrt{1 + \frac{nJ}{P_{\frac{1}{2}}}}\right)\left(1 - \frac{1}{\sqrt{1 + \frac{nJ}{P_{\frac{1}{2}}}}}\right) \quad . \; . \; . \quad 12)$$

Das Auffallendste in dem Verhalten der Geschwindigkeit bei diesem Fall besteht darin, dass dieselbe mit wachsender Zugkraft zunimmt, während in allen übrigen, bisher betrachteten Fällen das Gegentheil eintritt; es ist zweckmässig, diesen Umstand auch ohne Formeln zu erklären.

Wenn die Polspannung wächst, so nimmt mit ihr, aber in geringerem Maasse, der Magnetismus zu; die Zugkraft ist proportional dem Product des Magnetismus und des Ankerstroms; der letztere ist beinahe constant, weil der äussere Strom constant gehalten wird, also nimmt die Zugkraft mit wachsender Polspannung zu, aber nur in dem Maasse, wie der Magnetismus. Nun ist die Geschwindigkeit proportional dem Verhältniss der elektromotorischen Kraft zum Magnetismus; die erstere wächst im Wesentlichen proportional der Polpannung, der letztere in geringerem Maasse, ebenso wie die Zugkraft; das Verhältniss beider, die Geschwindigkeit, muss also schneller wachsen als die Zugkraft.

Magnetismus und Commutator-Stellungen.

Bei allen Versuchen, welche an einer und derselben Maschine im getriebenen und im treibenden Zustande, d. h. wenn die Maschine als Stromerzeuger und als Motor gebraucht wird, angestellt werden, ergeben sich entschiedene Unterschiede in Bezug auf den Zusammenhang der elektrischen und mechanischen Grössen.

Vor Allem fällt die Zugkraft verschieden aus, unter sonst gleichen Verhältnissen. Dieselbe wird bekanntlich im getriebenen Zustande als Unterschied der Riemenspannung, z. B. mittels des v. Hefner'schen Arbeitsmessers, dagegen im treibenden Zustande mittels des Prony'schen Zaumes gemessen. Die Unterschiede, welche sich hier bei gleichem Magnetismus und gleichem Ankerstrom in beiden Fällen zeigen, sind bedeutend und können bis zu 20 pCt. ansteigen.

Fernere Unterschiede schienen in Bezug auf den Magnetismus obzuwalten; wenigstens versuchte der Verfasser auf diese Weise Unterschiede zu erklären, welche bei den Versuchen von Siemens & Halske vom Jahre 1880 in den beiden verschiedenen Zuständen der Maschine auftraten. Die Erklärung wurde damals in den im Ankereisen auftretenden Inductionsströmen gesucht, welche im treibenden und im getriebenen Zustande die Richtungen wechseln und im ersteren Zustande den Magnetismus vermehren, im letzteren denselben vermindern können.

Nach anderen Versuchen derselben Firma vom Jahre 1883 fällt dieser scheinbare Unterschied im Magnetismus weg, wenn die Commutatorstellung in beiden Zuständen genau gleich gehalten wird; und wir müssen die Ergebnisse der früheren Versuchsreihe wohl dem Umstande zuschreiben, dass die Commutatorstellung bei jedem einzelnen Versuch gewechselt und auf das Maximum der Stromstärke eingestellt wurde.

Die Commutatorstellung spielt überhaupt bei einer treibenden oder als Motor dienenden Maschine eine wichtige Rolle und scheint anders zu wirken, als im getriebenen Zustande; namentlich lässt sich durch dieselbe die Geschwindigkeit bedeutend erhöhen. Bildet man aus zwei gleichen Maschinen eine elektrische Kraftübertragung, so müsste unter gewöhnlichen Umständen (ohne Leitungswiderstand) bei gleicher Commutatorstellung die Geschwindigkeit der treibenden Maschine 60—70 pCt. derjenigen der getriebenen Maschine sein; durch Veränderung der Commutatorstellung kann man dieselbe jedoch der letzteren Geschwindigkeit gleich und sogar grösser als dieselbe machen.

Fig. 51 stellt die bei den oben angezogenen Versuchen von 1883 erhaltenen Curven der Zugkraft, Fig. 52 diejenigen des Magnetismus für die verschiedenen Zustände der betreffenden Maschine dar. In der letzteren gelten die mit + bezeichneten Punkte für den getriebenen, die mit ○ bezeichneten für den treibenden Zustand. In Bezug auf die Zugkraft ergibt sich deutlich ein

Fig. 51.

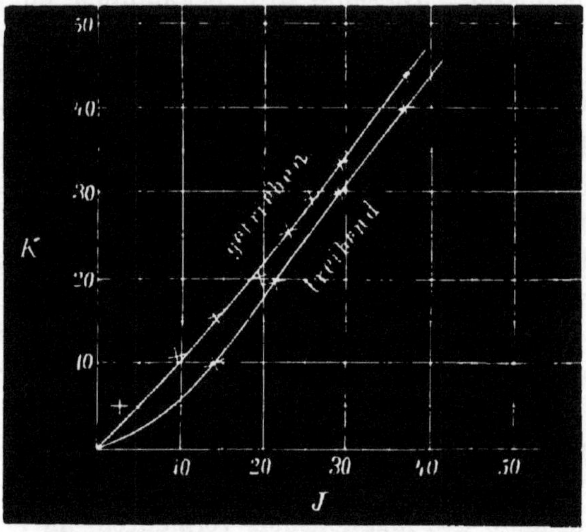

Unterschied von ca. 10 pCt. Zwischen den beiden Zuständen in Bezug auf den Magnetismus kann ein ähnlicher Unterschied nicht

Fig. 52.

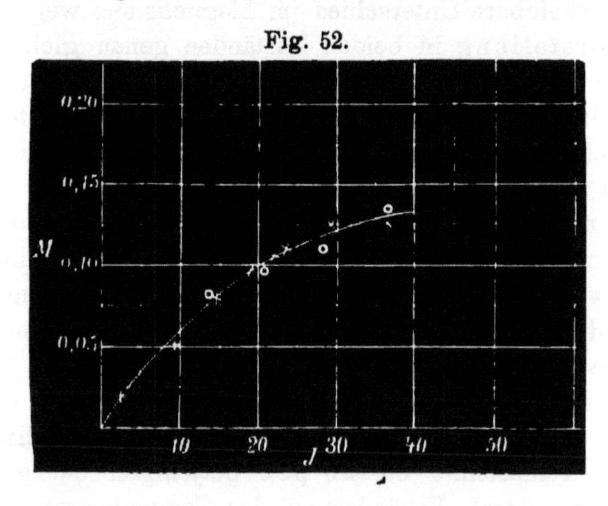

behauptet werden.

Wir dürfen daher annehmen, dass unsere Grösse M in den beiden Zuständen denselben Werth habe.

Die Constanten-Bestimmung.

Man ist nicht immer in der Lage, eine zum Gebrauch als Motor bestimmte Maschine auch als Stromerzeuger zu verwenden und hierbei die Constanten zu bestimmen; es muss auch ohne dies möglich sein, bloss aus Beobachtungen im treibenden Zustande die Constanten abzuleiten. Wir geben diese Bestimmungen für die Hauptwickelungen: die directe und die Nebenschluss-Wickelung.

Für die directe Wickelung hat man:

$$E = f v M = f v \frac{J}{J + J_{\frac{1}{2}}},$$

lösen wir diese Gleichung nach J auf, so kommt:

$$(f v - E)\, J = E J_{\frac{1}{2}}$$

und:

$$J = J_{\frac{1}{2}} \frac{E}{f v - E},$$

oder:

$$\frac{1}{J} = \frac{f}{J_{\frac{1}{2}}} \frac{v}{E} - \frac{1}{J_{\frac{1}{2}}} \quad \ldots\ldots \quad 13)$$

Wir sehen, dass der reciproke Werth der Stromstärke eine lineare Function des Verhältnisses $\frac{v}{E}$ ist, sodass, wenn wir die letztere als Abscisse, die erstere als Ordinate auftragen, wir eine ähnliche Linie erhalten, wie bei der Strom- oder Polspannungscurve. Wir können also diese Linie in ganz ähnlicher Weise wie früher jene Curve benutzen, um die beiden Constanten $J_{\frac{1}{2}}$ und f zu bestimmen.

Ein ähnliches Resultat erhalten wir bei der Nebenschluss-Wickelung, wo

P und $P_{\frac{1}{2}}$ statt J bez. $J_{\frac{1}{2}}$

auftreten.

Man hat

$$E = f v M = f v \frac{P}{P + P_{\frac{1}{2}}},$$

woraus:

$$\frac{P}{P + P_{\frac{1}{2}}} = \frac{E}{f v};$$

ferner:

$$P = P_{\frac{1}{2}} \frac{E}{f v - E},$$

und endlich:

$$\frac{1}{P} = \frac{f}{P_{\frac{1}{2}}} \frac{v}{E} - \frac{1}{P_{\frac{1}{2}}} \quad \ldots\ldots \quad 14)$$

Bei der gemischten Wickelung existiren keine so einfachen Verhältnisse. Bei diesen Maschinen wird man, wie schon beim Gebrauch als Stromerzeuger, am zweckmässigsten verfahren, wenn man diejenige der beiden Wickelungen, welche geringere Wirkung hat und nur regulirend wirkt, ausschliesst und bloss mit der Haupt-Wickelung Versuche anstellt, aus welchen sich in der eben behandelten Art die Ankerconstante f und die betreffende Schenkelconstante ergeben müssen. Aus Versuchen, die alsdann mit beiden Wickelungen ausgeführt werden, lässt sich dann die zweite Schenkelconstante bestimmen. Wir gehen auf diesen Punkt nicht näher ein, weil die Ausführung keine besonderen Schwierigkeiten bietet.

Constanz der Geschwindigkeit.

In Bezug auf das Verhalten der Geschwindigkeit sind die praktischen, in der Technik vorkommenden Fälle durchaus verschieden: bald wird verlangt, dass die Zugkraft mit der Geschwindigkeit möglichst stark variire, bald, dass sie bei allen beliebigen Zugkräften möglichst constant sei.

Der erstere Fall tritt auf bei elektrischen Eisenbahnen und überhaupt bei elektrischen Kraftübertragungen, bei denen die Massen, welche von der als Motor arbeitenden Dynamomaschine in Bewegung zu setzen sind, sehr gross sind. In diesem Falle ist es namentlich für die Erhaltung der Transmissionen (Riemen, Zahnräder) wünschenswerth, dass die Dynamomaschine sich ganz allmälig in Gang setze; es ist also hierfür zweckmässig, dass die Geschwindigkeit bei grosser Zugkraft klein sei und mit Verminderung derselben zunehme. Diesem Bedürfniss entspricht am besten die directe Wickelung in Verbinduug mit dem Constanthalten der Polspannung.

Ein anderes Bedürfniss zeigen diejenigen Arbeitsmaschinen, welche auf möglichst constanten Gang angewiesen sind (Werkzeugmaschinen u. s. w.); bei diesen sollte die Geschwindigkeit der Dynamomaschine möglichst unabhängig von der Zugkraft sein. Dasselbe Bedürfniss entsteht in denjenigen Fällen, in denen die Zahl der zu betreibenden Arbeitsmaschinen stark und oft variirt.

Diese letztere Aufgabe haben Ayrton und Perry zu lösen versucht, und zwar sowohl für den Fall der constanten Polspannung, als der constanten Stromstärke.

Auf diejenigen der von diesen Autoren angegebenen Methoden, welche auf Combinationen zweier verschiedener Maschinen beruhen, gehen wir hier nicht ein, da wir uns nur mit Aufgaben beschäftigen, die sich auf eine einzige Maschine beziehen. Auch die Fälle, in denen diese Autoren Dynamomaschinen benutzen, welche mit der sogenannten „kritischen“ Geschwindigkeit laufen, d. h. auf dem Punkte der Selbsterregung sind, lassen wir unberührt, namentlich weil in diesen Fällen nur eine Regulirung der Geschwindigkeit nach oben, nicht auch nach unten erfolgt. Wir betrachten nur diejenigen Fälle, in welchen obige Autoren bewickelte Magnetmaschinen oder Dynamomaschinen mit gemischter Wickelung benutzen.

Versieht man die Magnete einer Magnetmaschine mit einer Wickelung, welche den Magnetismus zu vermindern strebt, so kann man in dem Falle constanter Polspannung eine sogar theoretisch constante Geschwindigkeit erzielen; man kann alsdann für den Magnetismus setzen:

$$M = \overline{M} - cJ,$$

wo $\overline{M}$ der permanente Magnetismus, c ein Coefficient, und es wird:

$$v = \frac{\mathrm{E}}{f M} = \frac{1}{f} \, \frac{P - wJ}{\overline{M} - cJ}, \text{ oder}$$

$$v = \frac{1}{f} \, \frac{P}{\overline{M}} \, \frac{1 - \frac{w}{P} J}{1 - \frac{c}{\overline{M}} J} \quad \ldots\ldots\ldots \quad 15)$$

wo w der Widerstand der Maschine.

Führt man nun die Wickelung so aus, dass

$$\frac{w}{P} = \frac{c}{\overline{M}},$$

so wird

$$v = \frac{1}{f} \, \frac{P}{\overline{M}} \quad \ldots\ldots\ldots\ldots \quad 16)$$

also die Geschwindigkeit durchaus constant.

Diese für kleine Maschinen sehr werthvolle Anordnung lässt sich auf grössere Maschinen, wie schon mehrfach berührt, kaum anwenden, weil in grösseren Dimensionen Magnetmaschinen kaum Verwendung finden. Ausser bewickelten Magnetmaschinen empfehlen nun Ayrton & Perry, sowohl für den Fall constanter Polspannung, als bei constanter Stromstärke, Dynamomaschinen mit gemischter Wickelung, d. h. mit vorherrschendem Nebenschluss und einer schwächeren directen, entgegengesetzt wirkenden Wickelung.

Die Theorie, welche jene Autoren für diesen Fall entwickeln, beruht auf der Voraussetzung, dass der Magnetismus proportional der Stromstärke sei; eine Voraussetzung, von der wir gesehen haben, dass sie erheblich von der Wirklichkeit abweicht. Die scheinbar einfachen und genauen Resultate, zu welchen diese Annahme führt, sind daher nicht richtig, und zwar ergiebt die Anwendung unserer genaueren Theorie für diese Fälle ein merkwürdiges Verhalten der Geschwindigkeit (s. Elektrotechnische Zeitschrift 1885 S. 232). Zeichnet man Geschwindigkeit als Ordinate, Zugkraft als Abscisse auf, so erhält man eine von der Ordinaten-Axe ausgehende Curve (s. Fig. 53), welche anfangs recht

Fig. 53.

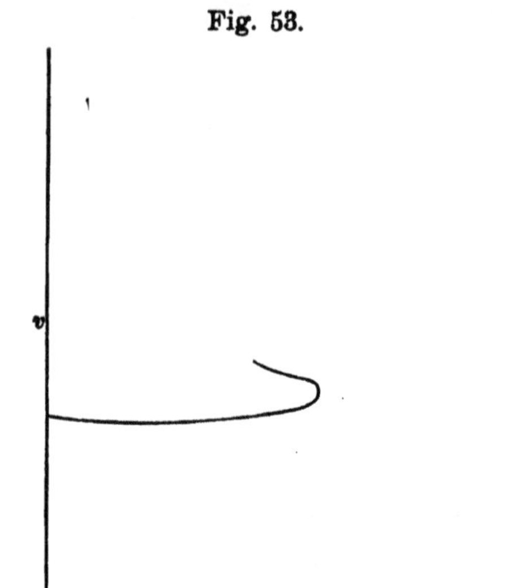

geradlinig verläuft, dann aber scharf umbiegt und sich der Ordinaten-Axe wieder nähert. Einem und demselben Werthe der Zugkraft entsprechen also verschiedene Werthe der Geschwindigkeit, und es kommt ganz auf die vor dem Eintritt der betreffenden Zugkraft herrschenden Geschwindigkeiten an, welche von jenen beiden Geschwindigkeiten die Dynamomaschine annimmt.

Ein fernerer Uebelstand, der bei dieser Anordnung praktisch in's Gewicht fällt, liegt darin, dass bei geringer Polspannung oder bei geringer Wirkung der Nebenschlusswickelung, durch die Wirkung der directen Wickelung entgegengesetzter Magnetismus entsteht und die Bewegungsrichtung ebenfalls entgegengesetzt wird.

Aus dem eben angeführten Grunde ergiebt sich, dass unter allen Umständen der Nebenschlusswickelung eine directe, aber unterstützend wirkende Wickelung beizugeben; ist denn der Fall einer geringen Polspannung lässt sich praktisch nicht vermeiden, namentlich beim Angehen der Maschine, oder wenn dieselbe durch eine übermässige Bremskraft an der Bewegung gehindert wird.

Wir haben auf Seite 119 bei reinem Nebenschluss gesehen, dass im Falle constanter Polspannung die Geschwindigkeit nur wenig und in ganz regelmässiger Weise variirt. Durch Hinzufügen einer unterstützenden directen Wickelung wird, wie auch ohne Rechnung klar ist, die Variation der Geschwindigkeit allerdings vermehrt, jedoch nur in geringem Grade, wenn man die Nebenschluss-Wickelung zur vorherrschenden macht.

Andererseits haben wir Seite 88 gesehen, dass man stromerzeugende Maschinen construiren kann, bei welchen die Polspannung bei abnehmendem äusseren Widerstande oder wachsender Stromstärke zunimmt. Um dies zu erzielen, hat man eine gemischte Wickelung anzubringen und die directe Wickelung erheblich stärker zu wählen, als für das Constanthalten der Polspannung erforderlich ist.

Diesen Umstand kann man benutzen, um die Variationen der Geschwindigkeit der secundären, als Motor arbeitenden Maschine noch erheblich zu vermindern; denn, wenn bei constanter Polspannung obige als Motor arbeitende Maschine in der Geschwindigkeit etwas nachlässt, wenn die Zugkraft steigt, so wird die Geschwindigkeit constant bleiben, wenn die Polspannung sich etwas vermehrt. Ordnet man nun die Wickelung der den Strom liefernden Maschine so an, dass bei stärkerem Strom oder stärkerer Zugkraft an der secundären Maschine die Polspannung an der letzteren etwas steigt, so kann man annähernd constante Geschwindigkeit erzielen.

Diese Anordnung ist frei von den Vorwürfen, zu welchen sich diejenige von Ayrton & Perry darbietet. Diese Methode lässt sich auch in gewissem Grade rechnerisch durchführen, mit praktischen Regeln für die Wickelung; wir verzichten jedoch hier auf diese Ausführung.

Beobachtungen.

Es müssen uns hier namentlich Beobachtungen interessiren, die an einer und derselben Maschine im getriebenen und im treibenden Zustande angestellt sind.

Die ersten dieser Art waren diejenigen von Siemens & Halske vom Jahre 1880; um jedoch für diese letzteren unsere Formeln zu verwerthen, müsste, wie schon oben bemerkt, der Einfluss der

Commutatorstellung im treibenden Zustand für die betreffende Maschine bekannt sein. Hier fehlt es noch an einer experimentellen Untersuchung, durch welche dieser Einfluss sowohl auf die Ankerconstante f als die Schenkelconstante ermittelt würde.

Im getriebenen Zustande haben wir gesehen, dass dieser Einfluss zwar vorhanden, aber etwa von derselben Ordnung ist, wie die Abweichung der elektromotorischen Kraft von der Proportionalität mit der Geschwindigkeit und die übrigen kleinen Fehler, mit welchen unsere Theorie behaftet ist. Im treibenden Zustand scheint dieser Einfluss bedeutender und anderer Natur zu sein; eine eingehende Untersuchung wäre wünschenswerth.

Wir geben nachstehend die Versuche von Siemens & Halske vom Jahre 1883, bei welchen die Commutatorstellung genau gleich gehalten wurde, für die beiden Zustände der Maschine, wieder.

Nachstehend die Versuche im getriebenen Zustande: (jeder Versuch ist das Mittel aus mehreren Einzelversuchen)

K	J	$\frac{v}{W}$	fM	$J_{ber.}$
5.1	2.83	143	0.0194	5.6
10.6	9.56	157	.0606	7.8
14.8	14.3	184	.0777	13.8
21.3	19.8	201	.0983	17.6
25.8	22.1	213	.104	20.3
29.6	24.3	227	.107	23.4
34.0	29.1	240	.122	26.4
44.0	36.6	296	.124	38.9

Zeichnet man für diese Beobachtungen die Strom-Curve und die den mittleren Lauf derselben darstellende Gerade, so ergeben sich als Constanten $f = 0.240$, $J_{\frac{1}{2}} = 29.5$.

Die Versuche im treibenden Zustande sind die nachstehenden:

K	J	$\frac{1}{J}$	$\frac{v}{E}$	fM	$\frac{1}{J}_{ber.}$
10	13.3	0.0754	13.4	0.0745	0.0734
20	21.0	.0478	10.2	.0985	.0463
30	28.1	.0357	9.09	.110	.0380
40	36.8	.0272	8.00	.125	.0289

Zeichnet man diese Versuche in einer Curve auf, deren Abscisse das Verhältniss der Geschwindigkeit zur elektromotorischen Kraft $\left(\frac{v}{E}\right)$, deren Ordinaten die reciproken Werthe der Stromstärke

$\left(\frac{1}{J}\right)$ bilden, zieht eine den mittleren Verlauf darstellende Gerade, so geht dieselbe durch die Punkte:

$$\frac{v}{E} = 4.8\,, \quad \frac{1}{J} = 0\,,$$

$$\frac{v}{E} = 9.8\,, \quad \frac{1}{J} = 0.042\,.$$

Hieraus ergiebt sich nach Formel 14:

$$f = 0.208, \quad J_{\frac{1}{2}} = 24.8.$$

Die in den beiden Zuständen erhaltenen Werthe der Constanten weichen allerdings nicht unerheblich von einander ab; der Grund liegt jedoch jedenfalls zum Theil in der Ungenauigkeit der Beobachtungen.

Beide Beobachtungsreihen lassen sich mit den Constanten $f = 0.224$, $J_{\frac{1}{2}} = 27.4$ mit beinahe eben so grosser Genauigkeit berechnen, als mit den oben mitgetheilten Werthen (s. die Columnen: $J_{ber.}$, bez. $\frac{1}{J}\,_{ber.}$); ein Unterschied der Constanten bei gleicher Commutatorstellung lässt sich daher hieraus nicht nachweisen.

Die Drehungsrichtung.

Es fragt sich, in welcher Richtung sich der Anker dreht, wenn von Aussen Strom in die Maschine geschickt wird, während die Verbindungen zwischen Anker und Schenkel dieselben bleiben, wie wenn die Maschine als Stromerzeuger arbeitet; ist diese Richtung dieselbe, wie beim Gebrauch als Stromerzeuger, oder die entgegengesetzte, und ändert sich die Drehungsrichtung mit der Stromrichtung oder nicht?

Bei der directen Wickelung muss die Drehungsrichtung im treibenden Zustand (Motor) entgegengesetzt derjenigen im getriebenen Zustand (Stromerzeuger) sein. Denn, wenn die Maschine als Stromerzeuger arbeitet, so ist die Zugkraft zwischen dem Magnetismus der Schenkel und den Strömen der Ankerdrähte entgegengesetzt der Bewegung gerichtet; dieselbe muss durch die Zugkraft des Riemens überwunden werden. Wird nun der Riemen abgeworfen und von Aussen ein Strom in die Maschine geschickt von derselben Richtung, wie ihn die Maschine zuvor erzeugte, so sind Magnetismus und Stromrichtung in den Ankerdrähten von demselben Sinn, wie zuvor, also auch die Zugkraft; da nun aber der

Anker sich frei drehen kann, so folgt er der Richtung der Zugkraft, dreht sich also in entgegengesetzter Richtung, wie im getriebenen Zustand.

Kehrt man, im treibenden Zustand, die Richtung des von Aussen kommenden Stromes um, so ändern sowohl der Magnetismus, als der Ankerstrom ihr Zeichen; die Zugkraft, welche dem Product dieser beiden Grössen proportional ist, ändert ihr Zeichen nicht, und daher auch nicht die Bewegung. Die Drehungsrichtung einer als Motor arbeitenden Maschine ist daher unabhängig von der Stromrichtung, wie auch die Drehungsrichtung der als Stromerzeuger arbeitenden Maschine dieselbe bleibt, welche Richtung auch der erzeugte Strom hat.

Die Nebenschlusswickelung verhält sich anders.

Arbeitet dieselbe als Stromerzeuger, so zeigt Fig. 54 die Stromrichtungen in den verschiedenen Theilen des Stromkreises (*a* Anker, *n* Schenkel, *u* äusserer Kreis). Wirft man nun wieder den Riemen ab und schickt von Aussen Strom von derselben Richtung, wie er zuvor hatte, in die Maschine, so verändert sich die Stromrichtung (s. Fig. 55), und zwar in den Schenkeln, während der Anker dieselbe Richtung zeigt, wie der äussere Kreis. Der Magnetismus ändert also sein Zeichen, der Ankerstrom nicht, und die Zugkraft erhält demnach entgegengesetzte Richtung, wie im getriebenen Zustand; im getriebenen Zustand sind jedoch die (elektrische) Zugkraft und die Bewegung einander entgegengesetzt gerichtet, im treibenden Zustand gleich gerichtet: also ist die Drehungsrichtung im treibenden Zustand (Motor) gleichgerichtet derjenigen im getriebenen Zustand (Stromerzeuger).

Fig. 54.

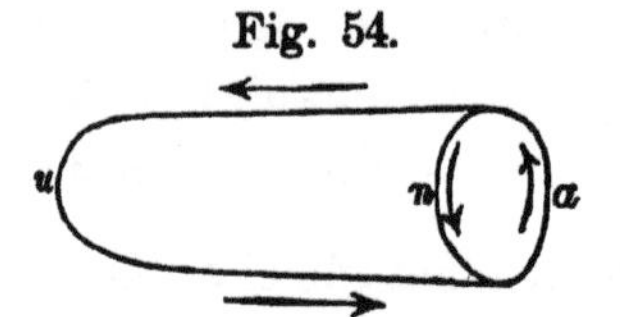

Fig. 55.

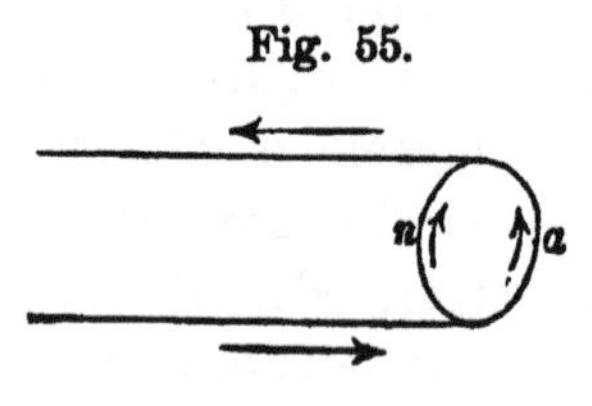

Kehrt man, im treibenden Zustand, die Stromrichtung um, (s. Fig. 56), so ändern sich Magnetismus und Richtung des Ankerstroms zugleich; Zugkraft und Bewegung behalten also denselben Sinn. Die Drehungsrichtung ist demnach auch hier unabhängig von der Stromrichtung, wie auch im getriebenen Zustand.

Fig. 56.

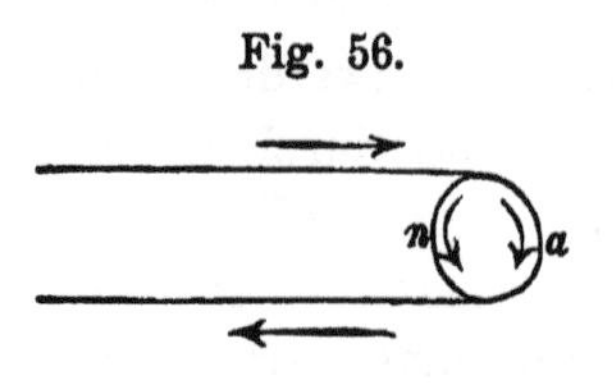

Die Wickelung.

In den vorhergehenden Abschnitten haben wir uns mit den Eigenschaften der Dynamomaschinen beschäftigt und mit deren Zusammenhang mit der inneren Einrichtung dieser Maschinen; wir haben nun weiter zu untersuchen, wie die innere Einrichtung zu wählen ist, um diejenigen Forderungen zu erfüllen, welche die Technik stellt.

Um diese Untersuchung allgemein zu führen, müssten folgende Gegenstände behandelt werden: die Construction des Eisengerüstes, die Schaltung des Ankers, die Wickelung und die Wahl der Dimensionen (bei gegebenen Verhältnissen der Dimensionen). Wir scheiden jedoch die beiden ersten Punkte von unserer Darstellung aus, weil unsere Kenntnisse in dieser Beziehung beinahe bloss empirischer Natur sind und eine erschöpfende theoretische Behandlung wohl nie gestatten werden.

Wir nehmen also in diesem und dem folgenden Kapitel an, die Schaltung des Ankers sowohl als die Eisenconstruction sei gegeben, die letztere entweder durchaus, oder wenigstens in den Verhältnissen der Dimensionen, und untersuchen, welche Wickelung und welche Dimensionen der Maschine zu geben seien, um bestimmte Zwecke zu erfüllen.

Die Frage der Wickelung ist eine zweifache: einerseits sollen die Wickelungen des Ankers und der Schenkel zu einander in richtigem Verhältniss stehen; andrerseits ist die gesammte Wickelung so zu wählen, dass die Spannung und die Stromstärke, welche die Maschine zu liefern hat, in Wirklichkeit geleistet werden.

Die letztere Aufgabe ist, wie wir sehen werden, leicht zu beantworten; sie reducirt sich auf die Wahl der Drahtquerschnitte in Schenkel und Anker, oder vielmehr, da erstere von dem letzteren abhängig ist, auf die Wahl des Ankerdrahtes.

Die erstere Aufgabe, das Verhältniss der Wickelungen auf

Schenkel und Anker, ist weniger einfach, wie auch schon daraus hervorgeht, dass sie bereits öfter in angenäherter Weise behandelt wurde, ohne dass es gelang, eine allgemein gültige Regel aufzustellen. Wir werden aus unserer Theorie solche Regeln in strenger und allgemeiner Weise ableiten, für jede Art der Wickelung eine besondere.

Ist aber die Wickelung bestimmt, sowohl in ihren Verhältnissen, als in den Drahtquerschnitten, so bleibt nur noch übrig, die Dimensionen der Maschine so zu wählen, dass die technischen Forderungen erfüllt werden. Hierbei müssen wir von einem Urbild der Maschine ausgehen, d. h. annehmen, dass für irgend eine Grösse namentlich die Eisenconstruction festgestellt sei, so dass es nur noch darauf ankommt, die Dimensionen zu vergrössern oder zu verkleinern, bei gleich bleibenden Verhältnissen der Dimensionen.

Auf diese Weise werden wir die ganze Frage der Wahl der Einrichtung der Maschine lösen, auf halb empirischem, halb theoretischem Wege; empirisch ist das Ausprobiren der Eisenconstruction und des Wickelungsraums des Ankers, auch die Bestimmung der sog. Magnetisirungsconstanten, theoretisch oder durch Berechnung erreichbar Alles, was sich daran schliesst.

A. Das Verhältniss der Schenkelwickelung zur Ankerwickelung.

Die Ankerwickelung.

Bei der Behandlung der zweckmässigsten Ankerwickelung kommen hauptsächlich zwei Gesichtspunkte in Betracht, welche beinahe entgegengesetzter Natur sind: die von der Maschine erzeugte elektrische Arbeit und die Functionirung des Commutators.

Wenn es sich nur darum handelte, bei gegebener Eisenconstruction und bei gegebener Geschwindigkeit möglichst viel elektrische Arbeit zu erzeugen, so könnten der Wickelungsraum des Ankers und das Gewicht der Drahtwickelung nicht gross genug gewählt werden. Der Constructeur bemerkt aber bald, dass, je mehr Draht aufgewickelt wird, um so mehr auch die Funken am Commutator und die Abnutzung von Bürsten und Commutator steigen. Da nun die Rücksicht auf die Abnutzung eine praktisch schwerwiegende ist, sieht sich der Constructeur genöthigt, den Wickelungsraum des Ankers nicht grösser zu nehmen, als es jene Rücksicht gestattet.

Wie gross dieses Maximum des Wickelungsraumes sei, kann kaum Gegenstand einer allgemeinen Erörterung sein; denn dasselbe ist wesentlich abhängig von den individuellen Eigenschaften des betr. Maschinensystems. Hier können nur Versuche die richtige Antwort geben; jeder Maschinenconstructeur aber muss sich durch diese Versuche durcharbeiten und kennt daher das für seine Fälle passende Maass des Wickelungsraumes.

Wenn aber Wickelungsraum, Eisenconstruction und Geschwindigkeit gegeben sind, so ist auch die vom Anker zu erzeugende elektrische Arbeit bestimmt. Denn nach unserer Bezeichnung (s. frühere Artikel) ist diese Arbeit:

$$A = f M v J_a$$

(f Ankerconstante, M Magnetismus, v Geschwindigkeit, J_a Strom im Anker). Nun ist aber:

$$f = m_a l_a f_1 ,$$

wenn m_a die Anzahl der Ankerwindungen, l_a die Länge einer Ankerwindung, f_1 eine nur von der Eisenconstruction abhängige Constante; ferner

$$J_a = i_a q_a ,$$

wenn q_a der Querschnitt einer Ankerwindung, i_a der durch die Flächeneinheit des Querschnitts fliessende Strom, also:

$$A = m_a l_a q_a i_a f_1 M v.$$

Es ist aber $m_a l_a q_a$ proportional g_a, dem Kupfergewicht der Ankerwickelung oder auch dem Wickelungsraum, die übrigen Grössen sind unabhängig von der Wickelung; also hängt die elektrische Arbeit, in Bezug auf die Wickelung, nur ab vom Kupfergewicht oder vom Wickelungsraum.

Hierbei haben wir die Grösse des Magnetismus M unberücksichtigt gelassen, einerseits, weil derselbe namentlich durch die Schenkel, nicht durch den Anker bestimmt wird, dann aber und namentlich, weil wir zeigen werden, dass der Magnetismuss ein ganz bestimmter ist, wenn die Schenkel in rationeller Weise bewickelt werden.

Man sieht, dass die Frage nach den Wickelungsverhältnissen innerhalb der Maschine gleichbedeutend ist mit der Frage, wie die Schenkel zu bewickeln sind, wenn die Wickelung des Ankers gegeben ist; in diesem Sinne werden wir dieselbe im Folgenden behandeln.

Die Schenkelwickelung.

Von einer guten Schenkelwickelung wird vor Allem verlangt, dass durch dieselbe mit möglichst wenig Aufwand an Arbeit genügender Magnetismus erzeugt werde; ausserdem tritt aber in Wirklichkeit stets noch die Forderung auf, dass die Maschine nicht zu wenig elektrische Arbeit liefere, wenn sie als Stromerzeuger arbeitet, und nicht zu wenig mechanische Arbeit leiste, wenn sie als Motor benutzt wird; und endlich hat man noch zu berücksichtigen, dass das Gewicht der Schenkelwickelung oder der Wickelungsraum nicht beliebig gross gewählt werden darf, sondern dass auch in dieser Beziehung die Wirklichkeit eine gewisse Beschränkung verlangt.

Dies sind die drei Bedingungen, welchen eine gute Schenkelwickelung Genüge zu leisten hat.

Die zweite Bedingung betrifft nur in sofern die Schenkel, als dieselben den Magnetismus bestimmen, welchem ja die von der Maschine geleistete Arbeit proportional ist; im Uebrigen jedoch gehört die Erzeugung oder Umsetzung der Arbeit dem Anker an und es kann von dieser Seite über die Art der Erfüllung dieser Bedingung kein Zweifel herrschen.

Die durch den Anker umgesetzte Arbeit ist nach unserer Bezeichnung:

$$f M v J_a;$$

f ist durch die Construction des Ankers gegeben, vom Magnetismus M wird sich ergeben, dass derselbe durch die Bedingung des möglichst geringen Arbeitsverlustes in den Schenkeln bestimmt wird; man hat also nur noch zu verfügen über die Geschwindigkeit v und den Ankerstrom J_a und diese beiden Grössen möglichst gross zu machen.

Es ergiebt sich hieraus die Vorschrift, die Geschwindigkeit des Ankers so hoch zu wählen, als es für dauernden, soliden Betrieb möglich ist, ferner aber die Dichtigkeit des Ankerstroms (i_a) oder das Verhältniss des Ankerstroms zum Querschnitt des Ankerdrahtes ebenfalls so gross zu nehmen, als es die Rücksichten auf die Erwärmung des Ankers, die Funken am Commutator, die Festigkeit des Drahtes u. s. w. gestatten.

Die dritte Bedingung ergiebt ebenfalls eine bestimmte Vorschrift. Die Bedingung selbst entspringt der Ueberlegung, dass man durch Vergrösserung des Wickelungsraumes die in der Schenkelwickelung verloren gehende Arbeit beliebig reduciren kann, denn diese Arbeit ist gleich

$$J_s^2 w_s = J_s^2 c \frac{m_s}{q_s},$$

wo der Index s sich auf die Schenkel bezieht, m_s die Windungsanzahl, q_s der Querschnitt des Schenkeldrahts, c eine Constante; man kann also, ohne den Strom und die Windungszahl, d. h. ohne den Magnetismus zu ändern, den Arbeitsverlust durch Vergrösserung des Drahtquerschnitts, daher auch des Wickelungsraumes, beliebig verkleinern.

Wenn wir wieder die Dichtigkeit (i_s) des Schenkelstroms oder das Verhältniss dieses Stroms zum Drahtquerschnitt einführen, so ist

$$J_s = i_s q_s ,$$

und die Grössen, welche die Schenkelwickelung und ihre Function bestimmen, sind: i_s, m_s, q_s; (der Widerstand w_s hängt von m_s und q_s ab).

Wie wir sehen werden, hat die Erfüllung der ersten Bedingung, des möglichst geringen Arbeitsverlustes, die Bestimmung zweier von diesen drei Grössen zur Folge; es bleibt also nur noch eine einzige zu wählen, und durch die Wahl derselben ist alsdann die Schenkelwickelung vollständig bestimmt, also auch deren Wickelungsraum.

Als jene frei wählbare Grösse kann nur die Stromdichtigkeit i_s genommen werden; denn es giebt keinen unmittelbaren Grund, für die Windungszahl oder den Querschnitt eine bestimmte Wahl zu treffen, während durch die Bestimmung der Stromdichtigkeit zugleich die Temperatur der Schenkelwickelung bestimmt wird, welche wesentlich von der Stromdichtigkeit abhängt. Temperatur und Wickelungsraum werden auf diese Weise von einander abhängig und beide finden gleichsam ihren Ausdruck in der Stromdichtigkeit.

Dasselbe gilt für die Stromdichtigkeit im Anker; auch durch diese ist die Temperatur des Ankers bestimmt. Wir sehen also, dass durch die freie Wahl der beiden Stromdichtigkeiten die Rücksicht auf die Temperatur der Maschine, welche ja von grosser praktischer Wichtigkeit, zugleich befriedigt wird.

Unsere Aufgabe ist also dahin zu fassen, dass als gegeben oder frei wählbar zu betrachten sind: die Geschwindigkeit v, die Dichtigkeit i_a des Ankerstroms und die Dichtigkeit i_s des

Schenkelstroms; ferner, da es sich hier nur um das Verhältniss der Schenkelwickelung zur Ankerwickelung handelt, der Anker und dessen Wirkungsweise überhaupt, d. h. die Ankerconstante f und Widerstand (a), Windungszahl (m_a) und Drahtquerschnitt (q_a) des Ankers; zu bestimmen ist diejenige Schenkelwickelung, d. h. deren Constanten (m_s, q_s, s), bei welcher das Verhältniss der in derselben verloren gehenden Arbeit zu der vom Anker umgesetzten Arbeit ein Minimum ist.

Da das Eisengerüst der Schenkel gegeben ist, haben wir noch hinzuzufügen, dass dessen Constanten, d. h. die Magnetisirungsconstante μ und der Widerstand Einer Windung vom Querschnitt Eins (Quadratmillimeter) ebenfalls zu den gegebenen Grössen zu rechnen sind.

Wir behandeln diese Aufgabe für die verschiedenen Wickelungen; den durch die Resultate charakterisirten Zustand der Maschine nennen wir den Normalzustand.

Normalzustand — directe Wickelung.

Die Grösse, die ein Minimum werden soll, ist das Verhältniss (V_e) der in den Schenkeln verloren gehenden Arbeit oder der Stromwärme in den Schenkeln zur gesammten elektrischen Arbeit:

$$V_e = \frac{J_a^2 (a + d)}{J_a^2 (a + d + u)} = \frac{a + d}{a + d + u},$$

wo J_a der Ankerstrom, a, d, u bez. die Widerstände des Ankers, der Schenkel und des äusseren Kreises.

Hier ist jedoch u dadurch bestimmt, dass der Ankerstrom J_a einen gegebenen Werth hat. Es ist, wenn J der Strom im äusseren Kreis,

$$J_a = J = \frac{fv}{a + d + u} - J_{\frac{1}{2}}, \text{ woraus}$$

$$a + d + u = \frac{fv}{J + J_{\frac{1}{2}}}, \text{ wo}$$

$$J_{\frac{1}{2}} = \frac{1}{\mu m_d}$$

(μ Magnetisirungsconstante, m_d Anzahl der Windungen auf den Schenkeln).

Nun ist aber:

$$d = c\,\frac{m_d}{q_d}\text{, wo}$$

$$c = \frac{l_s}{1.06 \times k}.$$

Hier bedeuten: l_s die mittlere Länge einer Schenkelwindung in Metern, k die Leitungsfähigkeit des Kupfers im Verhältniss zu Quecksilber, c den Widerstand (in Ohm) einer Schenkelwindung von mittlerer Länge vom Querschnitt 1 (Quadratmillimeter).

Der Strom J ist auch gleich dem in den Schenkeln herrschenden Strom; also ist

$$J_a = i_s\, q_d,\; q_d = \frac{J_a}{i_s},$$

d. h. der Drahtquerschnitt der Schenkel ist durch die Wahl des Ankerstroms und der Stromdichtigkeit auf den Schenkeln bestimmt.

Man hat ferner:

$$J_{\frac{1}{2}} = \frac{1}{\mu\, m_d} = \frac{c}{\mu\, d\, q_d} = \frac{1}{J_a}\,\frac{c\, i_s}{\mu\, d},$$

$$a + d + u = \frac{f v}{J_a + \frac{1}{J_a}\,\frac{c\, i_s}{\mu\, d}} \text{ und}$$

$$V_e = \frac{1}{f v}\,(a + d)\left(J_a + \frac{1}{J_a}\,\frac{c\, i_s}{\mu\, d}\right).$$

Differenzirt man V_e nach d und setzt gleich Null, so kommt

$$0 = \frac{\delta V_e}{\delta d} = \frac{1}{f v}\left(J_a + \frac{1}{J_a}\,\frac{c\, i_s}{\mu\, d} - \frac{a + d}{d^2}\,\frac{c\, i_s}{\mu\, J_a}\right) \text{ oder}$$

$$0 = J_a - \frac{a}{d^2}\,\frac{c\, i_s}{\mu\, J_a}\text{, woraus}$$

$$d = \frac{a}{J_a \sqrt{\frac{\mu\, a}{c\, i_s}}} \quad \ldots\ldots\ldots \quad 1)$$

Diese einfache Formel zeigt zunächst, dass die unter den angegebenen Umständen beste directe Wickelung weder von der

Ankerconstante f, noch von der Geschwindigkeit v abhängt.

Sie ergiebt ferner, dass es von der Eisenconstruction der Schenkel und der Wahl der Stromdichtigkeit i_s des Stromes J_a und dem Ankerwiderstand a abhängt, ob der Widerstand d der Schenkelwickelung grösser oder kleiner zu wählen sei, als der Ankerwiderstand. Es folgt daraus, dass die Regeln, welche für das Verhältniss dieser Widerstände aufgestellt wurden, und nach welchen die Schenkel bald mehr, bald weniger Widerstand haben sollten, als der Anker, nicht richtig sind.

Wir führen nun den Ausdruck für d in die übrigen Formeln ein.

Für die Windungszahl m_d hat man, da

$$m_d = \frac{d\, q_d}{c} \text{ und } q_d = \frac{J_a}{i_s}:$$

$$m_d = \frac{J_a\, d}{c\, i_s} \text{ oder}$$

$$m_d = \frac{1}{\mu} \sqrt{\frac{\mu\, a}{c\, i_s}} \quad . \quad . \quad . \quad . \quad . \quad . \quad . \quad . \quad 2)$$

Das Argument des Magnetismus wird:

$$\mu\, m_d\, J_a = J_a \sqrt{\frac{\mu\, a}{c\, i_s}}, \text{ also der Magnetismus}$$

$$M = \frac{J_a \sqrt{\frac{\mu\, a}{c\, i_s}}}{1 + J_a \sqrt{\frac{\mu\, a}{c\, i_s}}} \quad . \quad . \quad . \quad . \quad . \quad . \quad . \quad . \quad 3)$$

Der Gesammtwiderstand ist:

$$W = \frac{f v}{J_a} M = \frac{f v \sqrt{\frac{\mu\, a}{c\, i_s}}}{1 + J_a \sqrt{\frac{\mu\, a}{c\, i_s}}} = a + d + u \quad . \quad . \quad 4)$$

und u:

$$u = \frac{fv\sqrt{\frac{\mu a}{c i_s}}}{1 + J_a\sqrt{\frac{\mu a}{c i_s}}} - a\,\frac{1 + J_a\sqrt{\frac{\mu a}{c i_s}}}{J_a\sqrt{\frac{\mu a}{c i_s}}} \quad . \quad . \quad . \quad 5)$$

Aus den Formeln für d und m_d folgt:

$$d\,m_d = \frac{a}{\mu J_a}, \text{ also } \mu\, m_d\, J_a = \frac{a}{d},$$

und der Magnetismus:

$$M = \frac{\mu\, m_d\, J_a}{1 + \mu\, m_d\, J_a} = \frac{a}{a + d} \quad . \quad . \quad . \quad . \quad . \quad . \quad . \quad 6)$$

Der **Magnetismus** ist also, bei dieser Wickelung, gleich dem **Verhältniss der Widerstände des Ankers und der ganzen Maschine**; haben Schenkel und Anker gleiche Widerstände, so ist der Magnetismus gleich $\frac{1}{2}$.

Will man die elektrischen Grössen der Maschine aus den direct gegebenen Grössen a, J_a, u, d berechnen, so thut man am besten, zunächst den Magnetismus M nach obiger Formel aus diesen Grössen zu berechnen, und dann die gesuchten Grössen durch M auszudrücken.

$$\left.\begin{aligned}
E &= f v M \\
P &= f v M - \frac{a J_a}{M} \\
u &= \frac{f v M}{J_a} - \frac{a}{M} \\
A &= E J_a = J_a f v M \\
V_e &= \frac{a + d}{a + d + u} = \frac{a J_a}{f v}\,\frac{1}{M^2};
\end{aligned}\right\} \quad . \quad . \quad . \quad . \quad 7)$$

man kann also sämmtliche Grössen, deren Kenntniss interessirt, auf einfache Weise zum Voraus berechnen.

Drückt man das Verhältniss V_e der Stromwärme der Maschine zu derjenigen des ganzen Kreises in den ursprünglichen Grössen aus, so kommt schliesslich:

$$V_e = \frac{a J_a}{f v} \left(1 + \frac{1}{J_a \sqrt{\frac{\mu a}{c i_s}}}\right)^2 \quad . \quad . \quad . \quad . \quad . \quad 8)$$

Obschon die gegebenen Formeln für die praktischen Rechnungen völlig genügen, möchten wir noch einige Formeln beifügen, welche man durch Einführung derjenigen Wickelung erhält, für welche beim Strom J der Magnetismus $= \frac{1}{2}$, also

$$J = J_{\frac{1}{2}} = \frac{1}{\mu m_d},$$

während die Drahtquerschnitte auf Anker und Schenkeln stets die dem Strom J entsprechenden bleiben.

Diese Wickelung, deren Daten sich berechnen lassen, sobald die Constante μ bekannt ist, habe den Widerstand δ nnd die Windungszahl m_δ. Es ist alsdann:

$$m_d = m_\delta \frac{d}{\delta}, \; \mu m_d J_a = 1, \; \mu J_a = \frac{1}{m_\delta}, \text{ also}$$

$$\mu m_d J_a = \frac{d}{\delta} \text{ und}$$

$$M = \frac{\mu m_d J_a}{1 + \mu m_d J_a} = \frac{d}{\delta + d} \quad . \quad . \quad . \quad . \quad . \quad . \quad 9)$$

Dieser Satz gilt, wohlgemerkt, allgemein, nicht nur für die beste Wickelung; nach demselben ist der Magnetismus gleich dem Verhältniss des Widerstandes der Schenkelwickelung zu der Summe desselben Widerstandes und desjenigen der Schenkelwickelung für den Magnetismus $\frac{1}{2}$.

Führen wir nun die Grössen der Schenkelwickelung für den Magnetismus $\frac{1}{2}$ ein in die Ausdrücke für die beste Wickelung.

Setzt man in die Formel $d = \frac{a}{\mu m_d J_a}$ den Ausdruck:

$\mu m_d J_a = \frac{d}{\delta}$ ein, so kommt:

$$d = \sqrt{a \delta}; \quad . \quad . \quad . \quad . \quad . \quad . \quad . \quad . \quad 10)$$

Der Schenkelwiderstand der besten Wickelung ist

gleich dem geometrischen Mittel aus Ankerwiderstand und dem Schenkelwiderstand für den Magnetismus $\frac{1}{2}$.

Für den Magnetismus erhält man aus Formel 9):

$$M = \frac{\sqrt{\frac{a}{\delta}}}{1+\sqrt{\frac{a}{\delta}}} = \frac{\sqrt{a}}{\sqrt{\delta}+\sqrt{a}}, \quad . \quad . \quad . \quad . \quad 11)$$

ferner für das Verhältniss V_e aus 7):

$$V_e = \frac{a\,J_a}{f\,v}\left(1+\sqrt{\frac{\delta}{a}}\right)^2 \quad . \quad . \quad . \quad . \quad . \quad . \quad 12)$$

Wir sehen also auch hier wieder, welche Klarheit und zum Theil überraschende Einfachheit die Formeln erhalten, wenn man die dem Magnetismus $\frac{1}{2}$ entsprechenden Grössen einführt.

Diese Formeln haben jedoch mehr theoretisches, als praktisches Interesse.

Die Schenkelconstante $J_{\frac{1}{2}}$ der besten Wickelung erhält man, indem man in

$$J_{\frac{1}{2}} = \frac{1}{\mu\,m_d}$$

die oben abgeleitete Formel für m_d einsetzt; man findet:

$$J_{\frac{1}{2}} = \frac{1}{\sqrt{\frac{\mu\,a}{c\,i_s}}} \quad . \quad . \quad . \quad . \quad . \quad . \quad . \quad . \quad 13)$$

Drückt man die Wurzelgrösse durch $J_{\frac{1}{2}}$ aus und setzt in die Formel für d ein, so kommt

$$d = a\,\frac{J_{\frac{1}{2}}}{J_a} \text{ oder}$$

$$\frac{J_{\frac{1}{2}}}{J_a} = \frac{d}{a} \quad . \quad . \quad . \quad . \quad . \quad . \quad . \quad . \quad 14)$$

Bei der besten directen Wickelung (Normalzustand) verhält sich also die Schenkelgrösse zum Ankerstrom (oder zu dem in der Maschine herrschenden Strom) wie der Widerstand der Schenkel zu denjenigen des Ankers.

Der Wickelungsraum R_d ist gleich dem Product der mittleren Windungslänge l_s in den Gesammtquerschnitt Q_d der Windungen, also

$$R_d = l_s\, Q_d = l_s\, m_d\, q_d\,;$$

setzt man hierin die Formel für m_d und $q_d = \frac{J_a}{i_s}$ ein, so kommt

$$R_d = l_s \cdot \frac{J_a}{\mu\, i_s} \sqrt{\frac{\mu\, a}{c\, i_s}} = l_s\, J_a \sqrt{\frac{a}{\mu\, c}}\, \frac{1}{i_s^{\frac{3}{2}}} \quad . \; . \; . \quad 15)$$

Der Wickelungsraum ist also umgekehrt proportional der $\frac{3}{2}$ten Potenz der Dichtigkeit (i_s) des Schenkelstromes. Man kann also die letztere so wählen, dass der Wickelungsraum eine bestimmte Grösse erhält.

Normalzustand — Nebenschlusswickelung.

Den Widerstand, den die parallel geschalteten Zweige der Nebenschlusswickelung (n) und des äusseren Widerstandes (u) darbieten, bezeichnen wir mit w (auch $[u, n]$) so dass:

$$w = \frac{1}{\frac{1}{u} + \frac{1}{n}} = \frac{u\, n}{u + n}.$$

Der Querschnitt q_n der Schenkelwickelung ist durch die angegebenen Bedingungen nicht unmittelbar bestimmt, wie bei der directen Wickelung. Wir drücken denselben durch w und n aus; es ist:

$$J_a = q_n\, i_s = J_a\, \frac{w}{n}, \text{ also}$$

$$q_n = \frac{w}{n}\, \frac{J_a}{i_s}.$$

Für den Ankerstrom J_a hat man:

$$J_n = \frac{f\, v}{a + w} - \frac{1}{\mu\, m_n}\, \frac{n}{w}.$$

Der Widerstand n der Nebenschlusswickelung ist aber, wenn l_s die mittlere Länge (in Metern) einer Schenkelwindung, k die Leitungsfähigkeit des Kupfers im Verhältniss zu Quecksilber,

$$n = \frac{1}{k} \frac{l_s\, m_n}{q_n}$$ in Siemens'schen Einheiten.

und
$$n = \frac{1}{1{,}06 \times k} \frac{l_s\, m_n}{q_n}$$ in Ohm;

wir setzen wieder $\frac{l_s}{1{,}06 \times k} \doteq c$, so dass

$$n = c \frac{m_n}{q_n}.$$

Setzen wir dies in den Ausdruck für J_a ein, so kommt:

$$J_a = \frac{f\, v}{a + w} - \frac{c \cdot i_s}{\mu\, J_a} \frac{n}{w^2}, \text{ und}$$

$$n = w^2 \frac{\mu\, J_a}{c\, i_s} \left(\frac{f\, v}{a + w} - J_a \right) \quad . \; . \; . \; . \; . \; . \quad 16)$$

Das Verhältniss (V_e) der Stromwärme der Maschine zur gesammten elektrischen Arbeit ist:

$$V_e = \frac{J_a^2\, a + J_n^2\, n}{J_a^2\, (a + w)} \text{ oder, da } J_n = J_a \frac{w}{n},$$

$$V_e = \frac{a + \frac{w^2}{n}}{a + w}.$$

Drücken wir hierin n durch w nach der oben erhaltenen Formel aus, so erhalten wir:

$$V_e = \frac{a}{a + w} + \frac{c\, i_s}{\mu\, J_a} \frac{1}{a + w} \frac{1}{\frac{f\, v}{a + w} - J_a} \text{ oder}$$

$$V_e = \frac{a}{a + w} + \frac{c\, i_s}{\mu\, J_a} \frac{1}{f\, v - J_a\, (a + w)}.$$

Differenziren wir V_e nach w und setzen gleich Null, so kommt

$$\frac{d\, V_e}{d\, w} = - \frac{a}{(a + w)^2} + \frac{c\, i_s}{\mu} \frac{1}{(f\, v - J_a\, (a + w))^2} = 0,$$

woraus

$$\left(\frac{fv}{a+w} - J_a\right)^2 = \frac{c\,i_s}{\mu\,a},$$

$$\frac{fv}{a+w} = J_a + \sqrt{\frac{c\,i_s}{\mu\,a}},$$

$$a + w = \frac{fv}{J_a + \sqrt{\frac{c\,i_s}{\mu\,a}}}, \text{ oder}$$

$$a + w = \frac{fv\sqrt{\frac{\mu\,a}{c\,i_s}}}{1 + J_a\sqrt{\frac{\mu\,a}{c\,i_s}}} \quad \ldots\ldots \quad 17)$$

Wenn man u und n, die Bestandtheile von w, unmittelbar durch die gegebenen Grössen ausdrückt, verliert man an Uebersichtlichkeit; es ist zweckmässiger, u und n durch w auszudrücken, das sich nach Formel 16 aus den gegebenen Grössen berechnen lässt.

Man erhält:

$$\frac{fv}{a+w} - J_a = \frac{1}{\sqrt{\frac{\mu\,a}{c\,i_s}}}, \text{ also}$$

$$n = w^2 \frac{\mu\,J_a}{c\,i_s}\left(\frac{fv}{a+w} - J_a\right) = w^2\,\frac{\mu\,J_a}{c\,i_s}\sqrt{\frac{c\,i_s}{\mu\,a}}$$

oder

$$n = \frac{w^2}{a} J_a \sqrt{\frac{\mu\,a}{c\,i_s}} \quad \ldots\ldots\ldots \quad 18)$$

ferner, da

$$u = \frac{1}{\frac{1}{w} - \frac{1}{n}} = \frac{w}{1 - \frac{w}{n}},$$

$$u = \frac{w}{1 - \frac{a}{w}\,\frac{1}{J_a\sqrt{\frac{\mu\,a}{c\,i_s}}}} \quad \ldots\ldots \quad 19)$$

Für den Magnetismus M erhält man, da

$$M = \frac{J_a}{fv}(a + w),$$

$$M = \frac{J_a \sqrt{\frac{\mu a}{c i_s}}}{1 + J_a \sqrt{\frac{\mu a}{c i_s}}} \quad \ldots\ldots \quad 20)$$

Hieraus folgt, dass das Argument des Magnetismus:

$$\mu\, m_n\, J_n = J_a \sqrt{\frac{\mu a}{c i_s}};$$

da aber $J_n = J_a \frac{w}{n}$, so ist

$$\mu\, m_n \frac{w}{n} = \sqrt{\frac{\mu a}{c i_s}} \quad \text{und}$$

$$m_n = \frac{n}{\mu w} \sqrt{\frac{\mu a}{c i_s}} = \frac{1}{\mu} \frac{w J_a}{a} \frac{\mu a}{c i_s} \quad \text{oder}$$

$$m_n = w \frac{J_a}{c i_s} \quad \ldots\ldots\ldots \quad 21)$$

Den Drahtquerschnitt q_n erhält man aus

$$q_n = c \frac{m_n}{n};$$

wenn man die Ausdrücke für m_n und n einsetzt, so kommt:

$$q_n = \frac{w J_a}{i_s} \frac{a}{w^2 J_a \sqrt{\frac{\mu a}{c i_s}}} \quad \text{oder}$$

$$q_n = \frac{a}{w i_s} \frac{1}{\sqrt{\frac{\mu a}{c i_s}}} \quad \ldots\ldots\ldots \quad 22)$$

Der Wickelungsraum (R_n) (in Cubiccentimetern) ergibt sich hieraus, wie folgt:

$$R_n = l_s\, m_n\, q_n = l_s\, J_a \sqrt{\frac{a}{\mu c}} \frac{1}{i_s^{\frac{3}{2}}} \quad \ldots\ldots \quad 23)$$

Für die Schenkelconstante $P_{\frac{1}{2}}$ erhält man:

$$P_{\frac{1}{2}} = \frac{n}{\mu m_n} = \frac{w^2}{a} J_a \sqrt{\frac{\mu a}{c i_s}} \frac{c i_s}{\mu w J_a} \quad \text{oder}$$

$$P_{\frac{1}{2}} = \frac{w}{\sqrt{\frac{\mu a}{c i_s}}} \quad \text{. . . . . 24)}$$

Drückt man die elektrischen Grössen durch M aus, ähnlich wie oben bei der directen Wickelung, so erhält man:

$$\left.\begin{aligned} E &= f v M \\ P &= f v M - a J_a \\ J &= J_a\left(1 - \frac{w}{n}\right) \\ J_n &= J_a \frac{w}{n} \\ A &= E J_a - J_a f v M \\ V_e &= \frac{a J_a}{f v} \frac{1}{M^2} \end{aligned}\right\} \quad \text{. . . . . 25)}$$

Wir fügen noch die Ableitung der letzten Gleichung hinzu:

$$V_e = \frac{a}{a + w} + \frac{w^2}{n} \frac{1}{a + w} = \frac{a}{a + w} + \frac{c i_s}{\mu J_a} \frac{1}{f v - J_a (a + w)};$$

$$\text{da } f v - J_a (a + w) = \frac{f v}{1 + J_a \sqrt{\frac{\mu a}{c i_s}}}, \text{ wird}$$

$$V_e = \frac{a}{f v \sqrt{\frac{\mu a}{c i_s}}} \left(1 + J_a \sqrt{\frac{\mu a}{c i_s}}\right) + \frac{c i_s}{\mu J_a f v} \left(1 + J_a \sqrt{\frac{\mu a}{c i_s}}\right)$$

$$= \frac{a J_a}{f v} + 2 \frac{a}{f v \sqrt{\frac{\mu a}{c i_s}}} + \frac{a}{J_a f v} \frac{c i_s}{\mu a} \text{ und}$$

$$V_e = \frac{a J_a}{f v} \left(1 + \frac{1}{J_a \sqrt{\frac{\mu a}{c i_s}}}\right)^2 = \frac{a J_a}{f v} \frac{1}{M^2}.$$

Vergleichung; gemischte Wickelung.

Wir stellen uns nun die Frage, welche von den beiden Normalwickelungen, die directe oder die Nebenschlusswickelung, weniger Arbeit verbrauche, und suchen überhaupt die für beide Wickelungen erhaltenen Resultate zu vergleichen.

Werfen wir zunächst einen Blick auf die Formeln 3 und 20, so ergiebt sich, dass bei beiden besten Wickelungen (Normalzustand) der Magnetismus gleich ist; da aber ferner in beiden Fällen

$$V_e = \frac{a\,J_a}{f\,v}\,\frac{1}{M^2},$$

so ist auch der Verlust an elektrischer Arbeit derselbe; dasselbe gilt von der elektromotorischen Kraft ($E = fvM$), der gesammten elektrischen Arbeit ($A_e = EJ_a = fvM\,J_a$), der Polarbeit ($PJ = A_e\,(1 - V_e)$), vom Gesammtwiderstand des Stromkreises und vom Wickelungsraum.

Unterschiede sind nur vorhanden bei der Polspannung P und dem äusseren Strom J, ferner im äusseren Widerstande.

Der Ankerstrom J_a ist in beiden Fällen gleich; der äussere Strom ist bei der directen Wickelung gleich dem Ankerstrom, bei der Nebenschlusswickelung dagegen kleiner; da aber das Product PJ oder die Polarbeit in beiden Fällen gleich ist, so muss die Polspannung P bei der Nebenschlusswickelung höher sein, als bei der directen Wickelung.

Bis auf diesen Unterschied in Polspannung und äusserem Strom wirken also beide Wickelungen gleich.

Diese Vergleichung setzt uns auch in den Stand, unsere Betrachtung auf die gemischten Wickelungen auszudehnen.

Wie S. 86 ff an der gemischten Wickelung für constante Polspannung auseinandergesetzt wurde, ergibt die Forderung der constanten Polspannung eine einzige Bedingungsgleichung, durch welche die Wickelung noch nicht bestimmt ist; zur vollständigen Bestimmung der letzteren muss noch eine Bedingung hinzutreten, welche man beliebig wählen kann.

Dieses Verhältniss wird auch nicht geändert, wenn die gemischte Wickelung nicht constante Polspannung, sondern irgend eine andere Eigenschaft der Maschine ertheilen soll.

Wenn man nun als zweite Bedingung die Forderung aufstellt, dass die Summe der Stromwärme in der gemischten Wickelung gleich dem Minimum sei, welches durch die obigen Betrachtungen für die beste directe oder Nebenschlusswickelung gefunden wurde, so erhält man die beste gemischte Wickelung (für den betreffenden Zweck) oder diejenige für den Normalzustand.

Wir führen diese Betrachtung nicht aus, bemerken jedoch, dass man in der Praxis am einfachsten so verfährt, dass man die vorherrschende der beiden Wickelungen nach dem Normalzustand wählt, diejenige von geringerer Wirkung nach dem Zweck, den die gemischte Wickelung erfüllen soll; allerdings erhält man auf diese Weise nicht genau diejenigen Verhältnisse, bei denen die Stromwärme ein Minimum ist.

Idealzustand.

Wir stellen uns nun weiter die Frage, ob man nicht noch günstigere Verhältnisse erzielen kann, wenn man für die Werthe derjenigen Grössen, die wir bisher als gegeben annahmen, eine passende Wahl trifft. Wenn der Anker und die Eisenconstruction der Schenkel gegeben ist, so kann man für die Geschwindigkeit (v), den Ankerstrom (J_a) und den Strom pro Flächeninhalt des Querschnitts der Schenkelwindungen (i_s) immer noch Werthe wählen; es wird nur aus praktischen Gründen verlangt, dass sie gewisse Maximalwerthe nicht übersteigen.

Betrachtet man die aus 25) abgeleitete Formel:

$$V_e = \frac{1}{f v}\left(a J_a + 2\sqrt{\frac{a c i_s}{\mu}} + \frac{c i_s}{\mu J_a}\right) \quad . \quad . \quad . \quad 26)$$

so ergiebt sich, dass der Verlust an elektrischer Arbeit um so kleiner ist,

je kleiner der Ankerwiderstand a,
je grösser die Ankerconstante f,
je kleiner der Widerstand Einer Schenkelwindung vom Querschnitt 1, d. h. c,
je kleiner die Dichtigkeit i_s des Schenkelstroms,
je grösser die Magnetisirungsconstante μ,

ferner:

je grösser die Geschwindigkeit v.

Die Frage ist also beantwortet in Bezug auf alle vorkommenden Grössen bis auf die Stromstärke J_a; während der Verlust V_e in Bezug auf alle anderen Grössen bei den Werthen Null oder Unendlich ein Minimum hat, existirt in Bezug auf die Stromstärke ein Minimum bei einem bestimmten endlichen Werth.

Differenzirt man V_e nach J_a und setzt gleich Null, so erhält man

$$o = a - \frac{c i_s}{\mu J'^2_a}, \text{ woraus}$$

$$J'_a = \sqrt{\frac{c\,i_s}{\mu\,a}} \qquad \ldots\ldots\ldots \quad 27)$$

Setzt man diesen Werth in (26) ein, so kommt

$$V_e = \frac{4\,a\sqrt{\frac{c\,i_s}{\mu\,a}}}{f\,v} \qquad \ldots\ldots\ldots \quad 28)$$

Dies ist also der Minimalwerth von V_e, den man durch passende Wahl der Stromstärke erhalten kann.

Liegt der durch Formel 27 bestimmte Werth von J'_a über dem praktisch möglichen Maximum des Ankerstroms, so kann man von obiger Betrachtung keinen praktischen Gebrauch machen; liegt dagegen jener Werth erheblich unter jenem Maximum, so wird man ebenfalls nur selten nach obiger Betrachtung die Wickelung wählen, weil die von der Maschine gelieferte Arbeit zu klein wird.

Aus diesen Gründen hat die obige Betrachtung wenig praktischen Werth, und wir nennen daher den durch dieselbe bestimmten Zustand der Maschine den **Idealzustand**, den durch die Formeln 1) bis 25) charakterisirten dagegen den **Normalzustand** der Maschine. Beide Zustände sind dadurch charakterisirt, dass das Verhältniss der Stromwärme zu der gesammten elektrischen Arbeit möglichst klein oder der elektrische Nutzeffekt möglichst gross ist; beim Normalzustand ist der Ankerstrom als gegeben angenommen und gleich dem Maximum, das der Anker zu ertragen vermag; beim Idealzustand dagegen wird der Ankerstrom so gewählt, dass der elektrische Nutzeffekt noch grösser wird, als im Normalzustand.

Im idealen Zustand ist der Magnetismus $= \frac{1}{2}$; dem, wenn

$$J'_a = \sqrt{\frac{c\,i_s}{\mu\,a}}, \text{ so ist}$$

$$M = \frac{J'_a\sqrt{\frac{\mu\,a}{c\,i_s}}}{1 + J'_a\sqrt{\frac{\mu\,a}{c\,i_s}}} = \frac{1}{2};$$

Der Gesammtwiderstand W des Stromkreises $(a + d + u$ bei directer Wickelung, $a + w$ bei Nebenschlusswickelung) ist (s. 3) und 17)

$$W = \frac{f v \sqrt{\frac{\mu a}{c i_s}}}{1 + J'_a \sqrt{\frac{\mu a}{c i_s}}} = \frac{1}{2} \frac{f v}{J'_a}; \quad . \quad . \quad . \quad . \quad 29)$$

$f v$ ist die elektromotorische Kraft für den Magnetismus 1, das Verhältniss $\frac{fv}{J'_a}$ ist ein Widerstand, W ist gleich der Hälfte dieses Widerstandes.

Für die Schenkelwickelung im idealen Zustand kann man directe Wickelung oder Nebenschlusswickelung wählen.

Bei **directer Wickelung** ist der Widerstand der Schenkel (d) gleich dem Widerstand des Ankers (a); dies folgt aus 6).

Der äussere Widerstand u ist

$$u = \frac{1}{2} \frac{f v}{J'_a} - 2a = W - 2a;$$

Die elektromotorische Kraft ist die Hälfte der grösstmöglichen (bei $M = 1$), nämlich

$$E = \frac{1}{2} f v,$$

die gesammte elektrische Arbeit ist

$$E J'_a = \frac{1}{2} f v J'_a,$$

die elektrische Arbeit an den Polen:

$$P J' = \frac{1}{2} f v J'_a - 2 a J'^2_a.$$

die Polspannung P:

$$P = \frac{1}{2} f v - 2 a J'_a.$$

Bei **Nebenschlusswickelung** ist der Gesammtwiderstand

$$W = a + w = \frac{1}{2} \frac{f v}{J'_a}, \quad w = W - a,$$

ferner der Widerstand der Nebenschlusswickelung

$$n = \frac{w^2}{a} J'_a \sqrt{\frac{\mu a}{c i_s}} = \frac{w^2}{a} \text{ oder}$$

$$n = \frac{1}{a}(W - a)^2,$$

und der äussere Widerstand

$$u = \frac{w}{1 - \frac{a}{w} \frac{1}{J'_a \sqrt{\frac{\mu a}{c i_s}}}} = \frac{w}{1 - \frac{a}{w}} \text{ oder}$$

$$u = \frac{(W - a)^2}{W - 2a}.$$

Die elektromotorische Kraft und die gesammte elektrische Arbeit und die elektrische Arbeit an den Polen sind, wie bei der directen Wickelung

$$E = \frac{1}{2} f v; \quad E J'_a = \frac{1}{2} f v J'_a; \quad P J' = \frac{1}{2} f v J'_a - 2 a J'^2_a;$$

die Polspannung P jedoch ist

$$P = \frac{1}{2} f v - a J'_a,$$

und der äussere Strom J':

$$J' = J'_a - \frac{a J'_a}{\frac{1}{2} f v - a J'_a}.$$

Einfluss des Leergangs.

Wir haben nun die Frage des Verlustes an elektrischer Arbeit vollständig discutirt, aber uns noch nicht vergewissert, ob dadurch auch die Frage des Gesammtarbeitsverlustes entschieden ist.

Bevor wir hierauf eingehen, stellen wir einige Bezeichnungen fest. Seit der Münchener elektrischen Ausstellung ist öfter die Bezeichnung „Güteverhältniss" gebraucht worden; wir halten dieselbe für keine glückliche, theils, weil die Güte selbst ein Verhältniss ist, theils weil die Einführung eines neuen Wortes nicht nothwendig ist.

Der Arbeitsverlust in der Dynamomaschine besteht: 1. aus den mechanischen Arbeitsverlusten durch Zapfen- und Bürstenreibung und durch Luftwiderstand und ferner aus dem durch die im

Eisen circulirenden Inductionsströme verursachten Verlust, 2. aus der Stromwärme in Anker und Schenkel; wir bezeichnen den ersteren Verlust als Leergang (L), den letzteren als Stromwärme der Maschine (S_m).

Als Nutzeffect pflegt man in der Mechanik das Verhältniss derjenigen Arbeit, welche ein Apparat leistet, zu der vom Apparat verbrauchten Arbeit zu bezeichnen.

Bei der elektrischen Kraftübertragung bezeiclnet man schlechthin als Nutzeffect oder als mechanischen Nutzeffect das Verhältniss der geleisteten mechanischen Arbeit zu der verbrauchten, als elektrischen Nutzeffect das Verhältniss der entsprechenden elektrischen Arbeiten.

Bei einer elektrische Arbeit leistenden Maschine scheint es daher durchaus zweckmässig, als Nutzeffect (N) das Verhältniss der an den Polen geleisteten elektrischen Arbeit zu der verbrauchten mechanischen Arbeit zu bezeichnen, ferner als elektrischen Nutzeffect (N_e) das Verhältniss der geleisteten elektrischen Arbeit (Polarbeit) zu der gesammten, in der Maschine erzeugten elektrischen Arbeit.

Es sei:

A die gesammte verbrauchte mechanische Arbeit,

$A_e = EJ_a$ die gesammte erzeugte elektrische Arbeit,

A_p die äussere, an den Polen erzeugte elektrische Arbeit (Polarbeit),

L die Leergangsarbeit,

S_m die Stromwärme in der Maschine,

N der Nutzeffect,

N_e der elektrische Nutzeffect, ferner

V das Verhältniss des Arbeitsverlustes in der Maschine zu der mechanischen Gesammtarbeit A,

V_e das Verhältniss der Stromwärme in der Maschine zu der elektrischen Gesammtarbeit A_e;

dann ist:

$$N = \frac{A_p}{A}, N_e = \frac{A_p}{A_e}$$

$$1 - N = V = \frac{A - A_p}{A} = \frac{S_m + L}{A}$$

$$1 - N_e = V_e = \frac{A_e - A_p}{A_e} = \frac{S_m}{A_e}.$$

Der bisher betrachtete Verlust V_e enthält also nicht den Gesammtarbeitsverlust in der Maschine, sondern nur einen Theil, und es fragt sich, ob unsere Minimumsbetrachtungen auch für den Gesammtverlust richtig sind.

Die Leergangsarbeit L besteht, wenigstens bei grösseren Maschinen, hauptsächlich in der von den Inductionsströmen im Eisen des Ankers verbrauchten Arbeit; bei kleinen Maschinen sind allerdings die mechanischen Reibungen von wesentlichem Belang, bei grösseren Maschinen jedoch, die wir hier namentlich im Auge haben, nicht.

Wir können daher setzen

$$L = l_1 \, i^2,$$

wenn i der Inductionsstrom im Eisen des Ankers, l_1 ein Coefficient; i ist aber proportional Mv, also:

$$L = l' \, M^2 \, v^2 = l \, J_a^2 \, W^2,$$

wenn W der Gesammtwiderstand des Stromkreises, l', l Coefficienten. Es ist daher der Gesammtverlust

$$V = \frac{L + S_m}{L + A_e} = \frac{l \, J_a^2 \, W^2 + J_a^2 \, a + J_s^2 \, s}{l \, J_a^2 \, W^2 + J_a^2 \, W},$$

wenn s der Widerstand der Schenkel, J_s der Strom in den Schenkeln.

Hier kann im Nenner $l \, J_a^2 \, W^2$ gegenüber $J_a^2 \, W$ vernachlässigt werden; es ist daher, wenn man beachtet, dass das früher betrachtete V_e

$$V_e = \frac{J_a^2 \, a + J_s^2 \, s}{J_a^2 \, W},$$

$$V = l \, W + V_e \quad \ldots \ldots \ldots \quad 30)$$

Von V_e wissen wir, dass es bei gegebener Stromstärke ein Minimum zeigt bei einer bestimmten Schenkelwickelung, und dass ferner ein noch günstigeres Minimum existirt, wenn ausser der Schenkelwickelung noch die Stromstärke verfügbar ist.

Anders verhält sich der von den Inductionsströmen herrührende erste Term $l \, W$.

Drückt man, bei directer Wickelung, $l \, W$ durch die gegebenen Grössen und durch d aus, so kommt

$$l \, W = \frac{l f v}{J_a + \frac{1}{\mu \, m_d}} = \frac{l f v}{J_a + \frac{c}{\mu \, q_d} \, \frac{1}{d}},$$

Hieraus ist ersichtlich, dass die Leergangsarbeit stets zunimmt mit wachsendem d, dagegen stets abnimmt mit wachsendem J_a; dieselbe besitzt also kein Minimum in Bezug auf diese Grössen. Dasselbe gilt für die Nebenschlusswickelung.

Von den beiden Theilen, aus welchen der Gesammtverlust V besteht, zeigt also der eine, für sich, keine Minima in Bezug auf Stromstärke und Schenkelwickelung, der andere, für sich, dagegen wohl. Ob die Summe beider Theile Minima zeigt, hängt ganz davon ab, in welchem Grössenverhältniss die beiden Theile zu einander stehen. Ist der Leergang Null, so gelten unsere oben abgeleiteten Minima auch für den Gesammtverlust; hat der Leergang geringen Werth im Verhältniss zur Stromwärme der Maschine, so gibt es zwar noch Minima, aber sie weichen von den oben berechneten ab; überwiegt endlich der Leergang, so ist die Abweichung eine bedeutende, aber es finden gar keine Minima mehr statt.

Diese Betrachtung genauer zu verfolgen, hat wenig praktischen Werth, da die Constante der Inductionsströme nur durch Arbeitsmessung bestimmt werden kann und aus diesem Grunde selten bestimmt wird. Ferner ist zu hoffen, dass, namentlich für elektrische Kraftübertragung, die Construction der Maschinen in dieser Beziehung noch erheblich verbessert und dem idealen Fall, in welchem die durch Inductionsströme im Eisen verschluckte Arbeit Null ist, immer mehr genähert wird.

Allerdings muss man bei den heutigen Maschinenconstructionen, soweit die wenigen bekannten Versuche reichen, zugestehen, dass gerade bei den besten derselben der Leergang ungefähr von ähnlichem Betrag ist, wie die Stromwärme; immerhin geben aber auch in diesem Fall die von uns abgeleiteten Formeln eine bedeutende Annäherung an die wirklichen Minima, so dass deren Gebrauch auch bei den heutigen Maschinen nur vortheilhaft sein kann.

Beispiele.

(Die Stromstärken sind in Ampère, die Spannungen in Volt, die Widerstände in Ohm, die Geschwindigkeiten in Touren per Minute, die Querschnitte in Quadratmillimetern angegeben.)

Wir wählen zunächst die Maschine von Siemens & Halske, welche uns bereits früher als Beispiel bei der gemischten Wickelung diente. Als dieselbe mit reiner Nebenschlusswickelung versehen wurde,

$$(n = 7.55,\ m_n = 3440,\ q_n = 9.82\,\square^{mm})$$

so erhielt man bei 950 Touren einen Ankerstrom von 120 Ampère (das Maximum, das bei ununterbrochenem Betrieb sich anwenden lässt), wenn ein äusserer Widerstand von 1.70 Ohm eingeschaltet wurde; die Polspannung betrug alsdann 167, der äussere Strom $J = 98$, der Strom im Nebenschluss $J_n = 22$. Die an den Polen geleistete Arbeit betrug: $PJ = 16400$ *Watt*, die gesammte elektrische Arbeit: $EJ_a = 20800$; der elektrische Nutzeffect also nur *0.788*. Ferner ergab sich, dass der Magnetismus *0.910* betrug, also ungewöhnlich hoch war.

Es fragt sich, wie die Maschine bei derselben Geschwindigkeit und demselben Ankerstrom arbeitet, wenn die Schenkel möglichst rationell bewickelt werden, d. h. wie die Maschine im Normalzustand arbeitet.

Für die Constanten der Maschine hatte man folgende Werthe erhalten:

$$a = 0.05,\ f = 0.2,\ c = 0.0215,\ \mu = 0.000129;$$

für die Stromstärke per Querschnittseinheit auf den Schenkeln nehmen wir einen geringeren Werth an, als in der obigen Wickelung, nämlich: $i_s = 1.5$.

Es ergibt sich:

$$\sqrt{\frac{\mu a}{c i_s}} = 0.0141,\ J_a \sqrt{\frac{\mu a}{c i_s}} = 1.69,$$

$$M = \frac{1.69}{2.69} = 0.628;\ \text{ferner}$$

$$E = f v M = 119,\ P = E - a J_a = 113,$$

$$a + w = \frac{E}{J_a} = 0.995,\ w = 0.945,$$

$$n = \frac{w^2}{a} J_a \sqrt{\frac{\mu a}{c i_s}} = 33.4,\ m_n = \frac{w J_a}{c i_s} = 3510,$$

$$q_n = \frac{a}{w i_s} \frac{1}{\sqrt{\frac{\mu a}{c i_s}}} = 2.5 \square^{mm};\ \text{endlich}$$

$$J_n = \frac{P}{n} = 3.38,\ J = J_a - J_n = 116.6,$$

$$V_e = \frac{a J_a}{f v} \frac{1}{M^2} = 0.080,$$

$$PJ = 13200,\ EJ_a = 14300,$$

$$N_e = \frac{PJ}{EJ_a} = 0.923.$$

Die neue Wickelung, die beste für den Ankerstrom $J_a = 120$, hat ungefähr den 4fachen Widerstand, dieselbe Windungszahl, aber den vierten Theil des Drahtquerschnitts. Der elektrische Nutzeffect ist bedeutend gestiegen, von 79 % auf 92 %, die Polarbeit aber um etwa 24 % gefallen.

Man sieht also, wie eine scheinbar sehr unökonomische Maschine in eine recht ökonomische verwandelt werden kann, wobei allerdings auf einen Theil der Leistung verzichtet werden muss.

Berechnen wir für dieselbe Maschine nach den Formeln 27 ff. den idealen Zustand, so ergibt sich:

$$J'_a = 70.9,\ E = 95,$$
$$W = 1.34,\ w = 1.29,\ u = 1.34,$$
$$P = 91.5,\ J' = 68.1,$$
$$PJ = 6230,\ EJ_a = 6730,$$
$$N_e = 0.925.$$

Der elektrische Nutzeffect ist also nur wenig grösser, als im Normalzustand; dagegen ist die Polarbeit auf etwa die Hälfte gesunken.

Aehnlich verhält es sich bei anderen Beispielen, die wir hier nicht anführen; bei dem idealen Zustand wird meistens ein geringer Gewinn an Nutzeffect, gegenüber dem Normalzustand, durch ein unverhältnissmässig grosses Opfer an Arbeitsleistung erkauft.

Der Ankerstrom des idealen Zustandes fällt bei obiger Maschine erheblich kleiner aus, als das in Wirklichkeit angewendete Maximum. Dies ist nicht allgemein der Fall und hängt mit der Natur der Eisenconstruction zusammen. Bei Maschinen derselben Firma, aber von wesentlich anderer Eisenconstruction, fällt der Ankerstrom für den idealen Zustand viel grösser als das in Wirklichkeit angängige Maximum aus.

Es erhellt hieraus, dass der ideale Zustand wenig praktische Bedeutung besitzt.

Wir wollen noch an einer anderen, ökonomischeren Maschine derselben Firma die Normalzustände bei steigendem Wickelungsraum berechnen.

Diese Maschine war eine Nebenschlussmaschine und gab bei der gebräuchlichen Wickelung bei 850 Touren eine Polspannung von

100 Volt und einen Ankerstrom von 400 Ampère; der elektrische Nutzeffect betrug etwa 92 %, V_e etwa 8 %.

Für die Constanten fand man (aus der Polspannungscurve):

$$f = 0.20\,, \quad a = 0.0054\,,$$
$$\mu = 0.0000182\,, \quad c = 0.0144.$$

Wickelungsraum und Gesammtquerschnitt der Schenkelwindungen ($Q = m_n\, q_n$) unterscheiden sich nur durch eine Constante, die mittlere Länge; wir können daher auch Q zu Grunde legen, für welche Grösse man hat (im Normalzustand, in Quadratmillimetern):

$$Q = m_n\, q_n = J_a \sqrt{\frac{a}{\mu\, c}}\, \frac{1}{i_s^{\frac{1}{2}}}\,.$$

Wir berechnen hieraus für den gewöhnlich angewendeten Gesammtquerschnitt (31200 □mm) und für den doppelten, dreifachen und vierfachen Werth die entsprechenden Werthe von i_s und die bez. Normalzustände und erhalten, für den Ankerstrom 400 und die Geschwindigkeit 850.

Q	i_s	M	V_e	P	J	n	m_n	q_n	PJ
31200	1.50	0.460	0.0599	76.1	387	5.76	3540	8.84	29400
62400	0.945	0.517	0.0476	85.7	390	9.20	6320	9.89	33400
93600	0.724	0.552	0.0416	91.6	392	12.1	8860	10.6	35900
125000	0.586	0.576	0.0383	95.7	394	14.6	9040	14.2	37700

Wie man sieht, sinkt der elektrische Arbeitsverlust von 8 % (in der gebräuchlichen Wickelung) auf 6 %, durch Anwendung des Normalzustandes, bei demselben Wickelungsraum, die Polarbeit aber zugleich um etwa $^1/_4$; bei dem vierfachen Wickelungsraum, der praktisch nicht anwendbar ist, steigt die Polarbeit wieder beinahe auf den der wirklichen Wickelung entsprechenden Werth, der Verlust V_e sinkt auf 4 %.

Dieses Beispiel gibt ein Bild davon, was man durch Vergrösserung des Wickelungsraumes erreichen kann.

Dass bei der gebräuchlichen Wickelung der elektrische Verlust und die geleistete Arbeit grösser sind als im Normalzustand, wird wohl bei den meisten im praktischen Gebrauch befindlichen Maschinen zutreffen und rührt daher, dass die Industriellen durch praktische Rücksichten genöthigt sind, den Maschinen grössere Leistungen zuzumuthen, als eigentlich rationell ist, und ferner davon, dass es bei vielen Anwendungen auf die Höhe des elektrischen Nutzeffects nicht sehr wesentlich ankommt.

Der den idealen Zustand treffende Vorwurf, nämlich derjenige der mangelhaften Anpassung der Stromstärke an die Wirklichkeit, gilt auch für die Regel, welche Sir W. Thomson, Sylv. Thompson und Andere für die beste Benutzung von Nebenschlussmaschinen angeben, nämlich

$$u = \sqrt{a n};$$

auch hier ist es ein von der Eisenconstruction und der Schenkelwickelung abhängiger Zufall, wenn die Anwendung dieser Regel eine praktisch brauchbare Stromstärke ergibt.

Bei dem Normalzustand steht die Wahl des Ankerstroms frei; man wird stets das Maximum desselben wählen, das die Maschine bei dauerndem Gang noch erträgt. Hierin und in der freistehenden Wahl der Geschwindigkeit liegt schon eine wesentliche Garantie, dass der Normalzustand praktisch durchaus brauchbare Resultate liefert und dass auch die Polarbeit einen nicht zu geringen Werth ergibt. Wünscht man etwas grössere Polarbeit, so wählt man, bei directer Wickelung die Windungsanzahl auf den Schenkeln, bei Nebenschlusswickelung den Windungsquerschnitt grösser.

In jedem Falle gibt der Normalzustand dem Constructeur das Bild der rationellsten Anwendung und Behandlung der Maschine, welches er für jede Construction kennen und von welchem er bei praktischer Ausführung sich möglichst wenig entfernen sollte.

B. Der Querschnitt des Ankerdrahtes.

Wir haben im vorhergehenden Abschnitt gesehen, wie die Schenkel am rationellsten zu bewickeln sind, wenn die Wickelung des Ankers gegeben ist. Wir wissen ferner, dass die Wickelung des Ankers die elektriche Leistung der Maschine, abgesehen vom Magnetismus, bestimmt, sowohl die zu liefernde Spannung, als die Stromstärke, als auch deren Produkt, die Polarbeit. Wir werden endlich weiter unten sehen, dass, wenn man die Schenkelwickelung nach den im vorigen Abschnitt gegebenen Regeln ausführt, der Magnetismus im Normalzustand der Maschine stets derselbe bleibt, was auch der Anker für eine Wickelung haben mag, wenn nur der Wickelungsraum des Ankers unverändert bleibt. Wir haben also nur noch die Frage zu behandeln, mit welchem Draht der Anker zu bewickeln ist.

Die Verhältnisszahl.

Es sei irgend ein Wickelungsraum gegeben, erfüllt mit m Windungen irgend eines Drahtes vom Durchmesser δ, vom Querschnitt q und vom Widerstand w. Wird nun derselbe Raum mit einem Draht bewickelt vom Durchmesser δ', so verhalten sich die Querschnitte wie die Quadrate der Durchmesser:

$$q' = q \frac{\delta'^2}{\delta^2};$$

die Windungszahlen verhalten sich umgekehrt wie die Querschnitte, also:

$$\frac{m'}{m} = \frac{q}{q'} = \frac{\delta^2}{\delta'^2};$$

die Widerstände verhalten sich wie die Quotienten aus Windungszahl und Querschnitt:

$$\frac{w'}{w} = \frac{m'}{q'} \frac{q}{m} = \frac{\delta^4}{\delta'^4}.$$

Nennen wir das Verhältniss der Querschnitte die **Verhältnisszahl** (p), so ist:

$$p = \frac{q'}{q},$$

$$m' = \frac{1}{p} m \quad . \quad . \quad . \quad . \quad . \quad . \quad . \quad . \quad 31)$$

$$w' = \frac{1}{p^2} w \quad . \quad . \quad . \quad . \quad . \quad . \quad . \quad . \quad . \quad 32)$$

Bei diesen Formeln ist allerdings der Einfluss der Bespinnung, sowie derjenige der unvollkommenen Ausfüllung des Wickelungsraums nicht berücksichtigt.

Abhängigkeit der elektrischen Grössen von der Verhältnisszahl.

Wenn der Anker einer Maschine zunächst mit irgend einer Drahtsorte bewickelt wird, dann, unter Beibehaltung desselben Wickelungsraumes, mit einer anderen Drahtsorte, wenn ferner in beiden Fällen die Schenkel nach den Regeln des Normalzustandes bewickelt werden, so fragt es sich, in welchen Verhältnissen die elektrischen Grössen der zweiten Wickelung zu denjenigen der ersten und zu der Verhältnisszahl stehen. (Wir bezeichnen die Grössen der ersten ohne Strich, diejenigen der zweiten Wickelung mit einem Strich).

Betrachten wir zunächst den Magnetismus. Im Normalzustand ist derselbe, sowohl bei directer, als bei Nebenschlusswickelung, gleich:

$$\frac{J_a\sqrt{\frac{\mu\, a}{c\, i_s}}}{1+J_a\sqrt{\frac{\mu\, a}{c\, i_s}}}.$$

μ, c, i_s sind Schenkelconstanten, die unabhängig sind von der Wickelung, dagegen hängen a und J_a von derselben ab; und zwar hat man, wenn die Stromdichtigkeit (i_a) im Anker dieselbe bleibt, und q_a, q'_a die bez. Querschnitte bezeichnen,

$$J_a = q_a\, i_a\,,\quad J'_a = q'_a\, i_a\,,\ \text{also}$$

$$J'_a = \frac{q'_a}{q_a} J_a = p\, J_a\,,\ \text{und} \quad . \quad . \quad . \quad . \quad . \quad 33)$$

$$a' = \frac{1}{p^2}\, a\,;\ \text{es ist also} \quad . \quad . \quad . \quad . \quad . \quad . \quad 34)$$

$$J'_a\sqrt{\frac{\mu\, a'}{c\, i_s}} = J_a\sqrt{\frac{\mu\, a}{c\, i_s}}\ \text{und daher}$$

$$M' = M\,; \quad . \quad . \quad . \quad . \quad . \quad . \quad . \quad . \quad . \quad . \quad 35)$$

der Magnetismus ist in beiden Fällen derselbe, also unabhängig von den Drahtquerschnitten, wenn die Maschine sich stets im Normalzustand befindet.

Die Ankerconstante f dagegen verändert sich natürlich mit der Wickelung. Ihre Natur wird später bei dem Einfluss der Dimensionen näher erörtert; für den vorliegenden Zweck ist nur zu wissen nöthig, dass dieselbe proportional der Windungszahl (m_a) ist, was ja keines Beweises bedarf. Es ist daher

$$f' = \frac{m'_a}{m_a} f = \frac{1}{p} f\,. \quad . \quad . \quad . \quad . \quad . \quad . \quad . \quad 36)$$

Für die elektromotorische Kraft hat man

$$E' = f' M v\,,\quad E = f M v\,,\ \text{also}$$

$$E' = \frac{f'}{f} E = \frac{1}{p} E \quad . \quad . \quad . \quad . \quad . \quad . \quad . \quad . \quad 37)$$

Die elektromotorische Kraft ist demnach umgekehrt proportional, der Ankerstrom direct proportional der Verhältnisszahl, das Product beider, die gesammte elektrische Arbeit, unabhängig von den Drahtquerschnitten.

$$E' J'_a = E J_a \quad . \quad . \quad . \quad . \quad . \quad . \quad . \quad . \quad . \quad 38)$$

Für den elektrischen Arbeitsverlust V_e (Verhältniss der Stromwärme zur elektrischen Gesammtarbeit) hatten wir gefunden:

$$V_e = \frac{a J_a}{f v} \frac{1}{M^2}$$

Man hat $a' = \frac{1}{p^2} a$, $J'_a = p J_a$, $f' = \frac{1}{p} f$; v und M bleiben ungeändert, also ist:

$$\frac{a' J'_a}{f'} = \frac{a . J_a}{f} \text{ und daher}$$

$$V'_e = V_e \quad . \quad . \quad . \quad . \quad . \quad . \quad . \quad . \quad . \quad . \quad . \quad 39)$$

ferner für den elektrischen Nutzeffect, da

$$N_e = 1 - V_e ,$$

$$N'_e = N_e \quad . \quad . \quad . \quad . \quad . \quad . \quad . \quad . \quad . \quad . \quad 40)$$

Der elektrische Arbeitsverlust und der elektrische Nutzeffect sind also unabhängig von den Drahtquerschnitten.

Hieraus und aus der Constanz der elektrischen Gesammtarbeit $E J_a$ folgt, dass die Polarbeit ebenfalls unabhängig von den Drahtquerschnitten ist; denn es ist

$$P J = E J_a \times N_e .$$

Bei der Betrachtung der Polgrössen, P und J, ist die Art der Wickelung zu berücksichtigen.

Ist die Wickelung in beiden Fällen direct, so ist im Normalzustand:

$$P = f v M - \frac{a J_a}{M} ;$$

f und $a J_a$ sind umgekehrt proportional p, also

$$P' = \frac{1}{p} P ; \quad \ldots \ldots \ldots \quad 41)$$

ferner ist in diesem Fall

$$J = J_a \text{, also}$$

$$J' = p J \quad \ldots \ldots \ldots \quad 42)$$

Herrscht Nebenschlusswickelung in beiden Fällen, so ist

$$P = f v M - a J_a \text{; man hat daher}$$

$$P' = \frac{1}{p} P ;$$

der Strom im äusseren Kreis ist

$$J = J_a \left(1 - \frac{w}{n} \right) ;$$

die Widerstände w und n sind umgekehrt proportional p^2, wie a, wovon man sich nach den im vorigen Abschnitt gegebenen Formeln überzeugen kann, das Verhältniss $\frac{w}{n}$ also unveränderlich und daher, da

$$J'_a = p J_a \text{, auch}$$

$$J' = p J \quad \ldots \ldots \ldots \quad 43)$$

Dasselbe gilt für die gemischten Wickelungen, wenn sie ähnlich sind, d. h. wenn die beiden Einzelwickelungen stets zu einander in demselben Verhältniss stehen und nach derselben Regel gebaut werden.

Man sieht, welche Einfachheit und Durchsichtigkeit in die Verhältnisse kommt, wenn man den von uns sogenannten Normalzustand einführt. Der Praktiker ist gewohnt, bei jeder neuen Wickelung einer Maschine Abweichungen von dem Erwarteten zu finden; diese rühren aber namentlich davon her, dass die Schenkel nicht nach festen Regeln, sondern, man möchte sagen, nach dem Gefühl gewickelt werden, und müssen verschwinden, wenn man unsere Regeln anwendet. Die Abweichungen, welche durch kleine Verschiedenheiten des Wickelungsraumes des Ankers entstehen, sind hierbei auszunehmen; diese könnten aher leicht, wenn es ein praktisches Interesse hätte, durch die im nachstehenden Abschnitt enthaltenen Betrachtungen in Rechnung gezogen werden.

Das praktische Verfahren, um eine gegebene Maschine mit anderer Wickelung zu versehen, besteht einfach darin, dass man aus dem Verhältniss der Polspannungen oder der äusseren Ströme in der vorhandenen Wickelung und in der zu suchenden die Verhältnisszahl p bestimmt und vermittelst derselben und der oben gegebenen Formeln alle übrigen Grössen berechnet.

Dimensionen und Leistungsfähigkeit.

Wenn bei irgend einem System von Dynamomaschinen an einem einzelnen Exemplar die Eisenconstruction und die Wickelungsräume festgestellt sind, so wirft sich die Frage auf, wie die Dimensionen zu ändern sind, um eine Maschine von bestimmter Leistungsfähigkeit herzustellen.

Hierbei nehmen wir an, dass alle Maschinen, welche nach dem gegebenen Modell construirt werden, diesem Modell ähnlich sind, d. h., dass bei der Aenderung der Dimensionen sämmtliche Dimensionen in gleichem Maasse vergrössert oder verkleinert werden, dass also die Verhältnisse der Dimensionen gleich bleiben.

Leistungsfähigkeit ist hier gleichbedeutend mit der umgesetzten Arbeit, sei es mit der im getriebenen Zustande verbrauchten, sei es mit der im treibenden Zustande geleisteten; diese Arbeit ist aber nach unserer Bezeichnung:

$$A = f M J_a v.$$

In Bezug auf die Geschwindigkeit nehmen wir an, dass sie dieselbe bleibe, dass also bei der Vergrösserung der Maschine die absolute Geschwindigkeit der Ankerdrähte proportional dem Radius des Ankers wachse. Wir wissen zwar, dass man in Wirklichkeit die Geschwindigkeit, d. h. die Tourenzahl, bei grösseren Maschinen aus mechanischen Gründen kleiner wählt, als bei kleineren Maschinen; diese Aenderung lässt sich jedoch stets in einfacher Weise in Rechnung bringen.

Vom Ankerstrom J_a nehmen wir an, dass er stets proportional dem Drahtquerschnitte q_a gewählt werde, dass also das Verhältniss beider, die Stromdichtigkeit (i_a) constant bleibe; in Folge dessen bleibt auch die Temperatur des Ankers im Wesentlichen dieselbe.

In Bezug auf den Magnetismus M spricht sich bereits die praktische Erfahrung dahin aus, dass derselbe bei ähnlichen und ähnlich behandelten Maschinen stets gleich sei. Man wendet z. B. bei Siemens & Halske einfache Instrumente (sogenannte Magnetometer) an, um den Magnetismus an einer gewissen Stelle der Maschine zu messen, und sucht sämmtliche Maschinen desselben Typus, aber verschiedener Grösse, auf denselben Magnetismus einzustellen.

Bewiesen wird diese Annahme für alle ähnlichen Maschinen, nicht bloss im Normalzustand, durch einen allgemeinen, von Sir W. Thomson entdeckten Satz, nach welchem ähnliche Eisenkörper, mit ähnlichen Wickelungen versehen, in welchen ähnliche Werthe des Productes: Windungszahl $\times$ Strom (Windungsmagnetismus) wirken, denselben freien Magnetismus per Flächeneinheit annehmen.

Befinden sich die ähnlichen Maschinen im Normalzustand, so lässt sich die Gleichheit des Magnetismus aus unserer Formel:

$$M = \frac{a}{a + d},$$

obgleich sie nur für directe Wickelung gilt, beweisen.

Die Widerstände des Ankers und der Schenkel, bei directer Wickelung im Normalzustand, stehen bei ähnlichen Maschinen stets in demselben Verhältniss, da das Verhältniss der Wickelungsräume als der Drahtquerschnitte dasselbe bleibt. Also ist der Magnetismus, bei ähnlichen Maschinen mit directer Wickelung im Normalzustand, gleich, in Folge dessen aber auch bei Nebenschlusswickelung, und ferner unter gewissen Bedingungen bei gemischten Wickelungen, da, wie wir gesehen haben, im Normalzustand die verschiedenen Wickelungen gleichen Magnetismus erzeugen.

Wir bemerken noch, dass aus der Gleichheit der Magnetismen bei ähnlichen Maschinen folgt, dass unsere Magnetisirungsconstante μ umgekehrt proportional n^2 ist, wenn n die Vergrösserung der einzelnen Dimension bedeutet.

Um also die Veränderung der Leistungsfähigkeit zu beurtheilen, bleibt nur noch diejenige der Ankerconstante zu betrachten.

Diese muss proportional sein: der Anzahl m_a der Ankerwindungen, der (wirksamen) Länge l_a einer Ankerwindung, der mittleren Entfernung r_a der Ankerwindungen von der Axe (weil v eine Winkelgeschwindigkeit ist, hier aber die absolute Geschwindigkeit in Betracht kommt) und dem Maximum $\overline{M}$ des Magnetismus.

Für das Letztere können wir hier nicht mehr den Werth Eins beibehalten, weil wir verschiedene Maschinen unter einander vergleichen, und durchaus nicht anzunehmen ist, dass alle dasselbe Maximum des Magnetismus zeigen. Es giebt ein Maximum, das jedenfalls nie überschritten wird, und welches bei Eisenmassen von unendlicher Ausdehnung und sehr grosser magnetisirender Wirkung der Wickelung eintritt; die in Wirklichkeit bei Maschinen auftretenden Maxima sind aber jedenfalls noch erheblich von diesem äussersten Maximum entfernt und unter sich verschieden, wie sich auch aus den unten angeführten Messungen ergiebt.

Wir können also setzen

$$f = \overline{M} f_1 \, m_a \, l_a \, r_a \,, \quad \ldots \ldots \ldots \quad 1)$$

wo f_1 eine allen Maschinen gemeinsame Grösse; dividirt man f durch das Product $m_a \, l_a \, r_a$, so erhält man eine dem Maximum des Magnetismus proportionale Grösse:

$$\frac{f}{m_a \, l_a \, r_a} = \overline{M} f_1 \,.$$

Untersuchen wir nun, um wieviel sich die Arbeit einer Maschine steigert, wenn sämmtliche Dimensionen $n$mal vergrössert werden, wobei jedoch die Temperatur der Drähte dieselbe bleiben soll.

Wir schreiben für die Arbeit

$$A = \overline{M} f_1 \, v \times m_a \, l_a \, r_a \, J_a \,,$$

wo die Grössen $\overline{M}, f_1$ und v von der Veränderung der Dimensionen nicht berührt werden. Die Grössen r_a und l_a werden sich beide $n$fach vergrössern, die Grösse $m_a \, J_a$ dagegen, welche den durch den Gesammtquerschnitt der Windungen fliessenden Strom bedeutet und den wir proportional diesem Gesammtquerschnitt annehmen, um das n^2fache. Man hat also für eine im $n$fachen Maassstabe vergrösserte Maschine die Arbeit:

$$A' = n^4 \, \overline{M} f_1 \, v \, m_a \, l_a \, r_a \, J_a = n^4 A \,. \quad \ldots \ldots \quad 2)$$

Vergrössert man also sämmtliche Dimensionen einer Maschine gleichmässig, so wächst die umgesetzte Arbeit im Verhältniss der vierten Potenz der Vergrösserung der einzelnen Dimensionen (bei gleicher Geschwindigkeit), also stärker als das Gewicht.

M. Deprez und S. Thompson haben angegeben, dass bei einer Vergrösserung im $n$fachen Maassstabe die Arbeit sich auf das n^5fache vergrössere; der Unterschied dieser Betrachtungen und der unsrigen liegt darin, dass wir den Strom proportional dem Querschnitt wachsen lassen, jene Schriftsteller dagegen in stärkerem Maassstabe. Die Temperatur des Ankers muss sich, bei Annahme der letzteren Betrachtung, umsomehr steigern, je grösser die Maschine ist.

Unsere Betrachtung ergiebt, dass allerdings, wie bereits M. Deprez hervorhob, grössere Maschinen im Verhältniss zum Gewicht, das proportional n^3 wächst, leistungsfähiger sind, als kleinere, aber in nicht so bedeutendem Maass, wie von den oben genannten Schriftstellern angenommen wird. Nimmt man noch hinzu, dass bei grösseren Maschinen die Geschwindigkeit aus mechanischen Gründen verringert werden muss, so ist der praktische Gewinn bei Vergrösserung der Dimensionen nicht als sehr wesentlich zu betrachten.

Beobachtungen.

Wir prüfen nun die Formel für die Ankerconstante

$$f = f_1 \overline{M} m_a l_a r_a$$

an zwei Reihen von Maschinen von Siemens & Halske. Jede dieser Reihen enthält Maschinen der verschiedensten Grössen und Wickelungen; in der ersten Reihe (Index 1) besteht das Schenkeleisen aus Schmiedeeisen und ist verhältnissmässig dünn, bei der zweiten Reihe (Index 2) besteht dasselbe aus dickem Gusseisen. Ausser den in obigen Formeln vorkommenden Grössen geben wir noch die Werthe von q_a, dem Querschnitt der Ankerwindung, $Q_a = m_a q_a$, dem Gesammtquerschnitt aller Windungen und der ungefähren Arbeitskraft, die von der Maschine umgesetzt wird. f ist experimentell bestimmt, $\overline{M} f_1$ aus f und den übrigen Constanten berechnet.

Erste Reihe.

Maschine	Arbeitskraft Pf. K.	m_a	l_a mm	r_a mm	q_a □ mm	Q_a □ mm	f	$\overline{M} f_1$
A_1	1	560	150	75	2.54	1430	0.100	0.0160
B_1	5	560	340	114	4.91	2750	0.180	0.0083
C_1	6	80	340	114	39.3	3144	0.0245	0.0126
D_1	20	224	500	181	19.7	4400	0.199	0.0098

Zweite Reihe.

Maschine	Arbeitskraft	m_a	l_a	r_a	q_a	Q_a	f	$\overline{M} f_1$
A_2	6	560	190	113	4.91	2750	0.333	0.0278
B_2	9	60	213	131	44.2	2652	0.0488	0.0292
C_2	55	80	610	180	66.5	5320	0.200	0.0228

Nach der Theorie sollten die Werthe von $\overline{M} f_1$ in jeder Reihe unter sich gleich sein, vorausgesetzt, dass die Maschinen einander ähnlich sind und dass das Eisenmaterial dasselbe bleibt. Die Differenzen, die sich bei obigen Versuchen ergeben, sind noch erheblich was zum Theil von Bestimmungsfehlern der Constante f_1 zum Theil von ungleichartigem Material, namentlich aber von Abweichungen von der Aehnlichkeit herrühren mag. Immerhin ist die Uebereinstimmung nicht schlecht, wenn man die grossen Unterschiede der Maschinen in Grösse und Wickelung in Betracht zieht. Namentlich tritt auch der Unterschied zwischen beiden Reihen, von denen die letztere ungefähr das doppelte Maximum des Magnetismus zeigt, deutlich hervor.

Einfluss der Dimensionen auf den elektrischen Nutzeffect.

Wenn man für Maschinen verschiedener Grösse, aber ähnlicher Construction, den Normalzustand berechnet, so bemerkt man, dass der elektrische Nutzeffect mit der Grösse der Maschine steigt; dasselbe macht sich auch bereits bei den empirisch gefundenen Wickelungen geltend.

Dieses Verhalten erklärt sich in einfacher Weise aus unseren Formeln für den Normalzustand. Wir fanden für den elektrischen Arbeitsverlust in der Maschine:

$$V_e = \frac{a\, J_a}{f\, v} \frac{1}{\overline{M}^2}$$

und für den elektrischen Nutzeffect:

$$N_e = 1 - V_e = 1 - \frac{a\, J_a}{f\, v} \frac{1}{\overline{M}^2}.$$

Bei ähnlichen Maschinen bleibt, wie wir oben gesehen haben, nach dem Satz von Sir W. Thomson oder nach unserer Formel der Magnetismus gleich.

Denken wir uns ferner die Anker stets mit derselben Drahtsorte bewickelt, so ist J_a gleich, da

$$J_a = i_a \, q_a ;$$

für a hat man:

$$a = \frac{1}{k'} \frac{m_a \, l_a}{q_a}, \text{ wo } k' = 1.06 \times k,$$

ferner für f:

$$f = \overline{M} f_1 \, m_a \, l_a \, r_a ; \text{ also}$$

$$\frac{a \, J_a}{f} = \frac{m_a \, l_a}{m_a \, l_a \, r_a} \frac{1}{k' \, \overline{M} f_1} = \frac{1}{r_a \, k' \, \overline{M} f_1}$$

$$\text{und } V_e = \frac{1}{r_a} \frac{1}{k' \, \overline{M} M^2 f_1 \, v} \quad \ldots \ldots \quad 3)$$

$$N_e = 1 - \frac{1}{r_a} \frac{1}{k' \, \overline{M} M^2 f_1 \, v} \quad \ldots \ldots \quad 4)$$

Die Grössen $\overline{M}$, M, f_1, v haben für alle ähnlichen Maschinen denselben Werth; also ist der elektrische Arbeitsverlust umgekehrt proportional dem Radius des Ankers, und der elektrische Nutzeffect nimmt mit wachsenden Dimensionen der Maschine ab, wenn das Verhältniss der Dimensionen und die Geschwindigkeit gleich bleiben. Die Abhängigkeit von dem Radius des Ankers zeigt, dass die absolute Geschwindigkeit der Ankerdrähte massgebend für den el. Nutzeffect ist.

Der remanente Magnetismus und dessen Einfluss.

Sowohl bei der Stromcurve als der Polspannungscurve haben wir gesehen, dass deren Verlauf im Anfang von den nach unserer Darstellung untergelegten Geraden abweicht; ferner haben wir den so eigenthümlichen Vorgang der Selbsterregung nur im Allgemeinen besprechen können. Die Ursache jener Abweichungen und der Selbsterregung liegt in dem remanenten Magnetismus, und wir wollen nun versuchen, diesen eingehender zu behandeln, soweit es sich für den Zweck dieser Schrift empfiehlt.

Das Verhalten des remanenten Magnetismus.

Wir wollen hier kurz die den remanenten Magnetismus betreffenden Thatsachen zusammenstellen, wie sie sich an Dynamomaschinen zeigen.

Zunächst ist zu erwähnen, dass der Einfluss des remanenten Magnetismus um so kleiner ist, je grösser die gesammte Magnetisirung ist.

Lässt man eine Maschine unter Umständen arbeiten, unter welchen sie nur geringen Magnetismus annehmen kann, so erhält man oft die verschiedensten Resultate, wenn man den Stromkreis mehrmals hinter einander öffnet und schliesst; offenbar kommt dabei sehr in Betracht, welche Grösse der remanente Magnetismus nach einer Oeffnung annimmt, da dieselbe den bei der darauf folgenden Schliessung auftretenden Werth wesentlich bestimmt.

Stellt man dagegen eine ähnliche Versuchsreihe unter Umständen an, welche eine kräftige Magnetisirung bedingen, so erhält man stets beinahe genau denselben Magnetismus; der Einfluss der

Grösse des vorhergehenden remanenten Magnetismus auf den bei Stromschluss erfolgenden Magnetismus ist alsdann beinahe verschwunden.

Eine fernere, wichtige Thatsache ist die im Allgemeinen vollkommen freie Beweglichkeit des Magnetismus, auch im remanenten Zustande; hierüber sind bei Siemens & Halske eine Reihe von Versuchen angestellt worden.

Schickt man durch die Schenkelwindungen einer Dynamomaschine Ströme von minimaler Stärke und misst den Magnetismus dadurch, dass man den Anker gleichmässig dreht und die in demselben inducirte elektromotorische Kraft bestimmt, so findet man, dass auch durch die geringste Stromstärke der Magnetismus erhöht wird. Man darf sich also nicht etwa vorstellen, dass der Magnetismus erst anfängt zu steigen, wenn der Strom eine gewisse Stärke erlangt hat, und dass Ströme von geringerer Stärke den Magnetismus nicht zu ändern vermögen.

Dasselbe Resultat erhält man auf andere Weise, wenn man Versuche über Selbsterregung anstellt. Die Curve, welche der Strom bei der Selbsterregung bildet (Abscisse: Zeit), zeigt gewöhnlich, wie weiter unten erörtert werden wird, einen solchen Verlauf, dass eine erhebliche Zeit, mehrere Sekunden wenigstens, vergeht, bis der Strom seinen stationären Werth angenommen hat, also einen allmäligen Verlauf, welchem allmälige Veränderungen des Magnetismus entsprechen. Dieser Verlauf zeigt sich nun auch bei den schwächsten Strömen und Magnetismen; man kann die Geschwindigkeit nicht so klein, den Widerstand nicht so gross wählen, dass nicht noch ein Ansteigen von Strom und Magnetismus bei Stromesschluss erfolgt, und zwar nie ein plötzliches Ansteigen.

Der Magnetismus ist also, abgesehen von gleich zu besprechenden Ausnahmen, nie fest, sondern „lose“, d. h. er giebt der geringsten, auf ihn einwirkenden Kraft nach.

Eine weitere vielfach constatirte Eigenschaft ist die Veränderlichkeit des remanenten Magnetismus. Derselbe hat beinahe nie denselben Werth, wenn die Maschine nach irgend einer Inanspruchnahme in den Ruhezustand zurückkehrt; bekanntlich kommt es sogar vor, wenn auch sehr selten, dass der remanente Magnetismus den Sinn wechselt, ohne dass ein entgegengesetzt gerichteter Strom die Windungen durchlief.

Um diese Erscheinung zu veranschaulichen, denken wir uns eine Reihe von Bahnen (s. Fig. 57), welche convergirend zusammenstossen und sich zuletzt in eine einzige vereinigen; die letztere entspricht dem Magnetismus bei starker Erregung, die Enden der divergirenden Zweige den Werthen des remanenten Magnetismus. Wird die Maschine in Gang gesetzt, so durchläuft der Magnetismus eine der Zweigbahnen vom Anfang bis zur Einmündung in die gemeinschaftliche Hauptbahn und eine Strecke in der letzteren. Wird dann der Kreis geöffnet, so läuft der Magnetismus zurück; aber es hängt alsdann vom Zufall, oder vielmehr von den Umständen der rückläufigen Bewegung ab, ob er wieder in diejenige Zweigbahn einläuft, von der er ausgegangen ist, oder in eine andere.

Fig. 57.

Endlich sind zu erwähnen die Fälle der Unbeweglichkeit, welche zwar nicht gewöhnlich, aber doch nicht sehr selten auftreten. Namentlich bei Maschinen, die eben aus der Werkstatt kommen, die also noch nie kräftigen Magnetismus erhalten haben, kommt es vor, dass sie nicht „angehen", und dass es ausserordentlicher Gewalt, durch kurzen Schluss, hohe Geschwindigkeit oder Einführung eines kräftigen Stromes einer zweiten Maschine, bedarf, um die Maschine in Gang zu bringen.

Diese Erscheinung widerspricht der sonst vorhandenen Beweglichkeit des Magnetismus; aber sie bietet entschieden den Character eines Ausnahmefalles, namentlich, weil sie auf keine Weise künstlich sich hervorbringen lässt, und weil eine Maschine, die dieselbe einmal gezeigt hat, kaum wieder in denselben Fall geräth, oder wenigstens nicht öfter, als andere Maschinen.

Es ist nicht unpassend, diese Erscheinung der Verrenkung eines Gliedes des menschlichen Körpers zu vergleichen; wie ein Glied durch Verrenkung steif wird, vorher und nachher aber dieselbe Beweglichkeit zeigt, wie ein gesundes Glied, so kann der Magnetismus ausnahmsweise seine Beweglichkeit verlieren und „steif" werden.

Theoretische Berücksichtigung des remanenten Magnetismus.

Die Erscheinungen der Veränderlichkeit und des „Steckenbleibens" des remanenten Magnetismus theoretisch zu fassen und zu berücksichtigen, dürfte kaum möglich sein. Wir versuchen nur, dieselben im mittleren Verhalten darzustellen, indem wir annehmen, dass statt der oben erwähnten vielen Zweigbahnen eine einzige existire, welche stets durchlaufen wird. Diese Betrachtung wird immerhin das Wesentliche der Erscheinungen in theoretische Fassung bringen und auf diese Weise dem Verständniss näher rücken.

Eine Formel des Magnetismus, die diesem Verhalten gerecht wird, muss für den Strom Null den Werth des remanenten Magnetismus (μ_o), für unendlichen Strom jedoch den Magnetismus 1 ergeben. Dies leistet die Formel:

$$M = \frac{\mu_o + \mu\, m J}{1 + \mu\, m J} \quad \ldots\ldots\ldots \quad 1)$$

Besitzt die Maschine directe Wickelung, so ist

$$J = \frac{f M v}{W};$$

setzt man obige Formel für M ein und bestimmt J, so erhält man

$$J = \frac{f v}{W} \frac{\mu_o + \mu\, m_d J}{1 + \mu\, m_d J}, \text{ woraus schliesslich}$$

$$J = \frac{1}{2}\left(\frac{f v}{W} - \frac{1}{\mu\, m_d}\right) + \sqrt{\frac{1}{4}\left(\frac{f v}{W} - \frac{1}{\mu\, m_d}\right)^2 + \frac{\mu_o}{\mu\, m_d} \frac{f v}{W}}; \quad . \quad 2)$$

diese Formel stimmt mit der bisher angenommenen:

$$J = \frac{f v}{W} - \frac{1}{\mu\, m_d}$$

überein, wenn $\mu_o = o$ gesetzt wird.

Diese Formel ergiebt bei graphischer Darstellung $\left(\text{Abcisse: } \frac{v}{W}\right)$ den wirklichen Verlauf der Stromcurve, wie er Fig. 18 S. 35 durch die ausgezogene Linie dargestellt wird.

Hat die Maschine Nebenschlusswickelung, so setzen wir

$$M = \frac{\mu_o + \mu \frac{m_n}{n} P}{1 + \mu \frac{m_n}{n} P} \quad \ldots\ldots\ldots \quad 3)$$

und

$$J_a = \frac{P}{w} = \frac{f v}{W} \frac{\mu_o + \mu \frac{m_n}{n} P}{1 + \mu \frac{m_n}{n} P},$$

worin $W = a + w$, $w = \frac{1}{\frac{1}{u} + \frac{1}{n}}$. Hieraus erhält man schliesslich:

$$P = \frac{1}{2}\left(\frac{f\,v}{1+\frac{a}{w}} - \frac{n}{\mu\, m_n}\right)$$

$$+ \sqrt{\frac{1}{4}\left(\frac{f\,v}{1+\frac{a}{w}} - \frac{n}{\mu\, m_n}\right)^2 + \frac{\mu_0\, n}{\mu\, m_n}\,\frac{f\,v}{1+\frac{a}{w}}}\,.$$

Diese Formel ergiebt für die Polspannungscurve (Abscisse: $\frac{v}{1+\frac{a}{w}}$) einen dem wirklichen durchaus ähnlichen Verlauf, wie er Fig. 18 durch die ausgezogene Linie dargestellt ist.

Durch die Uebereinstimmung mit der Wirklichkeit unter gewöhnlichen Umständen ist indessen die allgemeine Richtigkeit dieser verbesserten Formel des Magnetismus ebenso wenig bewiesen, wie bei der einfacheren, früher angewendeten. Beide weichen insofern von der Wirklichkeit ab, als nach denselben nicht:

$$M(-J) = -M(J)$$

ist, wie doch im Allgemeinen sein müsste. Unsere Formeln sind also keine Naturgesetze, sondern nur Interpolationsformeln, gültig für das positive Gebiet; dies entspricht aber der gewöhnlichen Anwendung der Maschinen, die stets nach einer Seite hin sich erstreckt, nicht nach beiden Seiten, und deshalb ergeben unsere Formeln und die aus denselben gezogenen Folgerungen richtige Resultate, so lange Strom und Magnetismus einer Maschine das Zeichen nicht wechseln.

Durch obige Verbesserung sind also auch die Einflüsse des remanenten Magnetismus auf den stationären Strom in den Kreis unserer Betrachtungen in genügender Weise eingefügt.

Die Selbsterregung.

Wir versuchen nun noch, die Erscheinung der Selbsterregung, die in so wesentlicher Art vom remanenten Magnetismus abhängt, theoretisch darzustellen, wenigstens in ihren Hauptzügen, und die Resultate mit Versuchen zu vergleichen.

Von Wichtigkeit ist bei dieser Betrachtung die Frage, ob während der Selbsterregung der Magnetismus in jedem Augenblick denjenigen Werth hat, der ihm nach der augenblicklich herrschenden Stromstärke nach der Formel 3 S. 14 zukommt oder nicht; nimmt man jene Formel als stets richtig an, so stösst man auf eine Inconsequenz beim Beginn der Selbsterregung.

Hat die Maschine den remanenten Magnetismus m_0 und rotirt sie mit der Geschwindigkeit v, so wird in demselben Augenblick, in welchem der Strom geschlossen wird ($t = o$), ein Strom i_o erregt. Der von diesem Strom erzeugte Magnetismus müsste aber nach unserer Formel sein:

$$m'_o = \frac{m_o + \frac{i_o}{J_{\frac{1}{2}}}}{1 + \frac{i_o}{J_{\frac{1}{2}}}} = \frac{m_o J_{\frac{1}{2}} + i_o}{J_{\frac{1}{2}} + i_o};$$

Magnetismus und Strom stehen also in diesem Augenblick nicht in demjenigen Zusammenhang, den unsere Formel anzeigt, der Strom ist gleichsam in Voreilung begriffen, d. h. sein Werth ist grösser, als der dem Magnetismus entsprechende.

Es ist wahrscheinlich, dass diese Voreilung des Stromes während der ganzen Dauer der Selbsterregung besteht und erst im stationären Zustand verschwindet. Dieselbe ist jedoch im Allgemeinen von geringem Belang, ausgenommen im Anfang, wo die Voreilung des Stromes und der Strom Werthe von ungefähr derselben Ordnung sind.

Im Folgenden vernachlässigen wir diese Voreilung; ob wir hierdurch einen wesentlichen oder einen unwesentlichen Fehler begehen, lassen wir dahingestellt; darauf, dass der begangene Fehler nicht bedeutend ist, deutet die Thatsache, dass die Resultate mit den Beobachtungen im Wesentlichen übereinstimmen.

Eine fernere Vereinfachung nehmen wir vor, indem wir den Einfluss der Selbstinduction von Windung auf Windung vernachlässigen und nur diejenige der Eisenkerne auf die Windungen berücksichtigen; die letztere Art von Induction ist jedenfalls die hauptsächliche.

Die Wickelung, welche wir im Folgenden annehmen, ist die directe.

Unter diesen Voraussetzungen setzt sich die zu irgend einer Zeit entwickelte elektromotorische Kraft $e = Wi$ aus zwei Theilen zusammen: aus der durch Drehung des Ankers erzeugten elektromotorischen Kraft: $f v m$ (m = der augenblickliche Magnetismus) und aus der durch die Veränderung des Magnetismus $\left(\frac{dm}{dt}\right)$ inducirten elektromotorischen Kraft: $p\frac{dm}{dt}$. Die letztere ist stets der ersteren entgegengesetzt gerichtet; man hat also als Grundgleichung:

$$W i = f v m - p \frac{d m}{d t} \quad . \quad . \quad . \quad . \quad . \quad . \quad . \quad 4)$$

Im stationären Zustand, am Ende der Selbsterregung, ist $\frac{d m}{d t} = 0$, also

$$W J = f v M, \; J = \frac{f v M}{W},$$

wo J und M die im stationären Zustande herrschenden Werthe von Strom und Magnetismus.

Zu Anfang der Selbsterregung ($t = 0$) nehmen wir an, dass der Strom i_0 und der Magnetismus m'_0, nicht der vorher vorhandene Magnetismus m_0 herrschen, dass also zwischen Strom und Magnetismus stets die von uns angenommene Formel herrsche.

Wir drücken nun m durch i aus. Es ist

$$m = \frac{m_0 J_{\frac{1}{2}} + i}{J_{\frac{1}{2}} + i} \text{ und}$$

$$\frac{d m}{d i} = J_{\frac{1}{2}} \frac{1 - m_0}{(J_{\frac{1}{2}} + i)^2}, \text{ oder, da man } m_0 \text{ gegen}$$

1 vernachlässigen darf,

$$\frac{d m}{d i} = \frac{J_{\frac{1}{2}}}{(J_{\frac{1}{2}} + i)^2}.$$

Für die Hauptgleichung erhalten wir nun durch Einsetzen:

$$p \frac{d m}{d t} = p \frac{d m}{d i} \frac{d i}{d t} = \frac{p J_{\frac{1}{2}}}{(J_{\frac{1}{2}} + i)^2} \frac{d i}{d t}$$

$$= f v \frac{m_0 J_{\frac{1}{2}} + i}{J_{\frac{1}{2}} + i} - W i.$$

Wenn $\bar{J}$ der Strom, der im stationären Zustand beim Magnetismus 1 herrscht, so ist

$$f v = \bar{J} W.$$

Wir erhalten somit:

$$\frac{p\,J_{\frac{1}{2}}}{W}\,\frac{d\,i}{d\,t} = (J_{\frac{1}{2}} + i)\left\{(m_0\,J_{\frac{1}{2}} + i)\,\bar{J} - i\,(J_{\frac{1}{2}} + i)\right\} \text{ oder,}$$

wenn

$$p' = p\,\frac{J_{\frac{1}{2}}}{W},$$

$$-p'\,\frac{d\,i}{d\,t} = (i + J_{\frac{1}{2}})\left\{i^2 - (\bar{J} - J_{\frac{1}{2}})\,i - m_0\,J_{\frac{1}{2}}\,\bar{J}\right\};$$

oder, da

$$\bar{J} - J_{\frac{1}{2}} = J,$$

$$-p'\,\frac{d\,i}{d\,t} = (i + J_{\frac{1}{2}})\left\{i^2 - J\,i - m_0\,J_{\frac{1}{2}}\,\bar{J}\right\}$$

$$= (i + J_{\frac{1}{2}})\,(i - \alpha)\,(i - \beta), \text{ wo}$$

$$\alpha = \frac{J}{2} + \sqrt{\frac{J^2}{4} + m_0\,J_{\frac{1}{2}}\,\bar{J}},$$

$$\beta = \frac{J}{2} - \sqrt{\frac{J^2}{4} + m_0\,J_{\frac{1}{2}}\,\bar{J}}.$$

Unter dem Wurzelzeichen ist die zweite Grösse bedeutend kleiner als die erste; wir können daher in erster Annäherung setzen:

$$\alpha = \frac{J}{2} + \frac{J}{2}\left(1 + 2\,m_0\,\frac{\bar{J}\,J_{\frac{1}{2}}}{J^2}\right) = J + m_0\,\frac{\bar{J}\,J_{\frac{1}{2}}}{J} \text{ und}$$

$$\beta = \frac{J}{2} - \frac{J}{2}\left(1 + 2\,m_0\,\frac{\bar{J}\,J_{\frac{1}{2}}}{J^2}\right) = -\,m_0\,\frac{\bar{J}\,J_{\frac{1}{2}}}{J}.$$

Die Differenzialgleichung schreiben wir nun:

$$-\,d\,t = \frac{p'\,di}{(i + J_{\frac{1}{2}})\,(i - \alpha)\,(i - \beta)}$$

$$= p'\,d\,i\left(\frac{A}{i + J_{\frac{1}{2}}} + \frac{B}{i - \alpha} + \frac{C}{i - \beta}\right).$$

Für die Coefficienten A, B, C erhält man in bekannter Weise durch Zerlegung in Partialbrüche folgende Werthe;

$$A = \frac{1}{(J_{\frac{1}{2}} + \alpha)\,(J_{\frac{1}{2}} + \beta)}, \quad B = \frac{1}{(\alpha - \beta)\,(J_{\frac{1}{2}} + \alpha)}$$

$$C = -\frac{1}{(\alpha - \beta)(J_{\frac{1}{2}} + \beta)}; \text{ also wird}$$

$$-d\,t = \frac{p'\,d\,i}{(\alpha - \beta)(J_{\frac{1}{2}} + \alpha)(J_{\frac{1}{2}} + \beta)} \left\{ \frac{\alpha - \beta}{i + J_{\frac{1}{2}}} + \frac{J_{\frac{1}{2}} + \beta}{i - \alpha} - \frac{J_{\frac{1}{2}} + \alpha}{i - \beta} \right\}.$$

Wenn wir die kleine Grösse

$$m_0 \frac{\bar{J}\,J_{\frac{1}{2}}}{J} = \varepsilon \text{ setzen, so wird}$$

$$\alpha = J + \varepsilon,\ \beta = -\varepsilon,\ \alpha - \beta = J + 2\,\varepsilon;$$

ε und $2\,\varepsilon$ dürfen gegen J vernachlässigt werden; man darf also setzen:

$$\alpha = J,\ \beta = -\varepsilon,\ \alpha - \beta = J.$$

Setzt man diese Werthe in die Hauptgleichung ein, und berücksichtigt, dass $J + J_{\frac{1}{2}} = \bar{J}$, so kommt:

$$-d\,t = \frac{p'\,d\,i}{J\,\bar{J}\,J_{\frac{1}{2}}} \left\{ \frac{J}{i + J_{\frac{1}{2}}} + \frac{J_{\frac{1}{2}}}{i - J} - \frac{\bar{J}}{i + \varepsilon} \right\}.$$

Die Integrirung ergiebt

$$t = \frac{p'}{J\,\bar{J}\,J_{\frac{1}{2}}} \Big[\bar{J} \log (i + \varepsilon) - J_{\frac{1}{2}} \log (i - J) - J \log (i + J_{\frac{1}{2}}) \Big]_{i_0}^{i}$$

und

$$t = \frac{p'}{J\,\bar{J}\,J_{\frac{1}{2}}} \left(\bar{J} \log \frac{i + \varepsilon}{i_0 + \varepsilon} - J_{\frac{1}{2}} \log \frac{J - i_0}{J - i_0} - J \log \frac{J_{\frac{1}{2}} + i_0}{J_{\frac{1}{2}} + i_0} \right)$$

oder, da $\frac{p'}{J\,\bar{J}\,J_{\frac{1}{2}}} = \frac{p}{J\,W\,\bar{J}} = \frac{p}{E\,\bar{J}}$,

$$t = \frac{p}{E\,\bar{J}} \left(\bar{J} \log \frac{i + \varepsilon}{i_0 + \varepsilon} - J_{\frac{1}{2}} \log \frac{J - i}{J - i_0} - J \log \frac{J_{\frac{1}{2}} + i}{J_{\frac{1}{2}} + i_0} \right). \qquad 5)$$

Für $i = i_0$ wird hier $t = 0$, für $i = J$ wird $t = \infty$.

Die Richtigkeit dieser Formel wurde durch Versuche geprüft, welche bei Siemens und Halske angestellt wurden. Der dabei benutzte Apparat war ein schnell laufender Russschreiber, d. h. ein Instrument, welches die Stromcurve unmittelbar auf einem schnell laufenden, continuirlich berussten Papierstreifen aufzeichnet, und welches sich durch ungemein geringe Trägheit auszeichnet. Das vom Strom durchflossene Röllchen in diesem Apparat, welches die Registrirung bewirkt, enthielt zwei Windungen: die eine wurde zur Registrirung der Stromstärke der sich selbst erregenden Maschine, die andere zur Erzeugung von Sekundenmarken mit Hilfe eines Sekundenpendels und einer Contactvorrichtung benutzt. Untersucht wurde eine kleine Maschine mit directer Wickelung, welche bei möglichst constanter Geschwindigkeit erhalten wurde. Die Fig. 58 und 59 zeigen zwei solche Curven, die bei derselben Geschwindigkeit, aber verschiedenen äusseren Widerständen er-

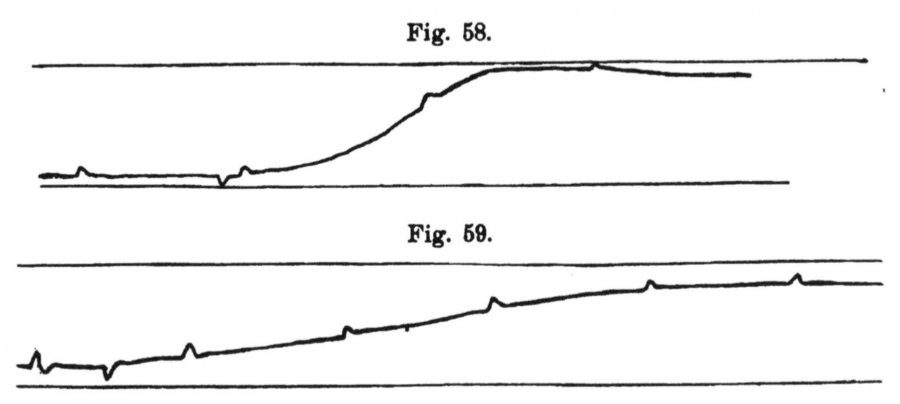

Fig. 58.

Fig. 59.

halten wurden; die nach oben gerichteten Häkchen sind Sekundenmarken, das nach unten gerichtete zeigt den Schluss des Stromkreises an. Man sieht, dass bei dem geringen Widerstande das Ansteigen etwa $1\frac{1}{2}$ Sekunden, bei dem grösseren dagegen etwa 5 Sekunden dauerte.

Die Curven zeigen zunächst langsames, später schnelleres Ansteigen; dann tritt ein Wendepunkt ein, von welchem an das Steigen immer langsamer wird, so dass die Curve zuletzt asymptotisch in die der stationären Stromstärke entsprechende horizontale Gerade übergeht.

Die Discussion unserer Formel 59 und die Vergleichung mit den experimentellen Resultaten würde uns hier weiter führen, als wahrscheinlich im Interesse unserer Leser liegt. Wir führen nur als Hauptresultat an, dass die Vergleichung an einzelnen Curven mit der Theorie genügende Uebereinstimmung ergab und namentlich die Form der Curve durchaus der Theorie entspricht. Aus Versuchen bei verschiedenen Widerständen ergaben sich jedoch für die Constante p noch Werthe von grösserer Verschiedenheit, als erwartet wurde; indessen ist nicht unwahrscheinlich, dass der Grund dieser Unterschiede in Mängeln der Versuche, namentlich in mangelnder Constanz der Geschwindigkeit, zu suchen ist.

Es ist von Interesse, hier die auffallende Aehnlichkeit zu erwähnen, welche zwischen der Curve der Selbsterregung einer Dynamomaschine und der sogenannten Curve des aufsteigenden Stromes im Kabel besteht, d. h. der Curve, welche der Strom am Empfangsende des Kabels der Zeit nach beschreibt, wenn am anderen Kabelende Batterie angelegt wird; der Verlauf beider Curven ist durchaus ähnlich, nur der Wendepunkt scheint bei beiden etwas verschieden zu liegen.

Man kann diese Uebereinstimmung dahin aussprechen, dass die Elektrisirung eines Kabels ähnlich verlaufe, wie die Magnetisirung einer Dynamomaschine.

Bemerkung
über die
elektrischen Messungen an Maschinen.

Es möge hier eine Bemerkung Platz finden, welche, streng genommen, nicht zu unserem Gegenstand gehört, welche aber für die Ausführung der elektrischen Messungen und daher auch für die Anwendung unserer Theorie nicht ohne Bedeutung ist.

Bei elektrischen Maschinen sind in elektrischer Beziehung verschiedene Arten von Grössen zu messen, Spannungen und Stromstärken, von denen eine ebenso wichtig ist als die andere. Beide Grössen werden gewöhnlich, namentlich bei roheren Messungen, nicht nur mit verschiedenen Instrumenten gemessen, sondern bei einer und derselben Grösse bedient man sich verschiedener Instrumente in verschiedenen Bereichen; so giebt es Spannungsmesser für 100 Volt, für 50 Volt, Strommesser für 5 Ampère, für 11 Ampère u. s. w.

Solange ein Instrument nur stets demselben Zweck dient, z. B. an einer fertigen Anlage fest eingeschaltet ist, lässt sich nichts dagegen einwenden, dass man das Instrument speciell für diesen Zweck einrichtet. Sollen aber die Instrumente dazu dienen, sehr verschiedene Stromstärken und Spannungen zu messen, z. B. bei der Constantenbestimmung an Maschinen, so wirft sich die Frage auf, ob sich die Zahl der Instrumente nicht verringern und vielleicht auf ein einziges zurückführen lässt; diese Vereinfachung legt sich uns namentlich auch deshalb nahe, weil alle Messinstrumente dieser Art, so verschieden auch ihre Constructionen sein mögen, im Grunde auf Strommessungen beruhen, also demselben Prinzip folgen.

Nun giebt es bereits Mittel, um alle Spannungen mit Einem Instrument und alle Stromstärken mit einem zweiten Instrument zu messen, und diese Mittel werden ziemlich allgemein angewendet. Sie bestehen in der Anwendung von Widerständen, welche zu demjenigen des Instruments in einfachen Beziehungen stehen, und entweder vor dasselbe, oder parallel zu demselben geschaltet werden.

Ist z. B. ein Instrument so justirt, dass 1 Grad gleich 1 Volt ist, so wird 1 Grad = 10 Volt, wenn man den 9fachen Widerstand des Instruments vorschaltet, und 1 Grad = 100 Volt, wenn man den 99fachen Widerstand vorschaltet u. s. w.

Ist ferner bei einem Strommesser 1 Grad gleich 1 Ampère bei directer Einschaltung in den Hauptstromkreis, so zeigt 1 Grad am Instrument 10 Ampère im Hauptstromkreis an, wenn ein Nebenschluss von $^1/_9$ des Widerstandes des Instruments angebracht wird, 1 Grad wird gleich 100 Ampère (im Hauptstromkreis), wenn der Nebenschluss $^1/_{99}$ beträgt u. s. w.

Auf diese Weise lassen sich alle Spannungsmessungen mit Einem Spannungsmesser, alle Strommessungen mit Einem Strommesser ausführen; man hat also wenigstens die Zahl der Instrumente auf zwei reduzirt.

Man kann zwar ohne Weiteres für alle Messungen sich eines einzigen Instrumentes bedienen, wenn man die Bedingung aufgiebt, entweder, dass die Grade, abgesehen vom Komma, unmittelbar Volt oder Ampère angeben, oder, dass die Widerstände in einfachen decadischen Verhältnissen zu einander stehen. Diese Bedingungen müssen aber im technischen Gebrauch festgehalten werden: ein Instrument, welches nicht direct Volt oder Ampère angiebt, welches also noch einer Reductionsscala bedarf, würde sich ebensowenig einbürgern, wie ein Thermometer mit beliebiger Scala; und von den Widerständen muss nicht nur verlangt werden, dass sie in einfachen und stets denselben Verhältnissen zum Widerstand des Instruments stehen, sondern sogar, dass sie überhaupt für alle gleichartigen Instrumente dieselben Werthe haben: denn nur dann werden Widerstände und Instrumente von einander unabhängig und passt jeder Widerstand zu jedem Instrument, wie es die technische Praxis erfordert.

Diese Schwierigkeit wird gehoben, wenn man auch den Widerstand der Instrumente justirt und allen Widerständen einfache decadische Werthe ertheilt. Ist z. B. bei einem Spannungsmesser 1 Grad = 1 Volt Spannung an den Klemmen des Instruments und beträgt der Widerstand desselben 1 Ohm, so bedeutet 1 Grad Ausschlag zugleich, dass der Strom von 1 Ampère durch das Instrument fliesst. Für höhere Spannungen hat man nur Widerstände von 9, 99, 999, u. s. w. Ohm vor das Instrument, für höhere Stromstärken (im Hauptkreis) nur Widerstände von $\frac{1}{9}$, $\frac{1}{99}$, $\frac{1}{999}$, u. s. w. Ohm parallel zum Instrument zu schalten; die Grade bedeuten, abgesehen vom Komma, unmittelbar Volt oder Ampère, und doch sind Widerstandskasten und Instrumente von einander unabhängig und lassen sich beliebig vertauschen.

Diese Justirung bedingt allerdings eine Art von Doppeljustirung, welche bei manchen Instrumenten Schwierigkeiten oder wenigstens Schönheitsfehler in der Construction mit sich führt. Im Allgemeinen lässt sie sich jedoch bei jedem Instrument ausführen, indem man den Wickelungsraum vergrössert; dadurch kann aber der letztere unförmlich gross und das Instrument verhältnissmässig theuer werden. Für jedes Instrument passt, aus constructiven und ökonomischen Gründen, im Allgemeinen eine einzige Grösse des Wickelungsraumes; justirt man dasselbe zu einem bestimmten Zweck, so ist dadurch die Drahtsorte bestimmt, mit welcher jener Raum zu bewickeln ist; soll nun ausserdem der Widerstand der Wickelung einen bestimmten decadischen Werth haben, ohne dass die Temperatur der Wickelung beim Durchgang des Stromes zu hoch wird, so muss der Wickelungsraum und der Drahtquerschnitt verändert, gewöhnlich vergrössert werden.

Durch diese Anordnung gewinnt man nun ein Universalinstrument, mit welchem sich alle Messungen, ausgenommen die Widerstandsmessungen, an elektrischen Maschinen ausführen lassen; wie der Kabelelektriker alle Messungen mit seinem Spiegelgalvanometer bewältigt, so der Maschinenelektriker mit diesem Universalinstrument, dessen Construction im Uebrigen ganz dem Geschmack und den Ansichten des Einzelnen anheimgestellt ist. Es ist für bessere Messungen praktisch von grossem Werth, dass der Elektriker nur mit Einem Instrument sich beschäftigt; je grösser die Anzahl der Instrumente, desto geringer ist die Kenntniss ihrer Eigenthümlichkeiten und desto schlechter ihre Behandlung.

Das einzige Instrument, bei welchem dieses System unseres Wissens durchgeführt ist, ist das Torsionsgalvanometer von Siemens & Halske; mit demselben und den zugehörigen Widerständen lassen sich bei der Wickelung für stärkere Ströme (1 Ohm) Spannungen von 0.001 bis 1700 Volt und Stromstärken von 0.001 bis 1700 Ampère messen, bei der Wickelung für schwächere Ströme Spannungen von 0.01 bis 1700 Volt, Stromstärken von 0.0001 bis 170 Ampère.

Anwendungen.

Wir betrachten im Folgenden die Anwendungen der elektrischen Maschinen, jedoch nur von dem Standpunkte der Anforderungen, welche bei denselben an die Maschinen gestellt werden, und mit kurzer Darstellung der elektrischen Eigenschaften der betreffenden Anwendungen.

Scheinbarer Widerstand; Anordnung des äusseren Kreises.

Die Aufgaben, welche die technische Praxis stellt, tragen im Grunde alle denselben Charakter; stets ist im äusseren Kreis eine Summe von Widerständen und von elektromotorischen Gegenkräften, d. h. solchen, die der elektromotorischen Kraft der Maschine entgegenwirken, gegeben, und es handelt sich darum, die elektrischen Eigenschaften der Maschine und diejenigen des äusseren Kreises einander anzupassen.

Hierbei sind allerdings die Verhältnisse im äusseren Kreis nie als constant anzusehen; namentlich gilt dies von den elektromotorischen Gegenkräften, theilweise auch von den Widerständen. Allein man kann stets annehmen, dass die zu betreibenden Apparate, seien es elektrische Lampen, elektrolytische Bäder oder elektrische Motoren, in ihren Eigenthümlichkeiten bekannt und namentlich elektromotorische Gegenkraft und Widerstand bei normalem Verhalten gegeben seien.

Getrennt sind allerdings diese Grössen selten bekannt, weil bei den gewöhnlichen Messungen beide Grössen vereinigt einwirken. Wenn man mit einem einzelnen Apparate experimentirt, der sowohl elektomotorische Gegenkraft (e) als Widerstand (u) enthält, so bestehen die gewöhnlichen Messungen in der Beobachtung der Spannungsdifferenz (p) am Apparat und der in denselben hineingeschickten Stromstärke (i). Für die Spannung hat man aber:

$$p = i\,u + e;$$

die Spannung rührt nicht nur von der Ueberwindung eines Widerstandes her, wir suchen sie aber so darzustellen, als wenn sie nur davon herrührte.

Wir bezeichnen als scheinbaren Widerstand (u_s) des Apparates das Verhältniss der Spannungsdifferenz an demselben zu der durchfliessenden Stromstärke:

$$u_s = \frac{p}{i} = u + \frac{e}{i}; \qquad \ldots\ldots \quad 1)$$

derselbe ist also keine constante Grösse, wie ein Drahtwiderstand, sondern abhängig von der Stromstärke (die elektromotorische Gegenkraft ist meist ebenfalls abhängig von der Stromstärke).

Ist nun eine Maschine gegeben, welche die Polspannung P und die Stromstärke J dauernd zu liefern im Stande ist, so bestimmt sich zunächst die Anzahl der mittelst derselben zu betreibenden Apparate, indem man die Polarbeit $P\,J$ durch die zum Betrieb eines Apparates nöthige Arbeit $p\,i$ dividirt; die dem Verhältniss $\frac{P\,J}{p\,i}$ nächst kleinere ganze Zahl ist die Anzahl der zu betreibenden Apparate.

Ist nun ferner die Polspannung P der Maschine grösser als die Spannung p an einem Apparat, der Strom J, den die Maschine giebt, grösser als der zum Betrieb eines Apparates nöthige Strom i, so müssen die zu betreibenden Apparate in n parallel geschaltete Gruppen getheilt werden, von denen jede aus m hintereinander geschalteten Apparaten besteht; und zwar giebt das Verhältniss der Stromstärken:

$$\frac{J}{i} = n$$

die Anzahl der Gruppen, dagegen das Verhältniss der Spannungen:

$$\frac{P}{p} = m$$

die Anzahl der in jeder Gruppe hintereinander zu schaltenden Apparate. Der scheinbare Widerstand einer Gruppe ist

$$m\,u_s = m\left(u + \frac{e}{i}\right),$$

derjenige aller Gruppen oder der gesammte äussere Widerstand ist:

$$\frac{m}{n}\,u_s = \frac{m}{n}\left(u + \frac{e}{i}\right).$$

Einen Punkt von erheblicher praktischer Wichtigkeit, nämlich die Betrachtung der Veränderungen des scheinbaren äusseren

Widerstandes, den Einfluss, den die Veränderung in Einem Apparate auf die übrigen Apparate ausübt, u. s. w., eine Betrachtung, welche namentlich für die Ausführung vieler Bogenlichter wichtig ist, lassen wir hier unberücksichtigt, da hierbei mehr die Eigenschaften der Apparate, als diejenigen der Maschinen in's Spiel treten.

Minimum der Betriebskosten; Thomson'sches Gesetz.

Die technischen Aufgaben, welche durch elektrische Maschinen zu lösen sind, tragen meistens folgenden Charakter: an einer bestimmten Stelle ist eine gewisse elektrische Arbeit irgend welcher Form zu leisten; in bestimmter Entfernung von jener Stelle sind elektrische Maschinen aufzustellen, deren Strom durch Leitungen dem zu betreibenden Apparat zugeführt wird; es sind zu wählen: die Leitungen und die stromgebenden Maschinen.

Die an der Arbeitsstelle zu verrichtende elektrische Arbeit ist das Product der am Ende der Leitung herrschenden Spannung und der in den Leitungen herrschenden Stromstärke. In vielen Fällen ist nicht nur von Vorne herein die Arbeit gegeben, sondern auch die Spannung, namentlich bei elektrischer Beleuchtung; dann ist also auch die Stromstärke bestimmt. Ist jene Endspannung nicht gegeben, so wird sie so hoch gewählt, als die praktischen Umstände es erlauben; denn die Leitungskosten und die Arbeitsverluste vermindern sich um so mehr, als die Spannung steigt. In vielen Fällen kann man also die Endspannung und daher auch die Stromstärke als gegeben ansehen.

Unter dieser Voraussetzung lässt sich nun ein von Sir W. Thomson aufgestelltes Gesetz ableiten, nach welchem der Querschnitt der Leitung sich so wählen lässt, dass die Betriebskosten ein Minimum werden; wir geben hier diese Ableitung wieder.

Wir betrachten die Betriebskosten der Leitung.

Nimmt man an, dass der Preis der Leitung proportional dem Querschnitt sei, und nennt p_l den Preis von 1 Meter Leitung von 1 Quadratmillimeter Querschnitt, L die Länge (in Metern), Q den Querschnitt der Leitung (in Quadratmillimetern), z den Zinsfuss (mit Amortisation), so sind die jährlichen Zinsen der Leitung:

$$z p_l \, L \, Q.$$

Die Leitungen kosten aber nicht nur Zinsen, sondern täglich geht in denselben, während der elektrische Strom sie durchfliesst, eine gewisse Arbeit in Form von Wärme verloren, welche ebensogut eine stehende Ausgabe bildet, wie die Zinsen, da sie durch einen

Mehrbedarf an Kohlen am Dampfkessel gedeckt werden muss.

Diese Wärme, in Pferdekräften ausgedrückt, ist:

$$\frac{J^2\,W}{736} = \frac{1}{736}\,J^2\,\frac{1}{k}\,\frac{L}{Q}\,\frac{1}{1.06}$$

wo k die Leitungsfähigkeit (Quecksilber = 1). Ist p_a der Preis von Einer Pferdekraft pro Stunde, t die Anzahl der Stunden, während welcher täglich die Anlage in Betrieb ist, so sind die Kosten der jährlich in den Leitungen verloren gehenden Wärme

$$\frac{365\,p_a\,t\,J^2\,L}{1.06 \times 736 \times k\,Q} = 0.468\,\frac{p_a\,t\,J^2\,L}{k}\,\frac{1}{Q}.$$

Die jährlichen Betriebskosten der Leitung sind also

$$z\,p_l\,L\,Q + 0.468\,\frac{p_a\,t\,J^2\,L}{k}\,\frac{1}{Q};$$

sie sind ein Minimum, wenn der Differentialquotient nach Q verschwindet, oder wenn

$$0 = z\,p_l\,L - 0.468\,\frac{p_a\,t\,J^2\,L}{k\,Q^2}, \text{ oder}$$

$$Q = J\sqrt{\frac{0.468\,p_a\,t}{z\,p_l\,k}} \quad \ldots\ldots \quad 2)$$

Man sieht, dass die Länge der Leitung auf den zu wählenden Querschnitt ganz ohne Einfluss ist; wenn der Querschnitt obige Vorschrift erfüllt, so sind in jedem beliebigen Stück der Leitung die Betriebskosten ein Minimum. Dieser beste Querschnitt ist ferner proportional dem Strom, ähnlich wie bei der Vorschrift, welche man gewöhnlich zu dem Zwecke verfolgt, die Erwärmung auf einem bestimmten Maasse zu halten.

Nimmt man für Berlin $p_a = 0.1$ an, ferner $p_l = 0.02$, $k = 54$ (Kupfer bei gewöhnlicher Temperatur), $t = 6$, entsprechend einer Beleuchtung, $z = 0.10$, so erhält man

$$Q = 1.61\,J;$$

auf 1 Ampère ist also 1.61 □ mm Querschnitt zu rechnen.

Bei dieser Betrachtung ist nun zunächst zu bemerken, dass der Preis der Leitung nicht proportional dem Querschnitt ist, sondern, dass zu den eigentlichen Kosten des leitenden Drahtes noch diejenigen der Isolation, der Armirung, der Befestigung, der Legung u. s. w. kommen, welche für beliebige Querschnitte ungefähr gleich sind.

Ein von Q unabhängiges Glied verschwindet aber bei der Differenzirung; die Regel bleibt also dieselbe, nur ersieht man, dass unter p_l nur die Mehrkosten der Leitung per □mm zu verstehen sind. Ist z. B. der Preis eines Kabels mit allen Zuthaten bei 100 □mm Querschnitt 5 Mk., bei 150 □mm 6 Mk., so ist

$$p_l = \frac{6 - 5}{50} = 0{,}020 \ .$$

Ferner ist zu bedenken, dass es nicht genügt, die Betriebskosten der Leitung möglichst klein zu machen, sondern dass diejenigen der ganzen Anlage zu betrachten sind. Je mehr Wärme in den Leitungen verloren geht, desto grösser müssen die Motoren und stromgebenden Maschinen genommen werden. Diese Berücksichtigung ist jedoch praktisch nicht von grossem Belang, wenn die Wärme der Leitungen nur ein kleiner Theil der von den Maschinen umgesetzten Arbeit ist und Unterschiede in jener Wärme gewöhnlich durch Variationen in der Geschwindigkeit der Maschinen gedeckt werden, ohne Veränderung der Grösse der Maschinen. Hierzu kommt noch, dass von der durch verschiedene Wahl der Leitung verursachten Grössenveränderung der Maschinen hier nur der Zins in Betracht kommt. Bei der elektrischen Kraftübertragung jedoch, bei welcher die obige Betrachtung nicht genügt, werden wir dieselbe allgemeiner durchführen.

Minimum der Anlagekosten.

Praktisch ebenso wichtig, als das Minimum der Betriebskosten, ist dasjenige der Anlagekosten. Berücksichtigt man nur die Betriebskosten, so setzt man voraus, dass die Beschaffung des Anlagekapitals keine Schwierigkeit mache; diess trifft aber in vielen Fällen nicht zu, namentlich da, wo der elektrische Betrieb als Neuheit mit anderen, eingebürgerten Arten des Betriebs in Kampf tritt.

Die blosse Berücksichtigung der Anlagekosten entspricht allerdings auch nicht dem praktischen Bedürfniss, es dürfen vielmehr die Betriebskosten nie ausser Acht gelassen werden. Man verfährt daher am rationellsten, wenn man bei jeder wichtigeren Anlage sowohl den Fall des geringsten Anlagekapitals, als denjenigen des billigsten Betriebs berechnet und sich zwischen diesen beiden Grenzfällen denjenigen aussucht, der dem praktischen Bedürfniss am besten entspricht.

Gegeben ist stets die am Ende der Leitung zu leistende elektrische Arbeit irgend welcher Form:

$$A_2 = \frac{1}{\gamma} P_2 J; \text{ wo } \gamma = 736 \;;$$

befolgt man ausserdem die Vorschrift, die Endspannung P_2 so hoch als möglich zu nehmen, so ist dieselbe als bestimmt zu betrachten, und der in der Leitung herrschende Strom J ist in Folge dessen nach:

$$J = \frac{\gamma A_2}{P_2}$$

zu berechnen.

Der Preis der am Ende der Leitung vom Strom betriebenen Apparate, der Lampen, der elektrolytischen Bäder u. s. w., ist gegeben, tritt also in unsere Minimumsbestimmung nicht ein. Die wählbaren oder variabeln Anlagekosten bestehen in denjenigen der Leitungen und der stromgebenden Maschinen.

In Bezug auf den Preis der letzteren nehmen wir an, dass derselbe proportional der von der Maschine umgesetzten Arbeit sei; diese Annahme ist nicht ganz, aber doch im Wesentlichen richtig. Wenn p_m der Maschinenpreis per Pferdekraft, E_1 die elektromotorische Kraft der stromgebenden Maschine, so ist der Preis der letzteren:

$$p_m \frac{E_1 J}{\gamma}$$

und derjenige der Leitungen:

$$p_l \; L \; Q,$$

wobei die Länge in Metern, der Querschnitt in Quadratmillimetern ausgedrückt ist.

Wir sehen hier Q als die Variable an und suchen E_1 durch Q auszudrücken.

Der Widerstand der Leitungen (in Ohm) ist

$$\frac{1}{1.06 \times k} \frac{L}{Q} = \frac{P_1 - P_2}{J},$$

wenn P_1, P_2 bez. die Spannungsdifferenzen am Anfang und Ende der Leitungen. Nehmen wir ferner der Einfachheit halber die stromgebende Maschine als direct gewickelt an, und nennen N_{e_1} ihren elektrischen Nutzeffect, so ist

$$P_1 = N_{e_1} E_1 = P_2 + \frac{J}{1.06 \times k} \frac{L}{Q}, \text{ also}$$

$$E_1 = \frac{1}{N_{e_1}} \left(P_2 + \frac{J}{1.06 \times k} \frac{L}{Q} \right).$$

Der variabele Theil der Anlagekosten ist:

$$K_a = p_m \frac{E_1 J}{\gamma} + p_l \; L \; Q \text{ oder}$$

$$K_a = \frac{p_m J}{\gamma N_{e1}}\left(P_2 + \frac{J}{1.06 \times k}\frac{L}{Q}\right) + p\ L\ Q.$$

Differenzirt man nach Q und setzt gleich Null, so kommt:

$$o = -\frac{p_m L}{1.06 \times k \gamma N_{e1}} \frac{J^2}{Q^2} + p_l L, \text{ woraus}$$

$$Q = J \sqrt{\frac{p_m}{1.06 \times k\ N_{e1} p_l}} \quad \ldots\ldots \quad 3)$$

Man erhält also auch hier wieder eine Regel, nach welcher der **Querschnitt proportional der Stromstärke** zu wählen ist, unabhängig von der Länge.

Als Zahlenwerthe kann man ungefähr die folgenden annehmen:

$$p_m = 147 \text{ Mark}, \ p_l = 0.02 \text{ Mark}, \ k = 54,$$
$$N_{e1} = 0.90;$$

setzt man dieselben in obige Gleichung für Q ein, so erhält man

$$Q = 0.440\ J \text{ und}$$
$$J = 2.27\ Q;$$

auf je 2.27 Ampère ist also 1 Quadratmillimeter Leitungsquerschnitt zu wählen.

Auch diese Betrachtung werden wir bei der elektrischen Kraftübertragung verallgemeinern.

Die Erwärmung der Leitung.

Für die Leitung tritt noch ein wesentliches Moment in Betracht, welches der Verkleinerung des Querschnitts Schranken setzt, nämlich ihre Erwärmung, oder vielmehr die Temperatur, welche sie unter dem Einfluss des Stromes annimmt, und welche mit der oben berücksichtigten, von dem Strom erzeugten Wärmemenge nicht verwechselt werden darf.

Bei oberirdischen Leitungen hat die Temperatur nur Einfluss auf den Durchhang oder auf die Senkung der Kettenlinien, welche die Leitung zwischen den Stangen beschreibt; bei unterirdischen oder unterseeischen Leitungen wird die Isolation durch die Erwärmung der Kabelseele beeinflusst, da alle Isolirmassen nur eine gewisse Grenze der Erwärmung vertragen; bei den letzteren Leitungen namentlich ist also jene Rücksicht eine wichtige.

Wir haben nicht die Absicht, die Gesetze dieser Erwärmung in den verschiedenen Fällen hier auseinanderzusetzen, weil die

Erwärmung am meisten von der Oberfläche der Leitung, der Art ihrer Umhüllung und der Natur des die armirte Leitung umgebenden Mediums abhängt; man bedarf also ausser einer theoretischen Erörterung noch einer Reihe von Coefficienten, welche den verschiedenen Fällen entsprechen und welche durch Versuche festgestellt werden müssen.

In der technischen Praxis nimmt man gewöhnlich an, dass der Querschnitt proportional der Stromstärke und einem für den betr. Fall passenden Coefficienten sei. Diese Annahme ist theoretisch nicht richtig und darf deshalb nur mit Vorsicht und innerhalb gewisser Grenzen benutzt werden; so ist z. B. jener Coefficient für dicke und dünne Leitungen unter sonst gleichen Umständen erheblich verschieden. Immerhin lässt sich jedoch diese Annahme benutzen, wenn man die jedem Coefficienten entsprechenden Grenzen nicht überschreitet, da es auf grosse Genauigkeit hier nicht ankommt.

Die praktischen Werthe jenes Coefficienten bewegen sich etwa zwischen 1 und 3, d. h. man wählt die Stromstärke per Quadratmillimeter zwischen 1 und 3 Ampère. —

Wir sind also zu dem eigenthümlichen Resultat gelangt, dass es je nach den verschiedenen Gesichtspunkten, den Betriebskosten, den Anlagekosten und der Erwärmung, drei verschiedene Regeln für die Wahl des Leitungsquerschnitts giebt; nach allen drei Regeln ist der Querschnitt proportional der Stromstärke zu wählen, das Verhältniss von Querschnitt und Stromstärke jedoch ist bei jeder Regel ein anderes.

Merkwürdiger Weise aber ist dieses Verhältniss nicht sehr verschieden, wenn man nur die Anlagekosten oder nur die Erwärmung berücksichtigt, so dass man diese beiden Gesichtspunkte beinahe zugleich befriedigen kann; die Rücksicht auf die Betriebskosten verlangt viel stärkere Leitungen, und es hängt also von den Umständen des einzelnen Falles ab, welche Rücksicht als maassgebend zu befolgen ist.

A. Bogenlicht.

Bei Anlagen mit Bogenlicht treten gewöhnlich die Rücksichten auf die Oekonomie der Anlage in den Hintergrund gegenüber der Güte der Regulirung des Lichtes; wenn der Techniker einen Vortheil in letzterer Beziehung erreichen kann, indem er ökonomische Vortheile opfert, so wird er kaum je zögern; namentlich verbreitet sich immer mehr die Einschaltung von Widerstand, welche die Ruhe des Brennens erheblich befördert. Die Berücksichtigung der Oekonomie besteht fast nur darin, dass man so viele Lampen hintereinander schaltet, als es die Maschinen erlauben und als es den Umständen nach passend ist.

Wir möchten jedoch diesen Gegenstand nicht verlassen, ohne zu erwähnen, dass die elektrische Natur des Bogenlichts, welche lange das Object einer scheinbar unentscheidbaren Discussion bildete, durch den wichtigen Versuch von V. von Lang (Zeitschrift für Elektrotechnik, 1885, S. 376) aufgeklärt ist, und dass wir nunmehr auch die Grundlage besitzen, von welcher aus die technischen, das Bogenlicht betreffenden Fragen sich behandeln lassen.

Es war vor diesem Versuch dem Gutdünken der Physiker anheimgestellt, ob sie dem Lichtbogen elektrischen Widerstand, oder elektromotorische Gegenkraft, oder Beides zugleich zuschreiben wollten; die Versuche, die man früher anstellte, um die Existenz einer elektromotorischen Kraft nachzuweisen, waren, wenigstens unserer Ansicht nach, nicht beweisend. Durch den Lang'schen Versuch ist die Existenz einer elektromotorischen Kraft nachgewiesen; als Werth derselben bei geringer Bogenlänge ($\frac{1}{3}$ mm) ergab sich 39 Volt.

Die Erscheinungen des Bogenlichts zerfallen in zwei Theile: diejenigen, welche dasselbe bei sehr geringer Bogenlänge zeigt und welche die wesentlichen sind, und diejenigen, welche mit wachsender Bogenlänge hinzutreten. Hat der Bogen nur geringe Länge, so ist die Potentialdifferenz an beiden Kohlen bei allen möglichen Stromstärken dieselbe und gleich 39 Volt; wächst die Länge des Bogens, so steigt die Spannung proportional der Länge, unabhängig von der Stromstärke. Dieses letztere Gesetz ist durch Versuche von Siemens & Halske (elektrotechnische Zeitschrift 1883 S. 150) gefunden und durch genauere Versuche von Peukert (Zeitschrift für Elektrotechnik 1885, S. 111) bestätigt.

In Bezug auf die Stromstärke existirt offenbar ein Zusammenhang zwischen derselben und dem Querschnitt des Lichtbogens. Messungen hierüber sind nicht angestellt; allein es ist augenfällig, dass der Querschnitt des Lichtbogens mit der Stromstärke wächst.

Um das elektrische Verhalten des Lichtbogens vollständig festzustellen, mussten elektromotorische Gegenkraft und Widerstand bei verschiedenen Bogenlängen und Stromstärken gemessen werden. Trotzdem solche Messungen noch nicht gemacht sind, lässt sich deren Resultat mit grosser Wahrscheinlichkeit voraussagen; denn es giebt eine Annahme, welche die oben angeführten Thatsachen in offenbar natürlicher Weise erklärt.

Diese Annahme geht dahin, dass die elektromotorische Gegenkraft des Bogens stets dieselbe sei, dass der Bogen selbst eine gewisse Leitungsfähigkeit und einen gewissen Widerstand besitze, ebenso wie ein Metalldraht, und dass der Querschnitt des Bogenlichts proportional der Stromstärke sei.

Wenn diese Annahme richtig ist, so ist, wenn k die Leitungsfähigkeit des Lichtbogens, L seine Länge, Q sein Querschnitt, der Widerstand desselben

$$W = \frac{1}{k} \frac{L}{Q},$$

oder, wenn wir $Q = c\,J$ setzen, wo J die Stromstärke,

$$W = \frac{1}{c\,k} \frac{L}{J};$$

die Spannungsdifferenz P an den beiden Kohlen ist, wenn E die elektromotorische Gegenkraft,

$$P = E + W\,J \text{ oder}$$

$$P = E + \frac{1}{c\,k} L \qquad \ldots\ldots\ldots \quad 4)$$

Die letztere Gleichung, nach welcher die Spannungsdifferenz proportional der Bogenlänge zunimmt und unabhängig von der Stromstärke ist, hat sich, wie oben erwähnt, durch Versuche als richtig erwiesen; man hat in Zahlen:

$$P = 39 + 1.8\,L,$$

wo P in Volt, L in Millimetern ausgedrückt wird.

Der scheinbare Widerstand (W_s) des Lichtbogens ist:

$$W_s = \frac{P}{J} = \frac{E}{J} + \frac{1}{c\,k} \frac{L}{J}.$$

Es sind also jetzt die Mittel gegeben, um die technischen Fragen, welche mit dem Lichtbogen zusammenhängen, zu behandeln, ohne dass man nöthig hat, zu zweifelhaften Annahmen zu greifen.

Dasjenige Problem, welches die Technik namentlich interessirt und bisher nur empirisch in Angriff genommen wurde, ist die Regulirung der Bogenlampen, und, damit zusammenhängend, die Möglichkeit, eine Reihe von hinter einander oder parallel geschalteten Lampen gleichzeitig zu betreiben. Es scheint uns, als ob auch dieses Problem nun mit Aussicht auf Erfolg sich in Angriff nehmen liesse; es würden durch dessen Behandlung die noch vielfach schwankenden Ansichten über Regulirung geklärt werden.

B. Glühlicht.

Das Glühlicht bildet den einfachsten Fall der Anwendung elektrischer Maschinen, da der äussere Kreis hierbei nur aus Widerständen besteht. Allerdings ist der Widerstand der Glühlampen variabel und sehr abhängig von der an den Enden der Lampe herrschenden Spannung; allein diese Variation kommt nicht in Betracht, da die Hauptbedingung einer Glühlichtanlage in der Constanz der Lampenspannung besteht.

Die Bedingungen für Constanz der Spannung sind von uns Seite 86 ff. ausführlich behandelt worden; es ergab sich, dass mittelst einer gemischten Wickelung von gewissen Eigenschaften diese Constanz in hohem Grade erreicht werden kann. Wir können noch hinzufügen, dass man die Wickelung auch so einrichten kann, dass die Spannung nicht an den Klemmen der Maschine, sondern am Ende der Leitungen, also an den Lampen, constant bleibt; es sind zu diesem Zweck an unseren Formeln 55 u. 56 bloss einige Modificationen anzubringen. Eine solche Justirung passt jedoch nur auf Leitungen von ganz bestimmtem Widerstand, also nur auf einen einzelnen Fall; bei Centralanlagen, bei welchen eine Reihe von Maschinen parallel geschaltet werden und viele verschiedene Leitungen von der Maschinenstation ausgehen, hat eine solche Justirung keinen Sinn. Wir verzichten daher auf die bez. theoretische Ausführung, da die technische Bedeutung derselben nicht erheblich wäre.

Das Glühlicht bildet ferner denjenigen Fall der Anwendung elektrischer Maschinen, in welchem die Kosten der Leitung diejenigen der übrigen Theile der elektrischen Anlage meist bedeutend überwiegen; dies kommt daher, dass die Entfernung der Brennstellen von den Maschinen meist erheblich ist, und dass man andererseits gezwungen ist, niedrige Spannungen und starke Ströme zu verwenden.

Hier macht sich demnach die ökonomische Frage, ob die Kosten der Anlage oder diejenigen des Betriebs als maassgebend zu betrachten sind, in eminenter Weise geltend. Wir haben die Regeln gegeben, welche beim Festhalten jedes einzelnen dieser beiden Gesichtspunkte sich ergeben; eine weitere Diskussion würde nicht mehr physikalischen, sondern nationalökonomischen Character haben, liegt uns also fern.

Eine wichtige Frage, welche allgemein behandelt werden sollte, betrifft das Verhältniss der sogenannten Vertheilungsleitungen zu den Hauptleitungen in einer Centralanlage für Glühlicht. Die Hauptleitungen sind diejenigen, welche von der Maschinenstation direct nach den wichtigsten Brennstellen führen, die Vertheilungsleitungen diejenigen, welche die wichtigsten Brennstellen untereinander und mit solchen von geringerer Bedeutung verbinden; die letzteren haben namentlich den Zweck, die Spannungen der Hauptbrennstellen auszugleichen, wenn die Anzahlen der eingeschalteten Lampen nicht die normalen sind.

Die verschiedenen Gesichtspunkte, welche bei der Wahl der Vertheilungsleitungen maassgebend sind, widersprechen theilweise einander; es ist deshalb nicht unmöglich, dass eine Regel existirt, in welcher die verschiedenen Gesichtspunkte gleichsam gegen einander abgewogen sind.

C. Elektrolyse.

Der Fall der Elektrolyse gehört, wie die Fälle der Beleuchtung, zu den in elektrischer Beziehung einfacheren Anwendungen der Dynamomaschine, indem die Eigenschaften des äusseren Kreises im Wesentlichen gegeben sind und Veränderungen desselben wenig in Betracht kommen; während jedoch bei der Beleuchtung die zu betreibenden Apparate gegeben sind und nur ihre Anordnung und die Wahl der Maschine freistehen, kann man bei der Elektrolyse die Apparate, d. h. die Bäder, beliebig verändern und sie der Maschine anpassen, ohne die gewünschte Wirkung zu beeinträchtigen; allerdings kann man die Wahl der Bäder auch wieder nur als eine passende Anordnung gewisser Grundelemente auffassen.

Die Grundlage jeder elektrolytischen Anlage bildet die Forderung, dass auf jeder Flächeneinheit, der Anoden und Kathoden, z. B. jedem Quadratdecimeter, die elektrischen Verhältnisse dieselben seien und gleich denjenigen, welche für den betr. Process als am zweckdienlichsten erkannt worden sind. Von der Entfernung zwischen Anode und Kathede wird hierbei stets vorausgesetzt, dass dieselbe so gering als möglich sei, da dadurch der nur schädlich wirkende Leitungswiderstand des Elektrolyts verringert wird. Daraus folgt, dass die Spannungsdifferenz zwischen je zwei gegenüber stehenden Elektroden und die Stromdichtigkeit, d. h. die Stromstärke per Flächeneinheit, überall dieselbe sein muss.

Soll per Stunde nur eine bestimmte Menge Metall niedergeschlagen oder Gas entwickelt werden, so folgt daraus, dass die Gesammtoberfläche aller Elektroden einen bestimmten Werth haben müsse, ganz abgesehen von der Schaltung und Anordnung; denn wenn die Stromdichtigkeit eine bestimmte sein muss, so wird auch auf jeder Flächeneinheit per Stunde eine bestimmte Menge des betr. Zersetzungsprodukts gewonnen.

Auch die Arbeit, welche der Betrieb der Bäder absorbirt, ist alsdann bestimmt; denn Spannungsdifferenz und Stromstärke auf jeder Flächeneinheit sollen bestimmte Werthe haben, also auch ihr Produkt, die elektrische Arbeit, und daher auch die der Gesammtoberfläche entsprechende Arbeit.

Die Polarbeit der Maschine ist im Wesentlichen gleich der von den Bädern absorbirten Arbeit; denn die in den Leitungen verloren gehende Arbeit kann verhältnissmässig klein gehalten werden, da die Entfernung zwischen Maschine und Bädern meist gering ist.

Alle wesentlichen Momente der Anlage sind also durch die Natur des elektrolytischen Processes und die gewünschte Grösse der elektrolytischen Wirkung gegeben, ohne dass über Schaltung und Grösse der einzelnen Bäder eine Voraussetzung gemacht ist. Es ist also für die Wirkung gleichgültig, ob man alle Elektroden in einem einzigen grossen Bade oder Einer parallel geschalteten Gruppe von Bädern vereinigt, oder ob man viele kleine, hintereinander geschaltete Bäder wählt, wenn nur die Gesammtoberfläche der Elektroden gleich bleibt. Ebenso ist es für die Wirkung in den Bädern gleichgültig, wie die Summe aller Spannungen an den Bädern und die Stromstärke gewählt werden, wenn nur das Produkt den bestimmten Werth besitzt.

Da ausserdem ein einziges grosses Bad weniger kostet, als viele kleine Bäder, so wäre hiernach die Wahl eines einzigen Bades die richtige; allein dann würde die Stromstärke den unter den Umständen möglichst grossen Werth erhalten, die Leitungen würden bedeutende Querschnitte erhalten und trotz ihrer geringen Länge für die Anlagekosten ins Gewicht fallen. Wählt man umgekehrt viele kleine Bäder, so vermindern sich zwar die Kosten der Leitung, vermehren sich aber diejenigen der Bäder.

Man sieht, dass ein gewisser Mittelweg hier der zweckmässigste ist: man wählt den Strom so, dass die Kosten der Leitung nicht beträchtlich ins Gewicht fallen, aber auch so, dass die Anzahl und die Kosten der Bäder nicht zu gross werden. Man könnte diese ökonomisch beste Lösung der Frage auch in eine Formel fassen; allein durch Berechnung einiger verschiedener Fälle erreicht man denselben Zweck.

Eine andere elektrische Frage möchten wir noch erwähnen, da dieselbe öfter unrichtig aufgefasst wird, nämlich, wie sich die Polarisation, oder die elektromotorische Gegenkraft in den Bädern verhalten soll zu der Spannung am Bade, und ob für eine rationelle Anlage nicht die erstere genau bestimmt werden muss.

Zunächst ist eine gute Bestimmung der Polarisation nicht einfach und leicht. Wir warnen hier vor Anwendung der gewöhnlichen Methode, nach welcher mittelst einer Umschaltung das Bad aus dem Stromkreis genommen und mit Widerstand und Messinstrumenten verbunden wird; während des Umschaltens geht oft ein erheblicher Theil der Polarisation verloren, dessen Betrag auf keine Weise geschätzt werden kann.

Diese Bestimmung ist aber glücklicherweise für die technische Berechnung einer Anlage gar nicht nöthig, denn die Polarisation kann nicht gewählt werden, sondern ist durch wichtige Rücksichten bestimmt; ihre Grösse braucht man ferner nicht zu kennen, da bei der technischen Berechnung nur die Spannung am Bade eine Rolle spielt.

Wird eine Zersetzungszelle mit steigender Spannung (am Bade) betrieben, so steigt zugleich auch die Stromstärke und die Menge der Zersetzungsprodukte. Von einer bestimmten Stromstärke an fängt jedoch das Zersetzungsprodukt unrein zu werden oder an Qualität zu verlieren; häufig treten auch bei zu geringen Stromstärken Produkte auf, wie man sie nicht wünscht. Die Stromdichtigkeit darf daher meistens nur in geringen Grenzen variirt werden, wenn die Güte des Produkts nicht darunter leiden soll; durch die Stromdichtigkeit ist aber auch die Polarisation bestimmt; man kann dieselbe also nicht wählen.

Die Spannung am Bade besteht aus der Polarisation und der Spannung, welche nöthig ist, um den Widerstand des Elektrolyts zu überwinden; die letztere wird auf ein Minimum reduzirt, indem man die Entfernung der Elektroden möglichst gering und die Leitungsfähigkeit des Elektrolyts möglichst gross wählt; die Spannung am Bade ist also auch bestimmt.

Für die Berechnung einer Anlage ist aber nur die Kenntniss der Spannung am Bade nöthig; wieviel von derselben auf Polarisation und wieviel auf die Ueberwindung des Widerstandes entfällt, braucht der Techniker nicht zu wissen.

D. Die elektrische Kraftübertragung.

Die Bezeichnung „Kraftübertragung“ ist bekanntlich eine unrichtige: es wird nicht „Kraft“, sondern Arbeit oder Energie, übertragen; wir behalten diese Bezeichnung jedoch bei, weil sie in der Technik allgemein gebräuchlich ist.

Die elektrische Kraftübertragung besteht aus einem Motor, zwei durch Leitungen verbundenen elektrischen Maschinen und einer Arbeitsmaschine.

Der Motor setzt die eine elektrische Maschine, welche wir primäre nennen, in Bewegung; die letztere erzeugt Strom, welcher durch die Leitungen der zweiten, secundären, elektrischen Maschine zugeführt wird; und diese letztere, die als Motor arbeitet, setzt die Arbeitsmaschine in Gang.

Bei der elektrischen Kraftübertragung liegt weit mehr, als bei den übrigen Anwendungen, der technische Schwerpunkt in der Wahl und Berechnung der elektrischen Verhältnisse; wir müssen derselben daher eine eingehendere Besprechung widmen, als der Beleuchtung und der Elektrolyse.

Der Gang, den wir hierbei verfolgen, ist folgender. Wir zeigen zunächst, wie bei einer gegebenen, in Betrieb befindlichen Kraftübertragung die Arbeitsgrössen aus den gemessenen elektrischen Grössen zu berechnen sind; dann betrachten wir die wichtigsten Fälle, welche in Bezug auf Schaltung und Eigenschaften der Maschinen vorkommen, und ihr „Spiel“; hieran schliesst sich die nähere Betrachtung der Arbeitsverluste und des Nutzeffects. Die gewonnenen Ergebnisse werden alsdann zur Aufstellung von praktischen Projecten verwendet; den Schluss bilden ein Abschnitt über die elektrische Eisenbahn und einige Bemerkungen über vielfache Kraftübertragung.

Berechnung der Arbeitsgrössen aus den gemessenen elektrischen Grössen.

An einer elektrischen Kraftübertragung lassen sich von elektrischen Grössen messen: die primäre und die sekundäre Polspannung und die Stromstärke in den Leitungen; aus denselben sind die übrigen elektrischen Grössen zu berechnen, namentlich die Ankerströme und die elektromotorischen Kräfte, da aus diesen Grössen sich die elektrischen Arbeiten zusammensetzen. Vorausgesetzt wird natürlich, dass sämmtliche Widerstände bekannt sind.

Wir bezeichnen mit dem Index 1, was sich auf die primäre, mit dem Index 2, was sich auf die secundäre Maschine bezieht, und behandeln den allgemeinsten Fall, wenn nämlich sowohl die primäre, als die sekundäre Maschine gemischt bewickelt sind.

Das Stromschema ist alsdann das in Fig. 61 dargestellte, wobei in den Zweigen a_1, a_2, die elektromotorischen Kräfte, E_1, E_2, als thätig gedacht, $\frac{l}{2}$, $\frac{l}{2}$ die beiden Leitungen sind. Was die directen Wickelungen der beiden Maschinen betrifft, so ist eine solche zu dem betr. Ankerwiderstand hinzuzurechnen, wenn der Nebenschluss parallel dem äusseren Kreis, dagegen zu der Leitung l, wenn der Nebenschluss parallel dem Anker liegt.

Fig. 61.

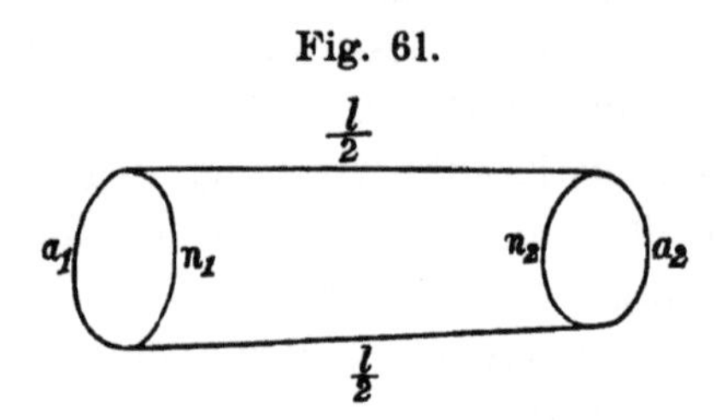

Gemessen werden die Polspannungen P_1 und P_2, und die Stromstärke in der Leitung, J; die Berechnung dagegen geht aus von den Polspannungen P_1' und P_2', die an den Enden der beiden Nebenschlüsse herrschen. Liegt der Nebenschluss parallel zum äusseren Kreis, so ist $P = P'$; liegt derselbe dagegen parallel zum Anker, so sind P und P' verschieden, und es muss P' aus dem gemessenen P berechnet werden.

Die Grössen P_1', P_2' und J sind von einander abhängig, und zwar ist

$$J = \frac{P_1' - P_2'}{l}$$

eine Gleichung, welche zur Controlle der Messungen unter einander benutzt wird, und in welcher l den Widerstand der Leitungen bedeutet.

Die Nebenschlussströme sind:

$$J n_1 = \frac{P_1'}{P n_1}, \; J n_2 = \frac{P_2'}{n_2};$$

die Ankerströme:

$$J_{a_1} = J + \frac{P'_1}{n_1}, \; J_{a_2} = J - \frac{P'_2}{n_2};$$

die elektromotorischen Kräfte:

$$E_1 = P'_1 + a_1 J_{a_1} = P'_1 + a_1 J + a_1 \frac{P'_1}{n_1} \text{ oder}$$

$$E_1 = P'_1\left(1 + \frac{a_1}{n_1}\right) + a_1 J \text{ und}$$

$$E_2 = P'_2\left(1 + \frac{a_2}{n_2}\right) - a_2 J .$$

Hieraus ergiebt sich für die elektrischen Arbeiten:

$$E_1 J_{a_1} = \left(P'_1\left(1 + \frac{a_1}{n_1}\right) + a_1 J\right)\left(J + \frac{P'_1}{n}\right),$$

$$E_2 J_{a_2} = \left(P'_2\left(1 + \frac{a_2}{n_2}\right) - a_2 J\right)\left(J - \frac{P'_2}{n_2}\right).$$

Hier ist zu bemerken, dass in den meisten Fällen die Grössen $\frac{a_1}{n_1}$ und $\frac{a_2}{n_2}$ gegen 1 vernachlässigt werden können.

Für die mechanischen Arbeiten hat man

$$A_1 = \frac{1}{\gamma} E_1 J_{a_1} + L_1 , \quad A_2 = \frac{1}{\gamma} E_2 J_{a_2} - L_2 ,$$

wo L_1 und L_2 die Leergangsarbeiten; für den elektrischen Nutzeffect:

$$N_e = \frac{E_2 J_{a_2}}{E_1 J_{a_1}} = \frac{P'_2\left(1 + \frac{a_2}{n_2}\right) - a_2 J\Big)\left(J - \frac{P'_2}{n_2}\right)}{P'_1\left(1 + \frac{a_1}{n_1}\right) + a_1 J\Big)\left(J + \frac{P'_1}{n_1}\right)}$$

für den mechanischen oder eigentlichen Nutzeffect:

$$N = \frac{E_2 J_{a_2} - L_2}{E_1 J_{a_1} + L_1} .$$

In Bezug auf die Leergangsarbeiten $L_1 L_2$ ist zu bemerken, dass sie bei praktischen Rechnungen als in bestimmtem Verhältniss zu den elektrischen Arbeiten stehend angenommen werden können, so dass allgemein:

$$L = \lambda E J_a ;$$

hiernach kann man auch setzen:

$$A_1 = E_1 J_a (1 + \lambda_1), \quad A_2 = E_2 J_{a_2} (1 - \lambda_2) \text{ und}$$

$$N = \frac{E_2\, J_{a_2}}{E_1\, J_{a_1}} \; \frac{1 - \lambda_2}{1 + \lambda_1}.$$

Gewöhnlich sind auch die Leergangscoefficienten λ_1 und λ_2 nicht genau bekannt; in diesem Falle lassen sich nur die elektrischen Arbeitsgrössen und der elektrische Nutzeffekt genau berechnen, die mechanischen Grössen: A_1, A_2, N nur schätzen.

Die Bedeutung der Leergangsarbeiten und der beiden Nutzeffekte wird weiter unten näher erörtert.

Die wichtigsten Fälle und ihr „Spiel".

Bei der Betrachtung der Dynamomaschine als Motor haben wir bereits gesehen, wie sich eine secundäre Maschine verhält, wenn bestimmte Bedingungen herrschen; wir wenden nun diese Betrachtung auf die wichtigsten Fälle der Kraftübertragung an und suchen ihr „Spiel" zu verstehen, d. h. das Verhalten, namentlich der sekundären Maschine; wir enthalten uns jedoch dabei aller Formeln.

In den meisten Fällen der elektrischen Kraftübertragung sind zwei Grössen als letzte Ursachen gegeben, aus welchen alle übrigen Momente als Folgerungen hervorgehen. Die eine betrifft die primäre Maschine, nämlich deren Geschwindigkeit; die andere betrifft die secundäre Maschine, nämlich die an deren Riemscheibe wirkende Zugkraft.

Beinahe ohne Ausnahme ist der die primäre Maschine betreibende Motor mit einem Regulator auf constante Geschwindigkeit versehen, und wo derselbe fehlt, sucht man durch Handregulirung die Geschwindigkeit constant zu halten. An der von der secundären Maschine betriebenen Arbeitsmaschine ferner ist die Zugkraft dasjenige Moment, welches diese Maschine charakterisirt und als zweite Grundursache auftritt, während deren Geschwindigkeit eine Folge aller in dem ganzen System zusammenwirkenden Factoren ist.

Aus diesen beiden Ursachen und den Eigenschaften der elektrischen Maschinen muss sich stets die Wirkungsweise der Kraftübertragung erklären lassen.

a) Beide Maschinen mit directer Wickelung.

In diesem Falle ist die Stromstärke in allen Theilen des Stromkreises gleich, und der Magnetismus in beiden Maschinen hängt nur von der Stromstärke ab. Die Zugkraft ist, wie S. 109 auseinandergesetzt wurde, proportional dem Product der Sromstärke und des Magnetismus, hängt also hier nur von der Stromstärke ab, in der S. 112 besprochenen Weise.

Ist also die Zugkraft an der secundären Riemscheibe in Kilo gegeben, und kennt man ausserdem die Constanten der Maschine, so lässt sich die Stromstärke in Ampère angeben, welche herrschen muss, wenn die ganze Uebertragung ins Gleichgewicht gekommen ist.

Zeichnen wir nun die Spannungen im Stromkreis auf (Spannung: Ordinate, Widerstand: Abscisse), so erhalten wir die nebenstehende Figur 62; der Anfang des primären und das Ende des secundären Ankers denken wir uns hierbei kurz verbunden und an Erde gelegt, die Widerstände der Schenkel und der Leitungen zwischen die beiden Anker geschaltet. In dem primären Anker (a_1) steigt die Spannung, sinkt alsdann beim Durchgang durch die Widerstände und dann noch steiler beim Durchgang durch den secundären Anker (a_2).

Fig. 62.

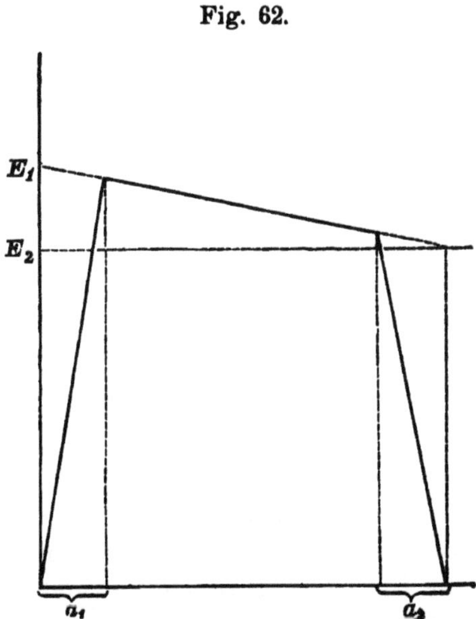

Verlängert man die zwischen a und a_2 sich erstreckende Spannungslinie nach beiden Seiten in der in der Figur angegebenen Weise, so erhält man die einander entgegenwirkenden elektromotorischen Kräfte E_1 und E_2; die Differenz derselben ist diejenige el. motorische Kraft, welche den Strom erzeugt, und welche gleich dem Product des Stromes in dem Gesammtwiderstand ist ($E_1 - E_2 = J\ W$).

Nun ist aber jede der elektromotorischen Kräfte proportional dem Magnetismus und der Geschwindigkeit der betreffenden Maschine; die Magnetismen und die Stromstärke sind durch die Zugkraft an der sekundären Maschine bestimmt, die primäre Geschwindigkeit ist auch gegeben; also ist die primäre elektromotorische Kraft und das Produkt $J\,W$ oder die Differenz beider elektromotorischen Kräfte bestimmt; hieraus ergiebt sich aber die secundäre elektromotorische Kraft und aus dieser, da der secundäre Magnetismus durch den Strom bestimmt ist, die secundäre Geschwindigkeit.

Sind beide Maschinen von gleicher Construction und ist in beiden die Commutatorstellung dieselbe, so ist der Magnetismus in beiden Maschinen derselbe und der Strom einfach proportional der Differenz der Geschwindigkeiten.

Je grösser die Zugkraft ist, desto grösser muss auch der Strom sein, wenn auch nicht in einfachem Verhältniss; desto grösser muss also auch die Differenz der Geschwindigkeiten sein und, da die primäre Geschwindigkeit constant bleibt, desto kleiner die secundäre Geschwindigkeit. Je stärker also die secundäre Riemscheibe gebremst wird, um so mehr sinkt die Geschwindigkeit der secundären Maschine; bei einer bestimmten Bremskraft und darüber hinaus steht die letztere still.

Je kleiner die Zugkraft ist, desto mehr wächst die Geschwindigkeit und desto schwächer wird der Strom; nimmt man die Bremskraft von der secundären Riemscheibe ganz weg, und bleiben nur noch die Kräfte des Leergangs zu überwinden übrig, so wird der Strom ganz schwach und die secundäre Geschwindigkeit steigt beinahe auf die Höhe der primären (wohlgemerkt, bei gleichen Commutatorstellungen).

Hierbei ist nicht zu vergessen, dass die primäre elektromotorische Kraft durchaus nicht constant bleibt, da sie ausser von der Geschwindigkeit vom Magnetismus der primären Maschine und diese wieder von der Stromstärke abhängt. Sind secundäre Bremskraft und Strom stark, so verhält sich die primäre Maschine, wie wenn sie in einem kleinen Widerstand arbeitete, ihr Magnetismus und elektromotorische Kraft haben hohe Werthe; mit abnehmender Bremskraft sinkt die primäre elektromotorische Kraft und verschwindet, sobald Bremskraft und Strom aufhören.

b) Primär: eine Gleichspannungsmaschine, secundär: eine Maschine mit directer Wickelung.

In diesem Fall ist die primäre Polspannung im Wesentlichen als constant anzusehen; die Verhältnisse liegen ähnlich, wie in obigem Fall, nur variirt die primäre elektromotorische Kraft anders.

Im obigen und im vorliegenden Fall steigt die primäre elektromotorische Kraft mit wachsendem Strom, also mit wachsender Bremskraft. Im vorliegenden Fall jedoch steigt dieselbe so, dass nach Abzug der in der Maschine verloren gehenden Spannung stets derselbe Rest, die constante Polspannung, übrig bleibt. Im obigen Fall hängt es von der Stärke der Bewickelung ab, ob und wie die Polspannung sich ändert; ist der Widerstand der Maschine verhältnissmässig gering, so steigt auch die Polspannung mit wachsender Bremskraft und die secundäre Geschwindigkeit wird dadurch vergrössert.

Im Allgemeinen sind die Unterschiede zwischen den beiden Fällen nicht als sehr erheblich anzusehen.

c) Primär: eine Gleichspannungsmaschine, secundär: eine Nebenschlussmaschine.

Dieser Fall unterscheidet sich durchaus von den vorhergehenden.

Ist die primäre Polspannung constant, so variirt die secundäre Polspannung nur wenig, und auch der secundäre Magnetismus, der nur von der secundären Polspannung abhängt, ist beinahe constant; man hat also im Wesentlichen denselben Fall, als wenn eine Magnetmaschine von einer Batterie betrieben wird.

Die Zugkraft ist nahezu proportional dem Strom, da der andere Faktor, der Magnetismus, beinahe constant ist; der Spannungsverlust in der secundären Maschine kann nie erheblich sein, da derselbe nur proportional dem Ankerwiderstand ist; die secundäre elektromotorische Kraft variirt also ebenfalls nicht bedeutend und eben so wenig die Geschwindigkeit der secundären Maschine, da dieselbe proportional dem Verhältniss der elektromotorischen Kraft zu dem Magnetismus ist.

Man sieht, dass dieser Fall der einzige unter den betrachteten ist, bei welchen die secundäre Geschwindigkeit nahezu constant wird; leider lässt er sich nicht unmittelbar verwirklichen, da die secundäre Maschine bei dieser Schaltung sich nicht von selbst in Bewegung setzt. Beseitigt man aber diesen Uebelstand durch Hinzufügen einer directen Wickelung oder von etwas permanentem Magnetismus, so erreicht man wenigstens eine erhebliche Annäherung an die Constanz der Geschwindigkeit.

Die Arbeitsverluste in der Dynamomaschine.

In einer stromerzeugenden Maschine sind drei verschiedene Phasen der Arbeit zu unterscheiden: die mechanische, an der Riemscheibe geleistete Arbeit, die erzeugte elektrische Arbeit und die an den Polen ausgegebene elektrische Arbeit; wir bezeichnen dieselben bez. als die **mechanische Arbeit**, die **elektrische Arbeit** und die **Polarbeit**. In einer als Motor arbeitenden Dynamomaschine treten dieselben Arbeitsgrössen auf, nur gleichsam in anderer Reihenfolge; während bei der stromerzeugenden Maschine die mechanische Arbeit grösser als die elektrische und diese grösser als die Polarbeit ist, hat man bei der als Motor arbeitenden Maschine die Polarbeit grösser als die elektrische und diese grösser als die mechanische Arbeit.

Die mathematischen Ausdrücke für diese Grössen sind die folgenden (in Pferdekräften):

$$\text{Mechanische Arbeit: } A = \frac{2\pi D}{75 \times 60} K v$$

$$\text{Elektrische Arbeit: } A_e = \frac{E J_a}{736}$$

$$\text{Polarbeit: } A_p = \frac{P J}{736},$$

wo D der Durchmesser der Riemscheibe in Metern, K die Zugkraft in Kilogramm, v die Tourenzahl per Minute, E und P in Volt, J und J_a in Ampère ausgedrückt sind.

Entsprechend diesen drei Arbeitsphasen giebt es zwei Arten von Arbeitsverlusten: der eine Verlust ist gleich der Differenz zwischen der mechanischen und der elektrischen Arbeit, der zweite gleich der Differenz zwischen elektrischer und Polarbeit; wir nennen die erstere Grösse die **Leergangsarbeit**, die letztere die **Stromwärme**.

Als Nutzeffect pflegt man in der Mechanik das Verhältniss der von einem Apparat geleisteten Arbeit zu der von demselben verbrauchten Arbeit zu nennen; wir führen hier analoge Bezeichnungen ein.

Bei einer stromerzeugenden Maschine bezeichnen wir als **Nutzeffect: das Verhältniss der Polarbeit zu der mechanischen Arbeit**, als **elektrischen Nutzeffect**: das **Verhältniss der Polarbeit zu der elektrischen Arbeit**.

Bei einer als Motor arbeitenden Maschine bezeichnen wir dagegen als **Nutzeffect**: das **Verhältniss der mechanischen Arbeit zur Polarbeit**, als **elektrischen Nutzeffect**: das **Verhältniss der eletrischen Arbeit zu der Polarbeit**.

Für technische Rechnungen kann man annehmen, dass zwischen den bez. Nutzeffecten im getriebenen und im treibenden Zustand kein Unterschied sei, wenn die Stromstärke im Anker, der Magnetismus und die Geschwindigkeit dieselben sind; indessen ist diese Annahme nicht ganz genau und wir wollen die genaueren Beziehungen hier anführen.

Versetzt man dieselbe Maschine bei demselben Ankerstrom und derselben Geschwindigkeit einmal in den getriebenen (primären), ein andermal in den treibenden (secundären) Zustand, so sind die elektrische Arbeit (A_e), die Stromwärme (S) und die Leergangsarbeit (L) in beiden Fällen gleich, verschieden dagegen die Polarbeit (A_{p_1} und A_{p_2}) und die; mechanischen Arbeiten (A_1 und A_2); der Index 1 bezeichne hier den getriebenen, der Index 2 den treibenden Zustand.

Man hat:

$$A_{p_1} = A_e - S,\ A_{p_2} = A_e + S,$$

$$A_1 = A_e + L,\ A_2 = A_e - L.$$

Bezieht man nun die Bezeichnungen: Nutzeffekt (N) und elektrischen Nutzeffect (N_e) nur auf den primären Zustand, so ist

$$N_e = \frac{A_e - S}{A_e}, \text{ woraus } S = A_e\,(1 - N_e);$$

$$N = \frac{A_e - S}{A_e + L}, \text{ woraus } L = A_e\left(\frac{N_e}{N} - 1\right).$$

Setzt man nun die Werthe für S und L in die Gleichungen der Maschine ein, wenn sie als treibende oder secundäre arbeitet, so kommt:

$$\frac{A_e}{A_{p_2}} = \frac{A_e}{A_e + S} = \frac{1}{2 - N_e}, \quad \ldots\ldots \quad 5)$$

$$\frac{A}{A_{p_2}} = \frac{A_e - L}{A_e + S} = \frac{2 - \frac{N_e}{N}}{2 - N_e} \quad \ldots\ldots \quad 6)$$

Die Grössen $\frac{A_e}{A_{p_2}}$ und $\frac{A}{A_{p_2}}$ hatten wir oben als bez. gleich N_e und N angenommen; dies ist auch der Fall, so lange N_e und N wenig von der Einheit abweichende Grössen sind. Für genauere Rechnungen bediene man sich der hier abgeleiteten Formeln.

Die Leergangsarbeit ist theils mechanischer Natur, wie bei jeder rotirenden Maschine, theils elektrischer Natur; der mechanische Theil rührt von der Reibung der Axe in den Lagern, der Reibung der Bürsten auf dem Commutator und dem Luftwiderstand her, der auf die Oberfläche des Ankers bei dessen Drehung wirkt, der elektrische Theil von den Inductionsströmen, welche im Eisen des Ankers entstehen.

Solche Inductionsströme können allerdings im Anker nur in der Richtung der Axe senkrecht zur Bewegung, ebenso wie in der Bewickelung des Ankers, entstehen, und wenn, wie dies gewöhnlich geschieht, das Eisen des Ankers aus einer in der Richtung der Bewegung, senkrecht zur Axe, laufenden, einigermassen isolirten Drahtwickelung besteht, so wird die Erzeugung von Inductionsströmen auf ein Minimum beschränkt; dieselbe lässt sich jedoch praktisch schwerlich ganz verhindern.

Das Grössenverhältniss der Reibungsarbeit und der Arbeit der Inductionsströme unter einander und zur Gesammtarbeit ist sehr verschieden, je nach der Grösse der Maschinen. Während bei ähnlicher Construction das Verhältniss der Arbeit der Inductionsströme zur Gesammtarbeit sich mit der Grösse der Maschine wenig ändert, nimmt das Verhältniss der Reibungsarbeit zu der Gesammtarbeit mit zunehmenden Dimensionen erheblich ab, so dass dieser mechanische Arbeitsverlust die Kraftübertragung bei ganz kleinen Maschinen sehr wesentlich, bei grossen Maschinen beinahe gar nicht beeinflusst; namentlich zeigt sich bei ganz kleinen Maschinen der Einfluss der Bürstenreibung als bedeutend.

Da wir im Folgenden namentlich grössere Maschinen im Auge haben, unterlassen wir die nähere Betrachtung der mechanischen Reibungen, gehen jedoch auf die Inductionsströme im Eisen ein.

Die Existenz derselben lässt sich leicht durch folgenden Versuch nachweisen: die Schenkel der Maschine werden durch den Strom einer zweiten Maschine magnetisirt, und der Anker, bei abgenommenen Bürsten und unter Einschaltung eines Arbeitsmessers, in Drehung versetzt; die Differenz der am Arbeitsmesser gemessenen Arbeitsgrössen bei magnetisirten und nicht magnetisirten Schenkeln ist alsdann gleich der Arbeit der Ströme im Eisen. Solche Versuche sind nur wenig angestellt; man hat aber, bei Siemens und Halske, auf diese Weise Beträge gefunden bis zu 15% der mechanischen Arbeit, welche die Maschine als Stromerzeuger verbraucht.

Von den Inductionströmen lässt sich nichts messend verfolgen, als ihre Arbeit; jedoch ist anzunehmen, dass der Widerstand, in dem sie kreisen, ein constanter sei. Die Stärke (i) dieser Ströme muss proportional sein dem Magnetismus der Maschine M und der Geschwindigkeit v,

$$i = j^1 M v \ ,$$

wo j^1 ein Coefficient; die Arbeit (A_i) dieser Ströme ist proportional i^2, also

$$A_i = j_1 M^2 v^2 = j E^2 = j J_a^2 W^2 \quad . \ . \ . \ . \quad 7)$$

wo j und j_1 Coefficienten. Die Arbeit der Inductionsströme ist also, bei gleichem Magnetismus, proportional dem Quadrat der Geschwindigkeit, während die elektrische Arbeit, bei gleichem Magnetismus und Ankerstrom, nur proportional der Geschwindigkeit ist.

Die Leergangsarbeit L ist daher, wenn R die Reibungsarbeit

$$L = R + j E^2$$

und das Verhältniss der Leergangsarbeit zur mechanischen Arbeit:

$$\frac{L}{A} = \frac{R + j J_a^2 W^2}{R + j J_a^2 W^2 + J_a^2 W} \ .$$

Wir können nun, bei grösseren Maschinen, R gegen $j J^2_a W^2$ im Zähler und im Nenner $R + j J_a^2 W^2$ gegen $J_a^2 W$ vernachlässigen und erhalten alsdann

$$\frac{L}{A} = j W \quad . \ . \ . \ . \ . \ . \ . \ . \ . \ . \ . \ . \ . \quad 8)$$

das Verhältniss der Leergangsarbeit zur mechanischen Arbeit ist proportional dem Gesammtwiderstand W des Stromkreises, in dem die Maschine arbeitet.

Die **Stromwärme** lässt sich zwar nicht direct messen, aber mit grosser Genauigkeit aus den elektrischen Grössen berechnen. Vorausgesetzt ist natürlich, dass die Widerstände in der Maschine bekannt sind; während des Ganges der Maschine sind ferner Polspannung und äussere Stromstärke zu messen; diese Daten genügen stets, um sämmtliche elektrische Grössen zu berechnen, wie S. 201 ff. gezeigt wurde. Im Allgemeinen ist die Stromwärme

$$S = \Sigma J^2 w \ ,$$

d. h. gleich der Summe der Producte $J^2 w$ in den einzelnen Theilen der Maschine.

Ist z. B. die Maschine gemischt gewickelt, Nebenschluss parallel zum Anker, so ist

$$S = J_a^2 a + J_n^2 n + J^2 d\,;$$

liegt der Nebenschluss parallel zum äusseren Kreis, so ist

$$S = J_a^2\,(a + d) + J_n^2\,n\,.$$

Bei reinem Nebenschluss hat man

$$S = J_a^2 a + J_n^2 n\,,$$

bei rein directer Wickelung dagegen:

$$S = J^2\,(a + d)$$

Für die Zwecke der elektrischen Kraftübertragung ist es vor allem nothwendig, die Stromwärme oder vielmehr ihr Verhältniss zu der gesammten elektrischen Arbeit auf ein Minimum zu beschränken. Diese Forderung tritt desshalb hier viel dringender auf, als bei anderen Anwendungen der Dynamomaschinen, weil alle Verluste zweimal auftreten, d. h. in jeder der beiden Maschinen einmal.

Wir haben diese Betrachtung S. 136 ff. durchgeführt und gefunden, dass es für jede Maschine einen Normalzustand giebt, in welchem das Verhältniss der Stromwärme zu der elektrischen Arbeit ein Minimum ist, ohne dass dabei die Rücksicht auf die Grösse der umzusetzenden Arbeit ausser Acht gelassen ist. Bei den Regeln des Normalzustandes wird vorausgesetzt, dass der Anker gegeben, und die in demselben herrschende Stromstärke und seine Geschwindigkeit bestimmte Werthe haben; ist ausserdem der auf den Schenkeln verfügbare Wickelungsraum gegeben, so lässt sich nach den Regeln des Normalzustandes diejenige Schenkelwickelung bestimmen, bei welcher die Stromwärme möglichst klein ist im Verhältniss zur gesammten elektrischen Arbeit, oder der elektrische Nutzeffect möglichst gross.

Die Wahl der Grössen, welche bei der Berechnung des Normalzustandes als gegeben angenommen werden, hat man frei und kann dieselbe so treffen, dass auch hierdurch zur Erhöhung des elektrischen Nutzeffectes beigetragen wird. Wie aus unseren Formeln hervorgeht, hat man den Wickelungsraum der Schenkel und die Geschwindigkeit des Ankers möglichst gross zu wählen; den Ankerstrom wählt man ebenfalls so gross, als es die Umstände erlauben, nicht aus Rücksicht auf den elektrischen Nutzeffect, sondern um die von der Maschine umgesetzte Arbeit nicht zu klein werden zu lassen.

Dass die Vergrösserung des Wickelungsraums der Schenkel bei richtiger Wahl des Drahtes den elektrischen Nutzeffect erhöht, können wir auch ohne Rechnung folgendermassen einsehen. Wenn bei directer Wickelung, ein gewisser Magnetismus durch einen bestimmten, eine bestimmte Anzahl von Windungen durchlaufenden Strom erzeugt wird, so bleibt derselbe gleich gross, wenn Strom und Windungszahl gleich bleiben, der Drahtquerschnitt und daher der Wickelungsraum vergrössert wird; hierbei wird aber der Widerstand der Schenkelwindung vermindert und daher auch die Stromwärme in der Maschine, während die umgesetzte Arbeit gleich bleibt. Könnte man den Wickelungsraum der Schenkel beliebig vergrössern, so würde die Stromwärme der Schenkel verschwindend klein werden und der elektrische Arbeitsverlust in der Maschine sich auf die Stromwärme des Ankers beschränken.

Der Nutzeffect der Kraftübertragung.

Wir betrachten nun das wichtigste Moment der Kraftübertragung deren Nutzeffect, von dessen Höhe der technische Werth desselben namentlich abhängt; es fragt sich, welche Umstände hauptsächlich denselben beeinflussen und auf welche Weise der Nutzeffect möglichst hoch gemacht werden kann.

Wir haben oben gesehen, wie der mechanische oder eigentliche Nutzeffect mit dem elektrischen zusammenhängt. Die Leergangsarbeit, auf welcher der Unterschied beider Nutzeffecte beruht, zeigt im Wesentlichen dasselbe Verhältniss zu der elektrischen Arbeit, welche Veränderung auch mit der Wickelung vorgenommen werden mögen, und ist daher als eine Quelle von Arbeitsverlusten anzusehen, an der sich bei fertiger Eisenconstruction nichts ändern lässt; wir beschäftigen uns daher zunächst mit dem elektrischen Nutzeffekt.

Was die verschiedenen Schaltungen der Maschine betrifft, so hat unsere Betrachtung des sog. Normalzustandes gelehrt, dass dieselben gleichen elektrischen und mechanischen Nutzeffect besitzen, wenn die Schenkelwickelungen nach den Regeln des Normalzustandes gebaut sind. Wir können uns also für den vorliegenden Zweck gestatten, bloss die einfachste Wickelung, die directe, zu betrachten; die Resultate sind alsdann für die übrigen Wickelungen massgebend.

Sind beide Maschinen von directer Wickelung, so ist der elektrische Nutzeffekt der Uebertragung:

$$N_e = \frac{E_2\, J}{E_1\, J} = \frac{E_2}{E_1}\,.$$

Nun sind aber die elektrischen Nutzeffekte der beiden Maschinen (angenähert)

$$N_{e_1} = \frac{P_1\, J}{E_1\, J} = \frac{P_1}{E_1},\ N_{e_2} = \frac{P_2}{E_2}\,;$$

also ist

$$N_e = N_{e_1}\, N_{e_2}\, \frac{P_2}{P_1} \quad \ldots\ldots\ldots\ldots \quad 9)$$

Wenn l der Widerstand der Leitung, so ist lJ der Spannungsverlust auf der Leitung und

$$P_2 = P_1 - lJ,\ P_1 = P_2 + l\,J;$$

also auch

$$N_e = \frac{N_{e_1}\, N_{e_2}}{1 + \frac{l\,J}{P_2}} = N_{e_1}\, N_{e_2}\left(1 - \frac{l\,J}{P_1}\right) \quad \ldots \quad 10)$$

Für den mechanischen oder eigentlichen Nutzeffekt der Uebertragung hat man, wenn L_1 und L_2 die bez. Leergangsarbeiten:

$$N = \frac{E_2\, J - L_2}{E_1\, J + L_1}\,,$$

oder, wenn wir wieder $L_1 = \lambda_1\, E_1\, J$, $J_2 = \lambda_2\, E_2\, J$ setzen:

$$N = \frac{E_2}{E_1}\, \frac{1 - \lambda_2}{1 + \lambda_1}\,.$$

Die Nutzeffecte der einzelnen Maschinen sind:

$$N_1 = \frac{P_1\, J}{E_1\, J + L_1} = \frac{P_1}{E_1\, (1 + \lambda_1)}$$

$$N_2 = \frac{E_2\, J - L_2}{P_1\, J} = \frac{E_2\, (1 - \lambda_2)}{P_2}\,;$$

also ist:

$$N = N_1\, N_2\, \frac{P_2}{P_1} \quad \ldots\ldots\ldots\ldots \quad 11)$$

oder

$$N = \frac{N_1 N_2}{1 + \frac{l J}{P_2}} = N_1 N_2 \left(1 - \frac{l J}{P_1} \right) \quad . \quad . \quad . \quad 12)$$

Wir haben also auf diese Weise den elektrischen Nutzeffect der Uebertragung durch die elektrischen Nutzeffecte der Maschinen und den Nutzeffect der Uebertragung durch die Nutzeffecte der Maschinen ausgedrückt.

Die Formel 11 zeigt nun die Mittel, durch welche der Nutzeffect der Uebertragung sich steigern lässt.

Die Nutzeffecte der beiden Maschinen sind gegeben, wenn dieselben im Normalzutand sich befinden; der Nutzeffect der Uebertragung kann höchstens gleich dem Product der Nutzeffecte der Maschinen sein. Dieser höchste Nutzeffect findet statt, wenn die Leitung keinen oder sehr geringen Widerstand hat, also $P_2 = P_1$ ist, und ist unabhängig von der Polspannung, also auch von den Drahtquerschnitten der Maschinen.

Hat die Leitung erheblichen Widerstand, so ist der Nutzeffect der Uebertragung gleich dem Product der Nutzeffecte der Maschinen und dem Verhältniss der secundären zur primären Polspannung, und ist um so kleiner, je grösser das Verhältniss des Spannungsverlustes auf der Leitung zu einer der beiden Polspannungen ist.

Je höher also die Spannung bei gegebener Leitung ist, desto grösser ist der Nutzeffect der Uebertragung; und ist der letztere gegeben, so kann man um so dünnere Leitungen wählen, je höher die Spannung ist.

Wenn es möglich wäre, beliebig hohe Spannungen zu verwenden, so könnte also der Werth des von dem Widerstand der Leitungen abhängigen Glieder sehr klein und der Nutzeffect einer elektrischen Kraftübertragung bei einer beliebig grossen Entfernung beinahe auf denjenigen Werth gebracht werden, den derselbe im günstigsten Fall, bei ganz kurzen Leitungen, besitzt.

Dies ist nun nicht möglich aus zwei Gründen: einerseits bringt hohe Spannung Gefahren mit sich für die lebenden Wesen, welche die Leitungen berühren, und für die Isolation der Leitungen; andrerseits giebt es für jedes Maschinensystem eine gewisse Grenze der Spannung, welche sich praktisch nicht überschreiten lässt.

Dass eine Spannung von etwa 1000 Volt Menschen schwer schädigen oder tödten kann, ist bekannt; will man also solche und höhere Spannungen anwenden, so müssen die Leitungen, oberirdisch oder unterirdisch, so geführt werden, dass sie ausser Bereich des Publikums liegen; dann bleiben aber immer noch die Zuführungsstellen zu den Maschinen, welche Unfälle veranlassen können.

Werden die Leitungen unterirdisch geführt, so tritt der Uebelstand hinzu, dass die Isolationsmasse der Kabel durch hohe Spannungen allmählig zerstört und leitend gemacht wird.

Der wichtigste Punkt liegt in der Schwierigkeit, Gleichstrommaschinen von hoher Spannung zu construiren; nicht nur die Herstellung der Isolation in der Wickelung bereitet Schwierigkeiten, sondern namentlich auch das Brechen der Drähte (s. v. Hefner, el. Technische Zeitschr. 1882, S. 448) das Durchschlagen des Commutator-Isolationen und alle Erscheinungen, welche mit den Variationen des Ankerstroms zusammenhängen. Diese letzteren sind schwer zu untersuchen und noch fast unbekannt, die Stärke dieser Erscheinungen wird jedoch vielfach unterschätzt; als Beispiel führen wir nur an, dass bei Siemens & Halske an einer grossen Maschine mit etwa 1000 Volt Polspannung mehrfach Funken von über 10 cm Länge beobachtet wurden, bei scheinbar normalem Gang des Ankers, während Funken von 1000 Volt Spannung eine Länge von kaum 1 mm besitzen.

Nun giebt es allerdings ein Mittel, vermittelst dessen trotz der letztgenannten Uebelstände vielleicht beliebig hohe Spannungen erzeugt werden können, nämlich das Hintereinanderschalten einer Reihe von Maschinen, von denen jede einzelne nicht höhere Spannung liefert, als sie ertragen kann. Allein viele kleine Maschinen statt weniger grosser anzuwenden, empfiehlt sich nicht wegen der dadurch bedingten Vermehrung des Anlagecapitals und aus constructiven Rücksichten.

Man sieht, dass der Anwendung hoher Spannnngen bedeutende Hindernisse im Wege stehen, andrerseits aber gerade in der Höhe der Spannung das Lebensprincip der elektrischen Kraftübertragung liegt; in jedem einzelnen Fall ist also zunächst die Spannung so hoch zu nehmen, als es die Umstände gestatten, und diese Wahl bildet die Grundlage des Projectes.

Wir können nun auch beurtheilen, welchen Werth die Behauptung besitzt, dass die elektrische Kraftübertragung unabhängig von der Entfernung sei. Man könnte allerdings diese Unabhängigkeit herstellen, wenn man die Spannung (P_1) in demselben Masse vergrössern könnte, wie der Widerstand (l) der Leitung wächst; diess ist aber praktisch nicht möglich, ebenso wenig, als man bei Uebertragungen mittelst Wasser oder Luft den Druck beliebig vergrössern kann.

Wir können ferner beurtheilen, welches Maximum des Nutzeffects sich praktisch erreichen lässt.

Setzen wir voraus, dass die primäre und die secundäre Maschine im Normalzustand sich befinden und dass sie ähnliche Eigenschaften besitzen wie die Seite 159 angeführte Maschine, so können wir als höchsten elektrischen Nutzeffect etwa 95% und als höchsten mechanischen Nutzeffect für jede der beiden Maschinen rund 90% annehmen. Sind nun die Maschinen kurz mit einander verbunden, ist also der Widerstand der Leitung Null, so gehen z. B. von 100 Pf.-K., die die primäre Maschine absorbirt, 10 Pf.-K. in dieser, und von den übrig bleibenden 90 Pf.-K. wieder 10% oder 9 Pf.-K. in der secundären Maschine verloren; es treten also an der Riemscheibe der letzteren 81 Pf.-K. in Wirkung, der Nutzeffect der Uebertragung beträgt 81%. Diese Zahl darf wohl als das beim jetzigen Stand der Technik erreichbare Maximum angesehen werden. Der elektrische Nutzeffect der Uebertragung würde alsdann etwa 90% betragen.

Bei mehreren Autoren findet man die Annahme, dass der elektrische Nutzeffect bis auf 98 und 99% steigen könne; dies ist nicht möglich, auch wenn die Maschinen sehr rasch laufen und ganz wenig Strom geben, wie unsere Betrachtung über den Idealzustand Seite 150 ff. lehrt. Für jede Maschine giebt es ein ganz bestimmtes Maximum des elektrischen Nutzeffects, das in jenem Idealzustand eintritt; wie aber eine Reihe von Beispielen lehren, ist kaum daran zu denken, dieses Maximum über 95% zu treiben.

Die praktischen Aufgaben.

Man hat mehrfach versucht, allgemeine Regeln abzuleiten, nach welchen ein Project der elektrischen Kraftübertragung zu berechnen sei; es kann dies nur auf die Weise geschehen, dass ein bestimmter Gesichtspunkt als massgebend angenommen und aus diesem allein, ohne Berücksichtigung anderer Momente, die Aufgabe behandelt wird. Allein wie viele Gesichtspunkte giebt es nicht, die bei einer solchen Uebertragung in's Spiel kommen, und von denen bald der eine, bald der andere massgebend ist, und die oft einander widersprechen! Und die Aufgabe des Elektrikers besteht stets darin, das Project den gegebenen Umständen in möglichst zweckmässiger Weise anzupasssen, nicht, nach allgemeinen Regeln, die anderen Umständen entsprechen, zu arbeiten.

Allgemeine Gesichtspunkte giebt es namentlich zwei, welche allerdings mit einander zusammenhängen, aber nicht übereinstimmen, nämlich die Rücksichten auf die Kosten, und diejenigen auf die Arbeitsgrössen und den Nutzeffect.

In Bezug auf Arbeitsgrössen kann man nicht annehmen, dass in der Regel eine bestimmte Grösse gegeben und die anderen verfügbar seien; sondern es ist bald die primäre, bald die secundäre gegeben; es kann auch vorkommen, dass bloss der Nutzeffect gegeben ist.

Die Kosten theilen sich in das Anlagecapital und in die Betriebskosten und man kann sich die Aufgabe stellen, entweder das eine, oder die anderen möglichst klein zu machen. Es wird oft behauptet, dass bei grossen Aufgaben die rationelle Behandlung darin bestehe, dass nur die Betriebskosten, die Zinsen des Anlagecapitals einbegriffen, zu berücksichtigen seien und die Schwierigkeit, das Anlagecapital zu beschaffen, als nicht vorhanden zu betrachten sei.

Dies mag richtig sein zu einer Zeit, wann die Besorgnisse und das Misstrauen, welches der Capitalist heutzutage der elektrischen Kraftübertragung noch vielfach entgegenbringt, geschwunden sein werden, und diese Capitalsanlage in die Reihe der gewöhnlichen und verbreiteten eingerückt ist. Heutzutage ist noch in den meisten Fällen die Rücksicht auf die Höhe des Anlagecapitals massgebender, als diejenige auf die Betriebskosten. Namentlich wird heutzutage noch stets, wenn man die Wahl hat zwischen elektrischer Uebertragung einer billigen, aber entfernten Kraft und einer die Arbeitsmaschine direkt treibenden Dampfmaschine, zu der Dampfmaschine als der billigeren Anlage gegriffen, wenn auch der Betrieb der elektrischen Einrichtung billiger ist.

In Wirklichkeit ist bald die Rücksicht auf die Anlagekosten, bald diejenige auf die Betriebskosten massgebend; weiter unten leiten wir die Regeln ab, welche sich aus jeder dieser Rücksichten ergeben, wenn gewisse Bedingungen herrschen.

Wieviel Rücksichten giebt es aber nicht ausserdem, die zwar untergeordneter Natur sind, aber doch oft gebieterisch auftreten: es sollen gegebene Maschinen oder gegebene Leitungen benutzt werden, oder: die Isolation der Leitungen kann nur so gering sein, dass ein namhafter Theil des Stromes verloren geht, oder: derselbe Strom soll noch ausserdem elektrische Beleuchtungen von ganz bestimmter Beschaffenheit betreiben, und so fort.

Wir sehen, dass die Aufgabe heutzutage eine äusserst mannigfaltige ist, vielleicht gerade desshalb, weil die elektrische Kraftübertragung noch keine allgemeine Verbreitung gefunden hat; und die Frage, ob es allgemeine Regeln giebt, nach denen Projecte zu bearbeiten sind, müssen wir dahin beantworten, dass es keine solche Regeln giebt, und dass diejenigen, die man aufstellen könnte und aufgestellt hat, nur einseitigen Gesichtspunkten entsprechen.

Es gibt nur zwei Momente, welche in allen Fällen der elektrischen Kraftübertragung festzuhalten sind:

1. die Wahl einer möglichst hohen Spannung, so hoch, als es die Umstände zulassen;
2. die Verwendung der Maschinen im Normalzustand.

Wie wir gesehen haben, ist die erste Forderung durch die Rücksicht auf den Nutzeffect der ganzen Uebertragung bestimmt; in der zweiten Forderung vereinigen sich die Rücksichten auf die Nutzeffecte der Maschinen, und daher auch auf denjenigen der Uebertragung, und ausserdem auf die Ausnutzung der Maschinen oder auf die Grösse der von denselben umgesetzten Energie.

Erfüllt man diese Forderungen und diejenigen, welche das Projekt selbst in sich schliesst, so bewegen sich in den meisten Fällen die möglichen Lösungen in einem ziemlich engen Spielraum, so dass die Wahl der am meisten passenden Lösung nicht mehr schwer fällt.

Minimum der Anlagekosten (verbesserte Betrachtung).

Obschon die S. 191 durchgeführte Betrachtung der geringsten Anlagekosten von praktischem Werthe ist, entspricht sie nicht ganz der gewöhnlichen Stellung dieser Frage bei der elektrischen Kraftübertragung; nimmt man nämlich die secundäre elektromotorische Kraft als gegeben an, wie in jener Betrachtung, so gelangt man nach jener Regel unter Umständen zu bedeutend höheren Spannungen zwischen den Leitungen, während doch die secundäre elektromotorische Kraft eigentlich als ungefährer Werth der höchsten im System vorkommenden Spannungen gelten sollte.

Für die meisten Fälle der Kraftübertragung sind die beiden wichtigsten Momente, von denen auszugehen ist: die secundäre Arbeit (A_2) und die primäre Polspannung (P_1) als höchste, zwischen den beiden Leitungen vorkommende Spannung; auf dieser Grundlage wollen wir nun sowohl das Minimum der Anlagekosten, als dasjenige der Betriebskosten aufsuchen.

Wir bezeichnen mit; p_l den Preis (in Mark) von 1 Meter Leitung von 1 □ mm Querschnitt, L, Q, Länge und Querschnitt der Leitung, p_m den Maschinenpreis (in Mark) per Pferdekraft, γ die Zahl 736, A_1, A_2, die Arbeitskräfte, (in Pf.-K.), so sind die Anlagekosten, bei directer Wickelung, für beide Maschinen:

$$K_a = p_l\, L\, Q + p_m\, (A_1 + A_2)$$

Wir führen die primäre Polarbeit A_{p_1} als Variable ein und drücken Q, A_1 und A_2 durch dieselbe aus. Es ist der Widerstand der Leitung, wenn k die Leitungsfähigkeit des Leitungsmaterials, $k' = 1{,}06 \times k$,

$$\frac{1}{k'}\,\frac{L}{Q} = \frac{P_1 - P_2}{J} = \frac{JP_1 - JP_2}{J^2} = \gamma\,\frac{A_{p_1} - A_{p_2}}{J^2},$$

oder, da $J = \dfrac{\gamma\, A_{p_1}}{P_1}$,

$$\frac{1}{k'}\,\frac{L}{Q} = \frac{A_{p_1} - A_{p_2}}{\gamma\, A^2_{p_1}}\, P_1^{\,2}, \quad Q = \frac{\gamma\, L}{k'\, P_1^{\,2}}\,\frac{A^2_{p_1}}{A_{p_1} - A_{p_2}},$$

ferner $A_1 = \dfrac{A_{p_1}}{N_1}$, $A_2 = A_{p_2}\, N_2$, also:

$$K_a = \frac{p_l\,\gamma\, L^2}{k'\, P_1^{\,2}}\,\frac{A^2_{p_1}}{A_{p_1} - A_{p_2}} + p_m\left(\frac{A_{p_1}}{N_1} + A_{p_2} N_2\right).$$

Wir differenziren nach A_{p_1} und setzen gleich Null:

$$0 = \frac{d\,\mathrm{A}}{d A_{p_1}} = \frac{p_l\,\gamma\, L^2}{k'\, P_1^{\,2}}\,\frac{2\, A_{p_1}\,(A_{p_1} - A_{p_2}) - A^2_{p1}}{(A_{p_1} - A_{p_2})^2} + \frac{p_m}{N_1},$$

woraus:

$$0 = \frac{p_l\,\gamma\, L^2}{k'\, P_1^{\,2}}\,(A^2_{p_1} - 2\, A_{r_2}\, A_{p_1}) + \frac{p_m}{N_1}\,(A^2_{p_1} - 2\, A_{p_2}\, A_{p_1} + A^2_{p_2})$$

und

$$0 = A^2_{p_1} - 2\, A_{p_2}\, A_{p_1} + A^2_{p_2}\,\frac{\dfrac{p_m}{N_1}}{\dfrac{p_m}{N_1} + \dfrac{p_l\,\gamma\, L^2}{k'\, P_1^{\,2}}},$$ also:

$$A_{p_1} = A_{p_2} + \sqrt{A_{p_2}^2 + A_{p_2}^2 \frac{\frac{p_m}{N_1}}{\frac{p_m}{N_1} + \frac{p_l \gamma L^2}{k' P_1^2}}} \quad \text{oder}$$

$$\frac{A_{p_1} - A_{p_2}}{A_{p_2}} = \sqrt{\frac{\frac{p_l \gamma L^2}{k' P_1^2}}{\frac{p_m}{N_1} + \frac{p_l \gamma L^2}{k' P_1^2}}} = C.$$

Nun ist aber:

$$\frac{A_{p_1} - A_{p_2}}{A_{p_2}} = \frac{P_1 - P_2}{P_2}, \text{ also:}$$

$$P_2 = \frac{P_1}{1 + C} \quad \text{. . . . .} \quad 13)$$

Es ist also durch die Bedingung der geringsten Anlagekosten in der vorliegenden, entsprechenderen Form zunächst das Verhältniss der beiden Polspannungen bestimmt, nicht dasjenige zwischen Stromstärke und Querschnitt.

Um ein praktisches Projekt hiernach vollständig zu berechnen, verfährt man am besten folgendermassen.

Ist P_2 berechnet, so ergiebt sich J aus:

$$J = \frac{\gamma A_{p_2}}{P_2} = \frac{\gamma A_2}{P_2 N_2}$$

ferner Q aus:

$$Q = \frac{L}{k'} \frac{J}{P_1 - P_2}$$

und A_1 aus:

$$A_1 = \frac{P_1 J}{\gamma N_1}.$$

Minimum der Betriebskosten (verbesserte Betrachtung).

Die wirklichen Betriebskosten bestehen nicht bloss aus den Zinsen der Leitung und der in der Leitung verloren gehenden Arbeit, wie in der Thomson'schen Betrachtung angenommen ist, sondern aus den Zinsen der ganzen Anlage und den Kosten der primären Betriebskraft.

Wenn p_a die Kosten von 1 Pf.-K. per Stunde, t die Anzahl der täglichen Betriebsstunden bedeuten, so sind die Kosten der primären Betriebskraft

$$365\ p_a\ t\ A_1$$

und die gesammten Betriebskosten, (z: der Zinsfuss)

$K_b = z\,A + 365\ p_a\ t\ A_1$ oder nach der obigen Auseinandersetzung:

$$K_b = z\,\frac{p_l \gamma\ L^2}{k'\ P_1^2}\ \frac{A_{p_1}^2}{A_{p_1} - A_{p_2}} + z\,p_m\left(\frac{A_{p_1}}{N_1} + A_{p_2} N_2\right) + 365\ p_a\ t\ \frac{A_{p_1}}{N_1}.$$

Differenzirt man nach A_{p_1} und setzt gleich Null, so erhält man, nach einer ähnlichen Rechnung, wie im vorstehenden Abschnitt, schliesslich

$$\frac{A_{p_1} - A_{p_2}}{A_{p_2}} = \sqrt{\frac{\frac{p_l\ \gamma\ L^2}{k'\ P_1^2}}{\frac{p_m}{N_1} + \frac{365\ p_a\ t}{z\ N_1} + \frac{p_l\ \gamma\ L^2}{k'\ P_1^2}}} = C^1$$

und

$$P_2 = \frac{P_1}{1 + C^1} \quad . \quad . \quad . \quad . \quad . \quad . \quad . \quad 14)$$

Wir erhalten also hier ebenfalls eine Vorschrift über das Verhältniss der beiden Polspannungen, aber eine andere, als für die geringsten Anlagekosten; und zwar ist die Constante C kleiner als C^1, also auch der Unterschied der beiden Polspannungen für das Minimum der Betriebskosten geringer als für das Minimum der Anlagekosten.

Der übrige Gang der Berechnung bei praktischen Projekten ist derselbe wie im vorigen Abschnitt.

Beispiele.

Wir berechnen im Folgenden eine Reihe von Beispielen bei steigender Spannung P_1 unter der in den beiden vorstehenden Abschnitten zu Grunde gelegten Voraussetzung, dass die secundäre Arbeitsleistung (A_2) und die primäre Polspannung (P_1), als höchste Spannungsdifferenz zwischen den Leitungen, gegeben seien.

Es sollen auf 5 Kilometer Entfernung, 50 Pf.-K. secundäre Arbeitsleistung übertragen werden; wir berechnen hierfür Projecte bei den primären Polspannungen: 500, 1000, 1500, 2000 Volt, sowohl nach der Regel der geringsten Anlagekosten, als nach derjenigen der geringsten Betriebskosten.

Wir nehmen hierbei an (die Preise in Mark):

$p_l = 0.02$, $p_a = 0.10$, $p_m = 147$, $k' = 53$, $N_1 = N_2 = 0.80$, $L = 10000$, $\gamma = 736$.

Man erhält, nach den oben mitgetheilten Regeln und Rechnungsarten, folgende Resultate:

A. Minimum der Anlagekosten.

P_1 Volt	C	P_2 Volt	J Ampére	Q □mm	A_1 Pf.-K.	N
500	0.613	311	148	148	126	39.8 %
1000	0.362	735	62.6	44.5	106	47.0
1500	0.252	1200	38.3	24.1	97.7	51.2
2000	0,191	1680	27.4	12.8	93.1	53.7

P_1	Anlagekosten			Betriebskosten		
	Maschinen	Leitung	Summe	Zinsen	Betriebskraft	Summe
500	25900	29600	55500	5550	45200	50800
1000	22900	8900	31800	3180	38300	41500
1500	21800	4820	26600	2660	35200	37900
2000	21000	2560	23600	2360	33500	35900

B. Minimum der Betriebskosten.

P_1 Volt	C'	P_2 Volt	J Amp.	Q □mm	A_1 Pf.-K.	N
500	0.152	435	106	307	90.0	55.5 %
1000	0.077	926	49.7	127	84.4	59.2 %
1500	0.051	1430	32.2	86.8	82.0	61.0 %
2000	0.039	1920	23.9	56.4	81.2	61.6 %

P_1	Anlagekosten			Betriebskosten		
	Maschinen	Leitung	Summe	Zinsen	Betriebskraft	Summe
530	20600	61400	82000	8200	32400	40600
1000	19700	25400	45100	4510	30400	34900
1500	19400	17400	36800	3680	29500	33200
2000	19300	11300	30600	3060	29200	32300

Aus diesen Beispielen geht deutlich Folgendes hervor:

1. jeder der beiden Gesichtspunkte, die sich auf die Anlage- und auf die Betriebskosten beziehen, ist ein praktisch berechtigter; eine allgemeine Entscheidung zu Gunsten des einen oder des anderen lässt sich nicht fällen; es hängt vielmehr von den Umständen des einzelnen Falles ab, welchen Gesichtspunkt man als massgebend wählt, oder ob es zweckmässiger ist, ein zwischen beiden Extremen vermittelndes Projekt aufzustellen;

2. der Einfluss der Höhe der Spannung ist der wichtigste; von diesem Einfluss hängt am meisten der Charakter des ganzen Projekts ab.

Wir ersehen ferner im Allgemeinen daraus, dass es der Natur der elektrischen Kraftübertragung widerspricht, allgemeine Tabellen über deren Nutzeffect und Kosten aufzustellen, weil die Bedingungen der einzelnen Fälle zuweit von einander abstehen. Jeder Fall muss für sich behandelt werden; die Mittel dazu sind in dem Vorstehenden, sowie in den Abschnitten über Wickelung und den Zusammenhang zwischen Dimensionen und Leistungsfähigkeit enthalten.

Die elektrische Eisenbahn.

Die elektrische Eisenbahn ist der grossartigste Eall eines Stromkreises mit Gleitstellen, d. h. eines Stromkreises, bei welchem die Enden eines Theils desselben (der secundären Maschine) zweien festen Leitungen entlang gleiten. Dieser Fall bietet daher in elektrischer Beziehung die Eigenthümlichkeiten dar, dass sich der Widerstand der Leitungen stetig ändert, und ferner, dass die in der sekundären Maschine wirkende Zugkraft sich ebenfalls entsprechend den Steigungen und Senkungen der Bahn ändert.

Ist die **Bahn** ganz **eben** und **gerade**, so liegt der einfache Fall vor, dass die Zugkraft in dem ganzen Bereich der Bewegung constant ist; von den Veränderungen beim Anfahren und Anhalten sehen wir vorläufig ab. Ist die secundäre Maschine von directer Wickelung, so ist, wie S. 111 gezeigt wurde, die Zugkraft nur von der Stromstärke abhängig, die Stromstärke also durch die Zugkraft gegeben, gleichviel, ob die primäre Maschine von directer Wickelung, oder eine Gleichspannungsmaschine sei; besitzt die secundäre Maschine Nebenschlusswickelung, und wird die Polspannung constant gehalten, so ist der Magnetismus constant, und die Stromstärke ist ebenfalls unmittelbar durch die Zugkraft gegeben. In allen Hauptfällen der Praxis muss also die Stromstärke während der ganzen Bewegung gleich bleiben.

Daraus folgt, dass die secundäre Geschwindigkeit abnehmen muss, je mehr sich der elektrisch betriebene Wagen von der die primäre Maschine enthaltenden Station entfernt.

Denn, sind beide Maschinen von directer Wickelung und ist die primäre Geschwindigkeit constant und ebenso die Stromstärke, so verändern sich Magnetismus und elektromotorische Kraft der primären Maschine während der Fahrt nicht, wohl aber die secundäre elektromotorische Kraft; die letztere muss mit wachsender Entfernung des Wagens sinken, weil

$$E_2 = E_1 - J W$$

ist und der Gesammtwiderstand W zunimmt; der secundäre Magnetismus bleibt aber constant wegen der constanten Stromstärke, also muss die secundäre Geschwindigkeit mit wachsender Entfernung des Wagens abnehmen.

Ist ferner die Polspannung constant, die secundäre Maschine von directer oder Nebenschlusswickelung, und der Strom, wie wir gesehen haben, constant, so muss die secundäre elektromotorische Kraft auch mitt wachsendem Leitungswiderstand l abnehmen, weil

$$E_2 = P_1 - J(l + a_2 + d_2)$$

bei directer Wickelung, und

$$E_2 = \left(1 + \frac{a_2}{n_2}\right) \{ P_1 - J(l + a_2) \}$$

bei Nebenschlusswickelung; der secundäre Magnetismus aber ist constant, also muss die secundäre Geschwindigkeit mit wachsender Entfernung des Wagens abnehmen.

Es fragt sich nun, bei welchem Leitungswiderstand (l_0) die **secundäre Geschwindigkeit ganz aufhört**, der Wagen also stehen bleibt; zu diesem Zweck haben wir nur $E_2 = o$ zu setzen.

Sind beide Maschinen von directer Wickelung, so ist alsdann

$$J W_0 = E,$$

oder

$$l_0 = \frac{E_1}{J} - a_1 - d_1 - a_2 - d_2 \quad . \quad . \quad . \quad . \quad . \quad 14)$$

Herrscht constante primäre Polspannung, und ist die secundäre Maschine direct gewickelt, so ist

$$l_0 = \frac{P_1}{J} - a_2 - d_2 \quad . \quad . \quad . \quad . \quad . \quad . \quad . \quad . \quad . \quad 15)$$

Herrscht endlich constante primäre Polspannung, und hat die secundäre Maschine Nebenschlusswickelung, so ist

$$l_0 = \frac{P_1}{J} - a_2 \quad . \quad . \quad . \quad . \quad . \quad . \quad . \quad . \quad 16)$$

Nennen wir den Punkt der Bahn, an welchem der Wagen stillstehen muss, den **fictiven Endpunkt** der Bahn, so erhellt aus obigen Formeln, dass unter gleichen Umständen derselbe bei Nebenschlusswickelung am weitesten entfernt ist, oder dass bei dieser Wickelung die Geschwindigkeit am langsamsten abnimmt.

Es kann natürlich in Wirklichkeit nie die Rede davon sein, eine elektrische Bahn bis zum fictiven Endpunkt zu verlängern; denn bis zu demselben würde der Wagen allerdings gelangen, er könnte jedoch nicht zurückfahren, weil ihm die zum Anfahren nöthige Kraft fehlt. Immerhin liefert aber diese Betrachtung eine Anschauung darüber, wie weit in Wirklichkeit die dem elektrischen System innewohnenden Kräfte benutzt sind.

Die Bahn ist nun in Wirklichkeit beinahe nie eine ebene, gerade, sondern sie besitzt meist **Curven** und **Steigungen** und **Senkungen**; es fragt sich, wie diese wirken.

Bei ebener, gerader Bahn hat die an der Riemscheibe der secundären Maschine wirkende Zugkraft nur Reibungen zu überwinden, theils in dem Wagen selbst, in der Uebersetzung zwischen der elektrischen Maschine und den Wagenrädern, theils zwischen den Radkränzen und den Schienen; bei Curven, Weichen u. s. w. treten ebenfalls nur Reibungskräfte auf, aber erheblich stärkere, als bei gerader Bahn. Bei Steigungen dagegen muss ausserdem das Gewicht des Wagens gehoben werden; bei Senkungen wird die elektrische Maschine ausgeschaltet, dagegen eine Bremsvorrichtung benutzt, da alsdann das Gewicht des Wagens die bewegende Kraft liefert.

Die Eisenbahntechnik besitzt genügend Versuche und Erfahrungen, um für alle diese Fälle bei gegebener Wagenconstruction die am Wagenrad aufzuwendende Zugkraft für jede Stelle der Bahn anzugeben; die in der Transmission verloren gehende Zugkraft muss durch besondere Versuche ermittelt werden; alsdann ist man im Stande, für jede Stelle der Bahn die an der Riemscheibe der elektrischen Maschine wirkende Zugkraft anzugeben.

Aus der Zugkraft und den Eigenschaften der elektrischen Uebertragung ist nun für jede Stelle der Bahn die bei Bewegungsgleichgewicht (Gleichheit der Zugkräfte an der Riemscheibe) herrschende Geschwindigkeit zu berechnen.

Wir nehmen an, dass die Polspannung an der primären Maschine constant sei.

Ist die secundäre Maschine direct gewickelt, so ist die Stromstärke durch die Zugkraft (K) unmittelbar bestimmt und kann sofort angegeben werden, wenn die Curve der Zugkraft für die secundäre Maschine bekannt ist. Die secundäre elektromotorische Kraft ergibt sich alsdann aus:

$$E_2 = P_1 - J(l + a_2 + d_2)$$

und die Geschwindigkeit aus:

$$v_2 = \frac{E_2 J}{f K}$$

Hat die secundäre Maschine Nebenschlusswickelung, so kann der Magnetismus als constant angenommen werden, obschon er, genau genommen, mit wachsender Entfernung des Wagens von der primären Maschine etwas abnimmt; das Widerstandsverhältniss $\frac{a_2}{n_2}$ kann vernachlässigt werden. Man hat alsdann;

$$E_2 = P_1 - J(l + a_2) \text{ und}$$
$$v_2 = \frac{E_2 J}{f K}.$$

Man kann also, wenn die Constanten der Maschine bekannt sind, die Geschwindigkeit des Wagens (bei Bewegungsgleichgewicht) für jede Stelle der Bahn aus der betreffenden Zugkraft in einfacher Weise berechnen.

Wünscht man die von der secundären Maschine gelieferte Arbeit für jede Stelle der Bahn zu wissen, so kann man sich der folgenden graphischen Darstellung bedienen.

Fig. 63.

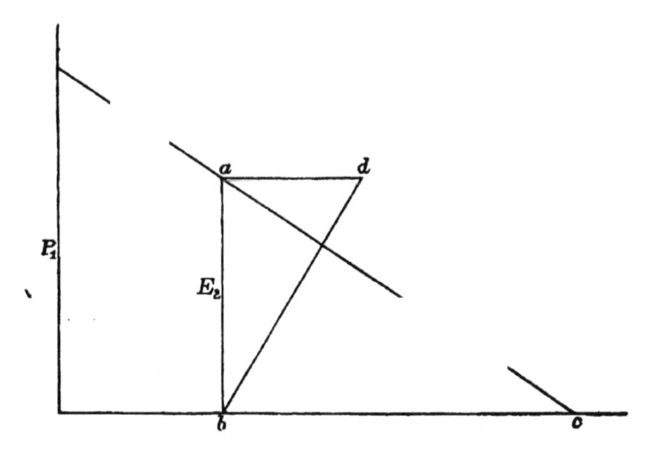

Verlängert man die Spannungslinie in Fig. 63, bis sie in c die Abscissenaxe trifft, zieht ferner $b\,d \perp a\,c$, $a\,d \perp a\,b$, so ist

$$\triangle\, a\,b\,d \backsim \triangle\, b\,c\,a \text{ und}$$

$$\frac{\overline{a\,d}}{\overline{a\,b}} = \frac{\overline{a\,b}}{\overline{b\,c}}, \quad \overline{a\,d} = \overline{a\,b}\,\frac{\overline{a\,b}}{\overline{b\,c}}.$$

Nun ist aber $\overline{a\,b} = E_2$, $\frac{\overline{a\,b}}{\overline{b\,c}} = J$, also hat man

$$\overline{a\,d} = E_2\,J \quad . \; . \; . \; . \; . \; . \; . \; . \; . \; . \quad 17)$$

Die Linie $\overline{ad}$ ist demnach ein unmittelbares Maass für die von der secundären Maschine umgesetzte elektrische Arbeit, oder, wenn man vom Leergang absieht, für die an ihrer Riemscheibe geleistete mechanische Arbeit.

Trägt man an jeder Stelle der Bahn die durch Rechnung gefundene elektromotorische Kraft E_2 auf, zieht die Spannungslinie und die Linie $\overline{ad}$, so zeigt die letztere die der Stelle entsprechende Arbeit an, während die Neigung der betreffenden Spannungslinie eine Anschauung für die an der Stelle herrschende Stromstärke liefert.

Fig. 64.

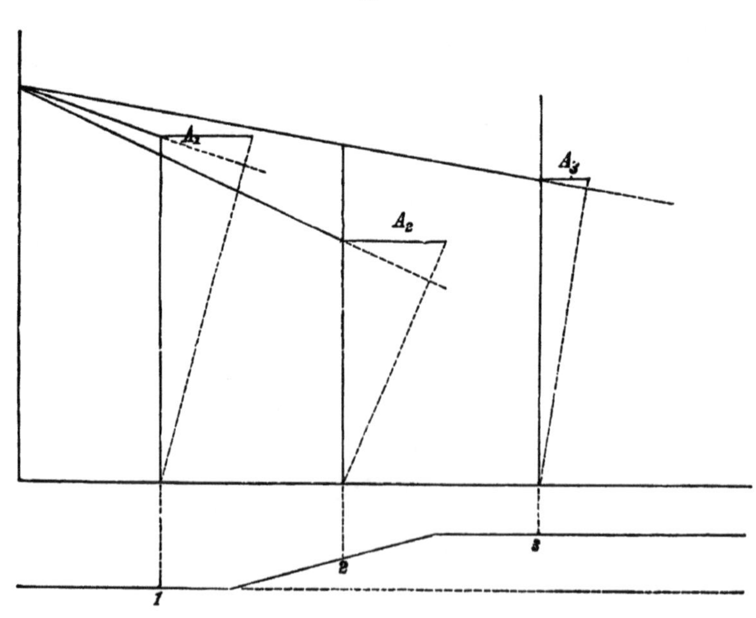

Fig. 64 enthält das Profil einer Bahn und die den Stellen 1, 2, 3 entsprechenden Arbeitsgrössen A_1, A_2, A_3.

Bei der elektrischen Bahn sind aber noch diejenigen Erscheinungen zu berücksichtigen, welche bei **Veränderung der Geschwindigkeit** auftreten.

Wenn die Geschwindigkeit des Wagens in Veränderung begriffen ist, so sind die an der Riemscheibe der elektrischen Maschine wirkenden Zugkräfte nicht mehr gleich; steigt die Geschwindigkeit, so überwiegt die elektrische, fällt dieselbe, so überwiegt die mechanische Zugkraft; die Differenz beider Zugkräfte ist dann die beschleunigende Kraft, welche die Veränderung der Geschwindigkeit veranlasst.

Obschon die Behandlung dieser Vorgänge keine Schwierigkeiten bietet, gehen wir hier nicht auf dieselben ein, da nicht gerade bedeutende praktische Interessen sich daran knüpfen. Wir wollen nur darauf aufmerksam machen, dass beim Anfahren, d. h. bei der Ingangsetzung des Wagens, die Stromstärke auf das Zwei- bis Dreifache desjenigen Werthes steigt, den sie bei gleichmässiger Geschwindigkeit auf ebener, gerader Bahn annimmt.

Bei Gelegenheit der Wiener elektrischen Ausstellung 1883 wurde auf der von Siemens & Halske erstellten elektrischen Bahn die Stromstärke während längerer Zeit durch einen sogenannten Russschreiber registrirt und beim Anfahren Curven von der in Fig. 65 dargestellten Form erhalten. Hierbei ist noch zu bemerken, dass zu Anfang nicht der volle Strom in die Maschine geleitet,

Fig. 65.

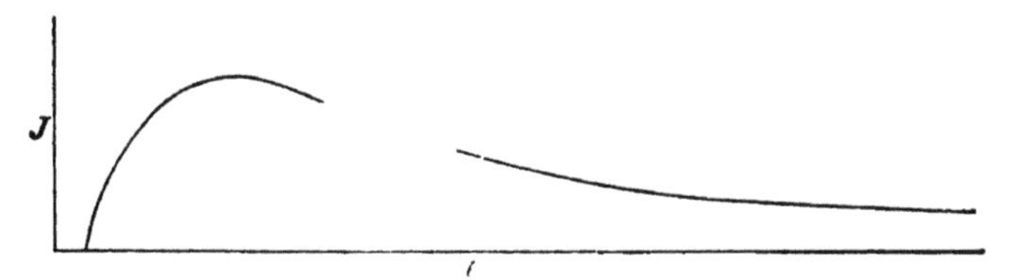

sondern durch allmählig ausgeschaltete Widerstände abgeschwächt wurde; trotzdem zeigt die Curve ein anfängliches steiles Ansteigen bis zum Maximum und der Uebergang in den stationären Zustand geht allmählig, asymptotisch vor sich.

Die vielfache Kraftübertragung.

Man hat bereits öfter daran gedacht, wie die elektrischen Einrichtungen zu treffen wären, wenn eine grössere Anzahl von elektrischen Motoren von verschiedener Grösse zu gleicher Zeit von derselben Maschinenstation aus zu betreiben sind.

Ohne Zweifel wäre eine solche Anlage im Allgemeinen nur durch Combination von Hintereinander- und Parallelschaltung der secundären Maschinen auszuführen; indessen muss, die Hintereinanderschaltung als noch nicht genügend durchgebildet betrachtet werden, um die Besprechung in dieser Schrift zu rechtfertigen.

Bei Anwendung einer Parallelschaltung aber bietet die Ausführung weder Unklarheiten noch Schwierigkeiten. Wie man bereits vermittelst Gleichspannungsmaschinen Glühlampen, Bogenlichter und elektrolytische Bäder parallel schalten kann, ohne dass ein Apparat von dem benachbarten abhängig wird, so kann man auch eine Reihe elektrische Motoren parallel schalten, die sich alle mit derselben Spannung betreiben lassen, ohne dass der Betrieb der einen von demjenigen der übrigen beeinflusst wird. Da das Gleichhalten der Polspannung sich nicht in absolut genauer Weise ausführen lässt, so werden auch beim gleichartigen Aus- oder Einschalten vieler Maschinen Unterschiede im Gang der übrigen Maschinen zu bemerken sein; indessen werden bei der elektrischen Kraftübertragung bei Weitem nicht so hohe Ansprüche an die Gleichmässigkeit des Betriebes gemacht, wie z. B. bei Glühlichtern; es ist daher kein Zweifel und hat sich bereits an kleineren Anlagen durchaus bewährt, dass eine solche Anlage die praktischen Bedürfnisse durchaus befriedigt.

Lightning Source UK Ltd.
Milton Keynes UK
UKHW022218021218
333278UK00010B/367/P